LED 제조설비 제어기술

박갑종 · 강신조 · 정선오 공저

도서출판 상 학 당

머리말

오늘날 산업사회에 응용되고 있는 장치기계는 모터와 이송기구에 의한 전통적인 구성장치만으로 요구되는 정밀제어 동작을 구현할 수 없어, 생산품에 대한 이론적 배경은 물론 기계기술, 마이크로제어기술, 로봇, 비전 시스템 등의 다양한 기술이 집적(integration)되어 이를 유기적으로 연결하여 통합적으로 제어할 수 있는 기술이 필요하게 되었다.

특히 반도체 관련 부품을 생산하는 기계의 제작은 일반적인 제품을 생산하는 환경보다 쾌적해야 하며, 요소기술의 정확성, 작업 속도, 후 처리 공정 및 포장까지 모든 면에서 정밀제어가 필요하다. 자동화 장치기계는 이와 같은 일련의 공정을 고려하면서 기계설계를 하게 된다. 이는 작업제품이 갖는 배경지식을 기본으로 불량률 감소를 위한 여러 요인들을 정밀 분석하여 사전에 제거함으로써 생산성 향상 및 원가 절감뿐만 아니라 궁극적으로 소비자가 원하는 최적의 제품을 포장하게 할 수 있어야 예상되는 수많은 경쟁 구조에서 살아남을 수 있는 가장 기본적인 기업의 생존방법이 되는 것이다.

여기서 반도체 장비 중 LED 제조설비 제어기술에 대하여 고민하여 보기로 했다. LED 제조기술 중 특히 패키징 작업은 반도체 소자를 다이 본더, 와이어 본딩 머신, 에폭시 레진몰드 작업, 커팅 작업과 제품 완료 후 품질검사와 분류작업을 수행하게 되는 데 이는 모두 반도체 생산기술의 환경구속 속성을 가지며 각 공정마다 특수 집약기술을 요하는 것이다.

따라서 이 책은 학생들로 하여금 LED 패키징 장비 제작을 위한 이론적 배경을 가장 기초적인 부분부터 정립하도록 구성하였다. LED 반도체의 기초이론과 장비 구성에 필요한 청정 작업화경 시설, 각 구성장비에 공통으로 적용되는 공압 제어기술, 자동화 생산시스템의 구성기술, 센서제어기술, 자동화 이송장치 및 부품정렬에 관한 기술, 패키징 제조장비 및 공정기술, 터치스크린 및 비전제어 시스템을 각각 요소기술로 정리하였고 이를 종합적으로 이해할 수 있도록 종합물류제어 환경구성에 관한 사례와 일반적인 제조 시스템 장비의 보수유지기술을 정리하여 자동화 장치제어에 필요한 전체기술을 알 수 있도록 하였다.

이 책은 반도체 장비에 대한 기초지식이 없는 기술자가 전문적이고 정밀한 반도체 장치설계 및 개발이 가능한 전문가로 발돋움하기 전에 개략적으로 반도체 제조장비에 대한 개념과 장치설계에 필요한 부분을 쉽게 이해할 수 있도록 구성하였으므로 2년재 대학의 유관 학과에서는 관련교재로 사용할 수 있을 것이다. 따라서 보다 정밀한 반도체 제어기술을 위해서는 산업현장의 경험과 구성기계를 분해하면서 관련내용의 실무적용기술을 정리한 책자를 참고로 하여야 할 것이며 향후 이와 같은 현장 제어 장비를 응용하여 별도의 교재를 구성할 필요가 있다고 생각했다.

자동화 시스템 요소기술은 최근의 기술동향으로 보면 인간이 발견한 기술의 종합적인 적용장비로 초정밀을 기초로 지식기반 제어장비 추세이다. 특히 유비쿼터스 응용기술은 자동화 기술자들을 끊임없이 유혹하고 있다.

사람은 미래 기술에 대한 도전이 필요하다. 도전의 시작은 극히 작은 것에서 출발한다. 어떤 것에 긍정적인 마음과 끊임없는 도전은 모든 일을 가능하게 하는 가장 쉽게 얻을 수 있는 에너지이다. 부디 학생 여러분은 처음에는 작은 출발이지만 자신이 만족할 수 있는 결과를 위하여 끊임없이 도전하고 노력하는 사람이 되길 바란다.

저자일동 씀

차 례

■ 제1장 LED 및 반도체 기초 이론 ⊸ 9

■ 제2장 자동화 생산 시스템의 구성 ⊸ 31

■ 제3장 Clean Room의 환경구성 —103

■ 제4장 LED 제조장비의 자동화 요소기술 —135

■ 제5장 종합물류 제어 환경 구성 ⊸201

■ 제6장 LED 제조 시스템의 보수유지 기술 ⊸215

제 1 장

LED 및 반도체 기초 이론

1-1 LED(Light Emitting Diode)

1-2 반도체

1-1 LED(Light Emitting Diode)

1. 빛의 구분

가. 빛과 파장

빛은 전자기파의 일종으로 인간의 눈으로 지각되는 색을 갖는 파장영역을 가시광선이라 한다. 파장의 단위는 나노미터(nm)를 사용하며, 그 범위는 다소 차이가 있으나, 대체로 380～780nm 범위이다. 단색광인 경우 700～610nm는 빨강, 610～590nm는 주황, 590～570nm는 노랑, 570～500nm는 초록, 500～450nm는 파랑, 450～400nm는 보라로 보인다. 빨강보다 파장이 긴 빛을 적외선, 보라보다 파장이 짧은 빛을 자외선이라고 한다. 대기를 통해서 지상에 도달하는 태양복사의 광량은 가시광선 영역이 가장 많다. 사람의 눈의 감도(感度)가 이 부분에서 가장 높은 것은 그 때문이라고 한다.

색과 빛의 파장은 동일한 용어이지만 다른 의미를 갖는다. 차이는 보는 기준이 사람인가 아니면 물리적인 에너지 측정기구인가에 따라서 색과 빛의 파장을 구분하여 정의한다.

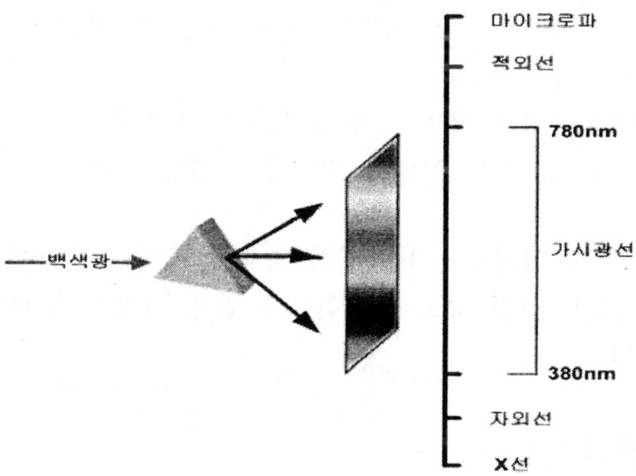

[그림 1-1] 전자파의 파장

색이란 사람의 눈이 관측자 또는 검측(detecter)기구가 되었을 때 빨강, 녹색, 파랑, 보라 등으로 구분하는 용어로 사용된다. 그러나 빛의 파장은 에너지(Jule/sec, Watt) 개념으로서 관측자 또는 검측자가 물리적인 에너지를 측정하는 기구에 의해 정의되어진 용어이다. 예로 빨간색은 눈으로 볼 때 그대로 빨간색으로서 다른 색과는 구별이 된다. 하지만 사람의 눈으로 볼 때 빨간색의 에너지는 파장으로 640~780nm의 영역은 빨간색으로 정의가 된다.

나. 빛의 혼합

색과 색을 혼합하여 다른 색을 만드는 것을 혼합색이라고 한다. 삼원색은 혼합에 의해 여러 가지 색을 만들어낼 수 있다. 그림물감의 경우(색료의 3원색)와 빛의 경우(색광의 3원색)에서는 각각 그 색상이 다르다.

색료의 3원색과 색광의 3원색은 물리적인 보색 관계로, 색상환에서는 서로 중간에 위치한다. 이러한 보색관계의 원리는 컬러TV나 컴퓨터 그래픽, 무대조명과 같은 색광의 혼색, 그림물감이나 페인트의 혼색, 색팽이나 레코드플레이어 등의 색 회전에 의한 회전혼색, 직물의 날실과 씨실에 의한 혼색, 점묘화법의 혼색, 색유리 같은 셀로판의 겹침에 의한 혼색, 컬러 인쇄와 망점에 의한 혼색 등에 잘 나타난다.

(1) 색료의 3원색

색료의 3원색 청색(Cyan), 자주(Magenta), 노랑(Yellow)을 말하며, 이들 3원색을 여러 가지 비율로 혼합하면 모든 색상을 만들 수 있다. 반대로 다른 색상을 혼합해서는 이 3원색을 만들 수 없다.

이들 3원색을 1차색이라고 하며, 빨강과 노랑을 혼합해서 만든 주황과 노랑과 파랑을 혼합해서 만든 초록과, 파랑과 빨강을 혼합해서 만든 보라색은 2차색이라고 한다.

색채의 지각과정에서 살펴보듯이 물체의 색채는 물체의 표면에서 반사된 빛이라는 것을 알 수 있다. 인쇄 잉크나 페인트와 같은 안료는 물체의 표면색을 만들기 위해 사용된다.

(2) 색광의 3원색

반사의 과정을 거치지 않은 빛의 색을 직접 보는 것은 TV화면이나 모니터에서 색채를 보거나 혼합하는 경우이다. 화면에 빨강(R), 초록(G), 파랑(B)의 모든 색파장을 고르게 비치면 흰색으로 보인다. 빨강, 초록, 파랑의 색파장 뿐만 아니라 주황, 보라, 노랑의 색파장도 다른 색파장을 조합해서 만들 수 없는 빛이기는 하지만, 시각기관에 있는 감각 수용기는 빨강, 초록, 파랑 파장에 가장 민감하게 반응한다. 그것은 이들의 조합으로 다른 색을 느끼게 되는 색파장이기 때문이며 이를 빛의 삼원색이라 한다.

(3) 감법혼색(감산혼합)

색료의 혼합(그림물감, 인쇄잉크, 염료 등)으로 섞을수록 명도가 낮아진다. 색을 겹치면 그만큼 빛의 양이 줄어 어두워진다. 다른 말로 어떤 색에서 어떤 부분의 빛을 없애는 것이다.

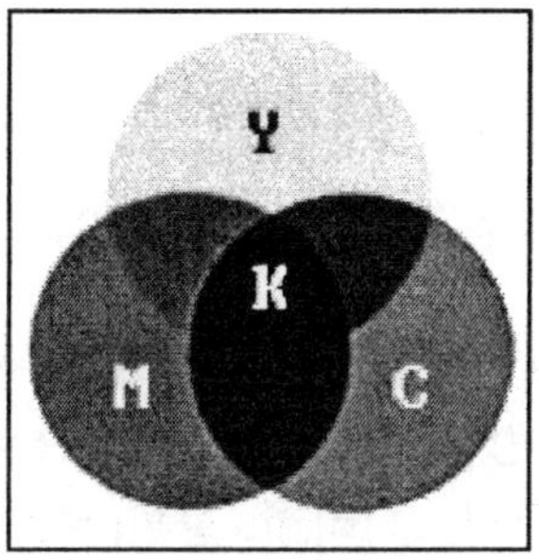

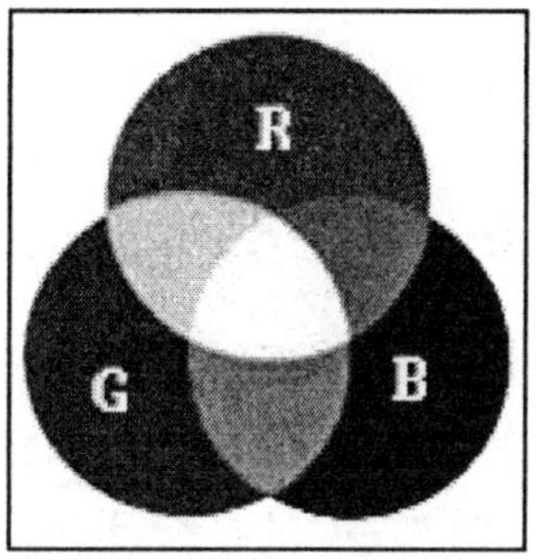

[그림 1-2] 색료와 빛의 3원색

우리가 어떤 물체의 색을 만들기 위해 안료를 혼합하는 과정을 감법혼색이라고 한다. 그 이유는 안료를 혼합하면 할수록 반사되는 빛의 파장은 감소되기 때문이다.

흰색 안료는 빛이 지닌 모든 색파장을 반사하는 성질을 가지고 있다. 이 흰색에 파랑을 섞으면 연한 하늘색이 된다. 이 경우 파랑은 모든 색파장을 흡수하고 파란색 파장만을 반사하려는 성질이 있기 때문에 흰색이 지녔던 반사향을 감소시킨다.

(4) 가법혼색(가산혼합)

가법혼색은 색광(빛)을 혼합함으로써 새로운 색채를 만들어내는 것으로 R(빨강), G(녹색), B(파랑)를 색광의 3원색이라고 하며 색광을 가할수록 혼합색이 점점 밝아진다.

빛의 삼원색이 되는 색파장 중 초록빛과 빨강빛을 함께 비치면 노랑으로 보이며, 빨강빛과 파랑빛을 함께 비치면 마젠타라고 불리는 자색을 띤 분홍색으로, 파랑빛과 초록빛을 함께 비치면 사이안(Cyan)이라 불리는 하늘색으로 보인다.

즉, 빛의 2차색은 안료의 1차색이 된다. 이처럼 빛은 혼합할수록 더 많은 빛이 가해져서 눈을 자극하게 되며 더 밝은 색으로 지각하게 되므로 이를 가법혼색이라고 한다. 이러한 가법혼색은 빛을 혼합할수록 점점 밝고 선명한 색으로 만들 수는 있으나 어둡고 탁하게는 만들기가 어렵다.

따라서 무대에서 사용되는 조명은 삼원색의 빛만 가지고는 부족하므로 특수한 필터가 필요하다. TV와 같은 화면에서 보여지는 색은 빛의 강도와 양을 조절하여 혼합함으로써 다양한 색으로 느낄 수 있게 되는 것이다. 이러한 가법혼합은 컬러 인쇄를 할 경우에 색분해에 이용이 되며 스포트라이트나 컬러TV, 조명 등에 사용된다.

다. 색온도(color temperature)

흑체복사에서 낮은 온도에서는 오렌지색에 가까운 따뜻한 기운이 있는 빛으로 되고 온도가 증가하면서 한낮의 태양광처럼 백색을 띠는 빛으로 되고, 더욱 높아지면 청색에 가까운 시원스런 빛으로 된다. 이처럼 광원(光源)의 광색은 온도 변화에 따라 색이 변하는데 이때 각 색에 해당하는 광원의 온도를 곧 색온도라고 하고 광원의 광색을 나타내는 단위로서 K(－273℃)를 사용한다. 가정용 백열전구의 색온도는 3,000K, 카메라 플래시광은 4,000K, 흐린 날씨에서의 햇빛은 6,500K, 맑은 날씨에서는 8,000K 이상이 된다.

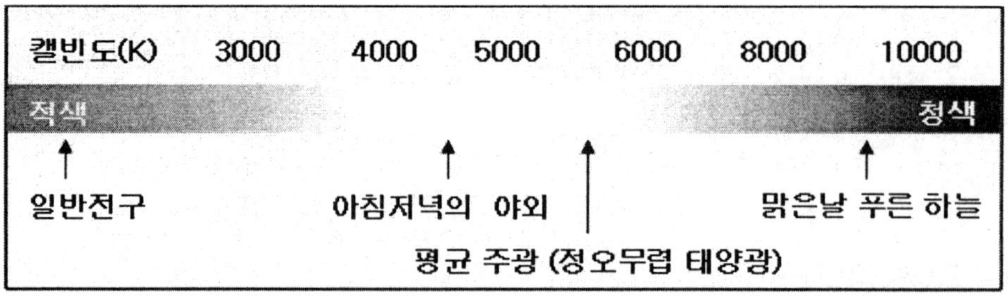

[그림 1-3] 색온도 분포

라. 광 측정 단위

〈표 1-1〉 광 측정 단위

용 어	단 위	용 어 설 명
광속	lm	광량(광원에서 나오는 가시광의 총량)
광도	cd	빛의 강도(광원으로부터 어떤 방향으로 얼마만큼의 광량이 나가고 있는가를 나타내는 것)
조도	lx	비추어지는 단위면적에서의 빛의 밝기(1㎡의 면적 위에 1루멘의 광속이 평균적으로 조사될 때의 빛의 밝기)
휘도	nt (cd/㎡)	어떤 방향으로부터 본 물체의 밝기[1㎡당 1cd의(cd/㎡) 휘도]
수명	Hr	램프와 광속이 규격의 최저치에 이르게 될 때까지의 합계 점등시간 또는 규정된 시험조건에서 점등시험을 했을 때 램프가 재점등되지 않을 때까지의 합계 점등시간 중 짧은 시간
평균수명	Hr	규정된 시험조건에서 다수의 램프를 점등시험했을 때 수명의 평균치
정격 소비전력	W	램프의 소비전력
램프효율	lm/w	램프의 전 광속을 그 소비전력으로 나눈 값

2. LED 개요 및 이론

가. LED 역사

LED(Light Emitting Diode)는 1960년대 초부터 연구되기 시작하여 1960년대 후반부터 상용화가 이뤄졌다. LED는 우수한 내진동성, 높은 신뢰성, 낮은 전력 소모량 등의 뛰어난 특성을 바탕으로 주목받았다. 그러나 엄청난 제조비용 부담으로 인해 초기에는 우주선 내의 표시램프 등 극소수 분야에서 사용됐다.

LED의 발광원리는 LED 안쪽에 위치한 발광소자에 전기에너지를 가하면 발광소자가 전기에너지를 빛으로 변환해 출력하는 것이다.

모든 물질은 원자로 구성되어 있으며 원자 내부에는 핵이 존재한다. 그 주위를 돌고 있는 전자는 궤도를 형성하면서 회전하는데 궤도가 핵에서 멀어질수록 궤도를 돌고 있는 전자는 많은 에너지를 가지고 있어야만 한다.

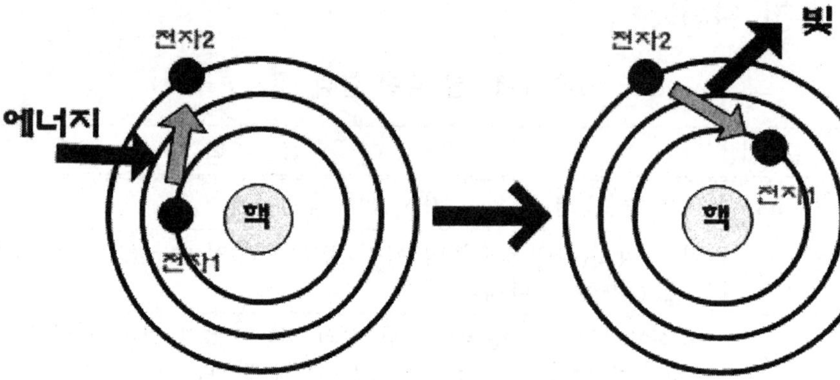

[그림 1-4] 빛의 발광 원리

낮은 궤도에서 돌고 있던 전자가 외부로부터 에너지를 받으면 높은 궤도로 뛰어올라가게 되며, 높은 궤도에서 불안하게 머물러 있는 전자는 궤도로 내려갈 때 에너지를 내놓는다. 이때 발산되는 에너지를 빛의 형태로 조절하는 것이 바로 LED다.

LED 소자는 사용하는 재료의 종류에 따라 전자가 올라갔다 내려가는 준위에 차이가 있으며 이런 준위차는 곧 만들어내는 에너지의 차이로 이어진다.

결국 같은 빛이라도 낮은 에너지 준위에서 만들어지는 빛은 긴 파장을 가지고 있는 적색으로, 높은 에너지 준위에서 만들어지는 빛은 짧은 파장을 가지고 있어서 청색으로 나타난다. 결국 3원색인 적(R), 녹(G), 청(B) 소자를 조합해 수많은 컬러를 구현하는 것이다.

LED 가운데 가장 먼저 상용화된 것은 1968년경 GaAs, AlAs라는 웨이퍼를 사용해 개발한 적색 LED이다. 이후 미국의 몬산토가 GaAsP라는 물질의 결정성장법을 특허 출원, 미국을 중심으로 연구 및 실용화가 진행됐다. GaAs 기판 위에 GaAlAs를 성장한 이종접합 적색 LED가 개발된 이래 1980년대 일본을 중심으로 연구가 진행되면서 고휘도 LED인 GaAlAs 재료를 이용한 적색 LED가 상용화됐다. AlGaAs를 소재로 사용한 녹색 LED는 그동안 1%에 불과한 에너지 변환효율을 기록했던 백열전구보다 높은 수준을 구현하며 각광받았다. 이후에도 지속적으로 신물질에 대한 연구가 이어져 최근 일본에서는 InGaAlP와 같은 4원계 조성의 화합물 반도체 박막성장 기술의 박달에 따라 백열전구보다 높은 고휘도의 조명효율을 확보한 것으로 알려졌다.

녹색 LED의 경우는 AlP와 GaP가 가장 좋지만 AlP는 산화하기 쉬워 GaP를 중심으로 개발이 시도됐다. 그러나 이들 소재로 생산하는 반도체는 간접 천이형 반도체여서 발광효율을 향상시키기 어려워 순 녹색의 광원을 얻을 수 없었다. 그러나 InGaN란 새로운 결정체에 대한 박막성장 기술 개발에 성공하면서 고휘도, 순 녹색 LED가 세상에 태어나게 됐다. 1990년대에 들어서는 InGaAlP라는 웨이퍼가 개발됨으로써 초고휘도 적색 및 주황색 LED 상용화의 문을 열었다.

R · G · B 등 LED를 구성하는 3가지 요소 중 가장 늦게 등장한 것이 청색이다. 청색 LED는 1993년경 일본 니치아가 InGaN를 소재로 한 고휘도 청색 LED를 내놓으면서 이른바 '블루 LED' 시대를 열었다.

니치아는 이후 1995년 고휘도 녹색 LED까지 개발하면서 저전력 광원을 개발하고자 하는 인류의 오랜 숙원을 풀었다. 이를 계기로 적 · 녹 · 청 등 3색 LED가 모두 상용화됨으로써 LED 응용시장의 풀 컬러화를 여는 첫 단추를 꿰었다.

그러나 순수 백색 LED 구현이라는 LED 연구계의 꿈은 남아 있었다. 이어 1996년에는 청색 LED에 형광물질을 첨가한 백색 LED가 개발됐으며, 2000년에는 LED의 성능이 기존 주력 광원인 형광등보다 훨씬 높은 100㏐/W(루멘)를 능가하는 고휘도 적색 LED가 세상에 등장했다. 바야흐로 LED 조명시대가 열린 것이다. 현재도 LED 기술은 진화를 거듭하고 있다. 초고속 멀티미디어 서비스 제공을 위한 광전송 소자부품 응용소자로 통신용 LED가 개발되는 등 LED 기술 영역의 한계가 속속 무너지고 있다.

나. LED 빛의 발생 원리

LED는 기본적으로 p형과 n형 반도체의 접합으로 이루어진 p-n접합 소자이며, 여기에 전압을 가하면 전자(electron)와 정공(hole)이 결합하여 반도체 밴드갭(bandgap)에 해당하는 에너지를 빛의 형태로 방출하는 광전자 소자(optoelectronic device)의 일종이다.

[그림 1-6]에 나타난 바와 같이 p-n접합 소자에 순방향 전압을 가하면 n형 반도체의 전자와 p형 반도체의 정공은 각각 p쪽, n쪽에 주입되어 소수 운반자(carrier)로서 확산된다. 이들의 소수 운반자는 확산과정에서 다수 운반자와 재결합하며, 결합하는 전자와 정공의 에너지 차에 해당하는 빛을 방출한다.

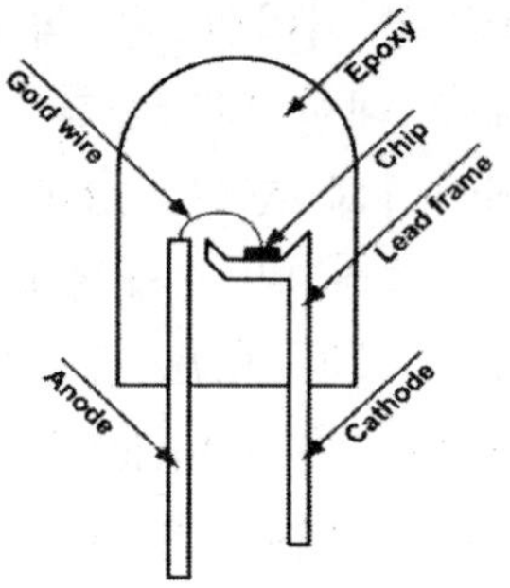

[그림 1-5] LED의 기본 구조

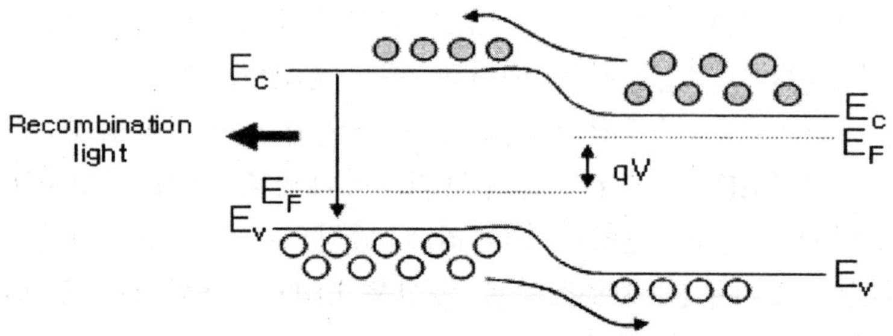

[그림 1-6] 순방향 전압 하에서의 p-n 접합 LED

LED가 방출하는 빛의 양은 다이오드 전류에 비례하여 커지게 된다. 따라서, 고휘도를 요구하는 조명용 LED가 높은 전류에서 작동하게 되는 이유가 바로 여기에 있다.

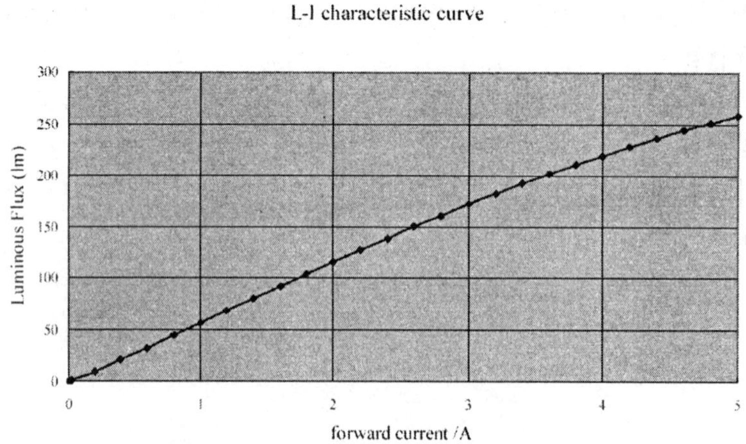

[그림 1-7] 순방향 전류와 luminous flux와의 관계

다. LED 결정 재료

반도체의 에너지 구조에서 전도대의 전자가 가전자대의 정공과 결합할 때 에너지가 방출하게 된다. LED용 반도체 재료로는 크게 직접천이형(direct transition)과 간접천이형(indirect transition)으로 구별할 수 있다. 간접천이형 반도체인 Si 등에서의 이 에너지는 주로 열과 진동으로 소모되어 발광 효율이 크게 저하되는 반면, 직접천이형 반도체인 GaN 등에서는 전자와 정공이 재결합할 때 발생하는 에너지가 모두 발광 형태로 나타나기 때문에 LED를 제조에 적합한 재료라고 볼 수 있다. 또한 직접천이로부터 발생하는 빛의 파장은 반도체의 고유한 특성인 에너지 밴드갭 Eg에 따라 결정되며, 발광파장과 빛의 에너지 사이에는 다음과 같은 관계식이 성립한다.

$$Eg = h = hc / \lambda$$

$$\lambda \ [nm] = 1240 \ / \ E \ [eV]$$

(h : 플랭크상수, c : 광속, λ : 파장)

1990년도 중반에 접어들면서 적색 LED뿐만 아니라, 질화물 반도체 InGaN를 이용한 녹색 및 청색 LED의 조명 효율(luminous efficiency)이 백열전구 수준을 능가함에 따라 고휘도 디스플레이를 비롯한 표시소자 및 조명 등 광범위한 분야에서 LED의 사용이 본격화되었다. 또한 InGaN 박막성장 방법이 성공함에 따라 고휘도 청색 및 녹색 LED 구현이 가능하게 되었으며, In 조성을 조절함에 따라 적색에서 near UV에 해당하는 빛을 얻을 수 있다.

발광 다이오드에 적합한 재료로는 다음과 같은 조건을 만족하여야 한다.

① 발광파장이 가시영역 또는 근적외영역에 존재할 것
② 발광효율이 높을 것
③ p-n접합의 제작이 가능할 것 등

이러한 조건을 만족시키는 것으로 주로 GaAs, GaP, GaAs1-x Px, Ga1-xAlxAs, InP, ln1-xGaxP 등 3B 및 5B족인 2원소 또는 3원소 화합물 반도체가 사용되고 있는데, 2B, 6B족이나 4A, 4B족인 것에 대하여도 연구가 진행되고 있다.

라. LED의 종류

① Infrared LED chip : IRED(Infrared Emitting Diode) chip을 뜻하는 것이다. 이 칩은 가공되어 IR Emitter, TV 리모컨, 광학스위치, IR LAN, 무선 디지털 데이터 통신용 모듈 등에 쓰인다.

② Visible LED chip : VLED(Visible Light Emitting Diode) chip을 뜻하며 빨강, 녹색, 오렌지색 등이 개발되어 있다. 이 칩은 램프로 조립(LED)되어 각종 전자제품의 표시나 신호등 및 전광판 등의 광원으로 쓰인다.

3. LED 디바이스

가. LED 웨이퍼

웨이퍼는 지름 2인치 정도의 단결정 원형기판이다. 기판재료는 요구되는 발광 파장 및 휘도에 의해 사용되는 재료에 따라 다르고 결정성장의 방법도 다르다.

결정성장 방법은 종래의 LPE(Liquid Phase Epitaxy)에 의해 제조되었으나, 청색 및 고휘도 LED는 새로운 결정성장 기술인 MOCVD(Metal-Organic Chemical Vapor Deposition)에 의해 제조되고 있다.

결정성장 후의 웨이퍼는 그것만으로 자체 발광할 수가 없으며 발광을 하기 위해서는 외부의 전기적 에너지 공급을 위한 전극이 필요하다. LED의 경우 p측은 (+), n측은 (−)전극이라 하여 일반적으로 두 극을 나타낸다.

나. LED 칩

다이싱된 후의 칩(chip)은 LED 디바이스 전의 중간 조립단계이기 때문에 많이 알려지지 않았지만 기술의 진전에 따라 그 형태와 크기 변화도 다양화되었다.

일반적으로 표준 휘도 LED는 LPE 또는 VPE로 결정성장시켜 원가 절감에 따라 가로×세로 각 0.25~0.3mm인 것도 있다.

(+)측과 (−)측의 전극은 각각 칩의 겉과 속으로 형성된 양면 전극이다.

한편 고휘도 LED는 불량물의 양 및 막두께 정도를 크게 개선한 MOCVC로 결정성장시켜 제조한 것으로 4원소라 불리는 InGaAlP계가 고휘도 LED의 대표적인 것이다. 표준휘도 LED와 같은 양면 전극현상으로 겉면이 (+)전극으로 되어 있다. 칩의 크기도 0.25~0.3mm의 사각이며, 두께는 0.15~0.2mm이다.

다. LED 디바이스의 종류

LED 디바이스는 용도에 따라 3가지로 구분된다. 단순발광만 하는 발광 디바이스가 있으며, 숫자나 문자를 표시하는 표시 디바이스, 특별용도에 사용되는 특별 디바이스가 있다.

(1) 발광 디바이스

발광 디바이스는 크게 나누어 디스크리드형(주로 수작업으로 프린트기판 등에 실장한 형태로 최고 일반적인 형태)과 SMT(Surface Mount Technology)가 있다.

디스크리드형의 대표적인 것은 Φ3에서 Φ5의 LED가 가장 일반적이다. 이들의 형상은 세밀하게 규정되어 있지 않기 때문에 제작사에 따라 시야각 및 크기, 발광부의 플라스틱(plastic) 색이 조금씩 다르다.

발광부는 원형뿐만 아니라 사각형 및 여러 가지 형상이 있고 특수 경우도 있어 현재는 사용 용도에 따라 다양화되고 있다.

SMT 제품은 일반적으로 칩 LED라 한다. 전자기기의 경박 단순화, 코스트 다운화의 요구에 따라 개발되었다. SMT 대응품에 대해서는 크기는 어느 정도 제작별로 공통점이 있지만 발광부의 렌즈 유무 및 광학적 특성이 필요하므로 성능면에서는 동일하지 않다. 특히 요즘 광센서에서 렌즈를 사용하여 센서 성능을 향상시키고 있어 적용 범위가 크게 늘 것으로 전망된다.

(2) 표시 디바이스

표시 디바이스의 대표적인 것은 7세그먼트, 도트 매트릭스 등이 있다. 이들 디바이스는 기본적인 프린트 기판 위에 형성된 회로 사이에 칩을 실장하여 각 칩이 독립적으로 발광한 상태를 실현시키기 위해 격자는 일정 크기의 플라스틱 부품에 넣지만 전체 크기 및 문자 높이는 규정된 것이 없다.

(3) 특수 디바이스

LED의 용도 확대에 따라 다양한 용도를 만족시키는 디바이스로서 특수용 LED가 폭넓게 사용되고 있으며 이러한 LED를 전문적으로 생산하는 제조회사가 등장하고 있다.

발광 및 표시 디바이스는 일반적으로 사용되는 것이므로 세부적으로 기획된 것이 없으나, 특수 디바이스는 한정된 용도로 설계된 것이기 때문에 표시 품질이 높고 부가가치도 높은 것이 특징이다.

특수 디바이스 중에는 직접 전체 디자인에 영향을 주는 숫자표시기 및 문자표시기의 종류에서 문자 크기 및 문자 디자인이 특수한 것이 많다. 또 공장의 컨트롤러 및 엘리베이터 등의 표시등에 사용되는 LED 디바이스, 액정표시기의 백라이트용에서 사용되는 면발광체 디바이스 등 그 종류도 풍부하다.

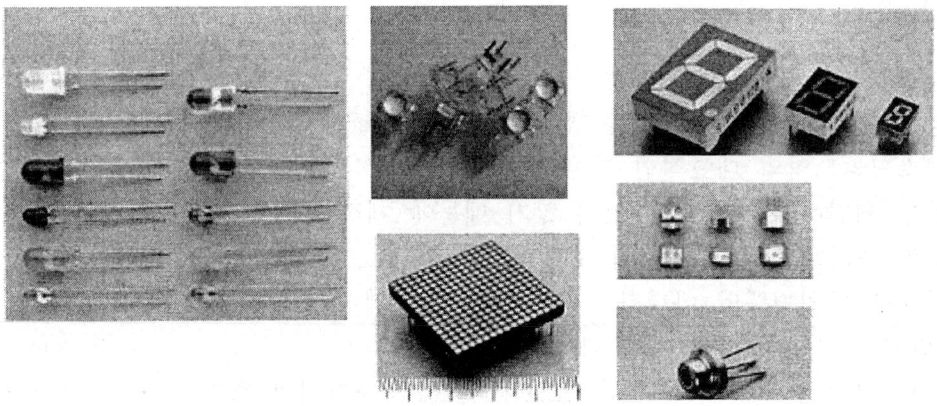

[그림 1-8] 디바이스의 종류

4. LED 응용 분야

가. 표시장치 분야

청색 발광 다이오드의 등장으로 기존의 적녹색 계열의 전광판들이 사라지고 다양한 색상을 표시할 수 있는 전광판이 등장하게 되었다. 전광판 1개를 만들기 위해서는 수백만 개의 LED lamp가 필요하며 급증하는 전광판의 수요에 따라 청색 및 순녹색 LED의 수요도 기하급수적으로 증가하고 있으며 기존의 멀티전광판이 full color 전광판으로 교체되는 상태이다.

나. 신호등, 자동차 부속품 분야

LED는 전력소비가 전구의 약 1/12에 불과하고 수명은 전구의 100배 이상이며 전기신호에 대한 반응속도는 기존 전구보다 1000배 이상 빠르다. 또한 저전력에도 고휘도를 내기 때문에 이미 미국 및 일본, 유럽 등 일부 나라에서는 신호등과 자동차 부품 등에 고휘도 LED를 상용화하기 시작하였다. 이러한 LED 신호등의 개발로 기존 신호등 전구의 짧은 수명과 많은 전력소비의 문제점을 해결할 수 있게 되었으며, 따라서 우리나라에서도 에너지 효율측면에서 도로교통표지, 차량 및 조명 등 다양한 분야에서 적용이 빠르게 이루어져 성장 가능성이 높은 산업 분야로 주목받고 있다.

다. 핸드폰, Back light, 데이터 저장장치, 정보통신 분야 등

백라이트용 백색 LED가 주력 타깃으로 삼는 이동통신 단말기와 PDA 등의 모바일기기 시장이 성장을 지속하고 있으며 이런 성장추세가 내년을 비롯해 앞으로 상당기간 동안 지속될 것으로 전망된다.

이에 따라 크기가 작으면서도 고휘도라는 장점을 가진 백라이트유닛용 LED는 기존 백라이트유닛의 광원으로 사용되어 온 CCFL 램프를 대체하면서 모바일기기의 성장곡선을 그릴 전망이다. 이는 휴대폰의 컬러화와 다기능화에 따라 소비전력이 증가추세를 보이고 있으나, 전원을 공급하는 배터리의 용량 확대에는 한계를 보이고 있어 전력 소모량이 기존 CCFL에 비해 작으면서도 휘도는 뛰어난 백라이트용 백색 LED는 증가할 것으로 예상된다.

기존 광트랜스시버에서는 LED에 비해 가격이 상대적으로 비싼 레이저 다이오드(LD)를 사용함으로써 고속의 특성을 가지고 있으나 가격면에서 경쟁력이 떨어져 LED 적용을 위한 기술개발이 활발하다.

1-2 반 도 체

1. 반도체의 기초

가. 반도체의 원리와 종류

(1) 반도체의 원리

반도체는 도체와 부도체의 중간적 특성을 지닌 물질이라고 할 수 있다. 전기적인 저항을 기준으로 설명하면 물질의 비저항(specific resistivity)이 10^{-2}~10^{9}[Ω·cm] 사이의 값을 가지는 물질을 또다른 방식으로 설명하자면 에너지대역(energy bandgap)이 0에서 약 3eV인 물질을 나타낸다.

에너지대역이란 2개의 허용 에너지대(allowed energy band) 사이의 금지대(forbidden band)의 폭을 말하는 것으로 에너지대역을 설명하기 위해서는 고체에서의 에너지대역 형성에 관해 이해할 필요가 있다.

하나의 원자에 포함된 전자는 각각 자신의 에너지 준위(energy level)를 가지고 있다. 만일 2개의 원자가 서로 연결되어 고체를 이루고 있다고 가정하면, 원자가 서로 떨어져 있을 때 같은 에너지 준위를 가지던 전자들의 에너지는 동일한 에너지 준위를 가질 수 있는 전자의 최대수는 2개이며 두 전자의 스핀은 서로 반대라고 정의되는 파울리(Pauli)의 배타원리(exclusion principle)에 따라 동일한 에너지 준위를 가질 수 없기 때문에 이 에너지 준위는 2개의 에너지 준위로 나누어진다.

보다 많은 원자들로 구성된 고체를 고려하면 이렇게 구분된 에너지 준위의 폭이 매우 미세해져서 고체를 구성한 각 원자의 최외각 전자의 에너지 준위는 고체에서는 하나의 연속적인 것으로 보이는 에너지대(energy band)로 나타난다. 이러한 에너지대는 최외각에 존재하던 전자의 에너지 준위 이상에 대해서도 적용이 되어 실제의 전자(electron)의 에너지는 허용 에너지대와 금지대가 연속적으로 나타나는 모습으로 나타난다.

각각의 원자에서 최외각에 존재하던 전자들은 고체 내에서 공유결합을 이루는데 사용되어 자유롭게 움직일 수 없는 상태로 존재하게 되며 이러한 전자들의 에너지가 하나의 허용 에너지대를 채우게 된다. 이렇게 최외각 전자들에 의해 채워진 허용 에너지대는 이미 채워진 모든 허용 에너지대 중에 가장 높은 에너지를 가지는 에너지대로서 이를 공유대(valence band)라고 한다.

한편 채워져 있지 않은 허용 에너지대 중에서 가장 낮은 에너지를 가지고 있는 에너지대를 전도대(conduction band)라고 한다. 고체의 에너지대역을 좀더 명확히 설명하면 전도대와 공유대 사이에 존재하는 금지대의 폭이라고 할 수 있다.

고체가 전기를 통하기 위해서는 공유대를 가득 채우고 있는 공유전자의 일부가 전도대로 이동되었을 때에 가능하다. 금지대에는 전자가 가질 수 있도록 허용된 에너지 준위가 없기 때문에 전자가 존재할 수 없으며 따라서 전자를 전도대로 이동시키기 위해서는 금지대의 폭, 즉 고체의 에너지대역 이상의 에너지가 공급되어야 한다.

반도체의 경우에는 이 에너지대역이 부도체에 비해 낮고 도체에 비해 높기 때문에 낮은 온도에서는 부도체와 같지만 높은 온도에서는 도체와 같이 특성을 갖게 된다. 이러한 현상은 순수한 반도체, 즉 진성반도체(intrinsic semiconductor)의 특징이며, 이 진성반도체에 불순물을 첨가시켜 원하는 기능을 부여한 반도체를 외인성 반도체(extrinsic semiconductor)라고 한다.

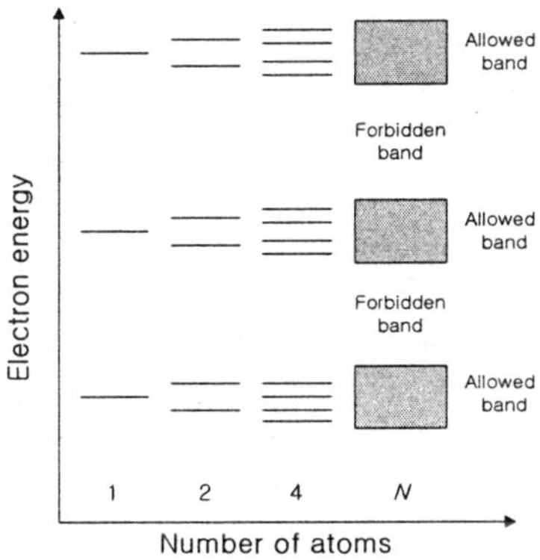

(a) 고체에서의 에너지 대역형성

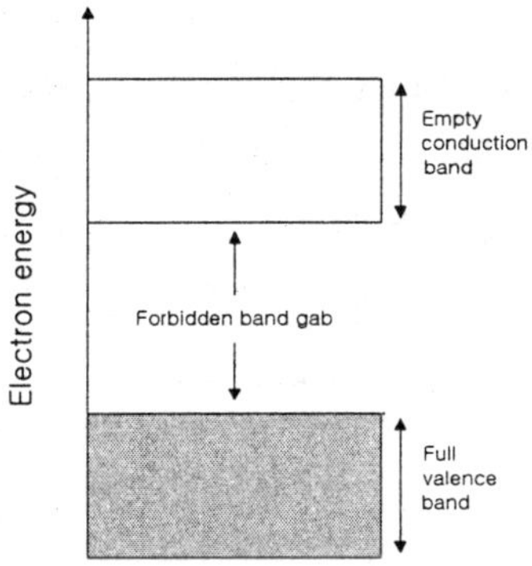

(b) 저온에서 반도체 에너지 대역

[그림 1-9] 반도체의 에너지 대역형성

진성반도체는 상온에서 부도체이지만 상온에서 어느 정도의 전기전도도를 가지도록 하기 위해서 적절한 불순물을 고의로 첨가하여 외인성 반도체를 만들어 사용한다. 외인성 반도체를 설명하기 위해 실리콘(silicon)에 비소(arsenic)원자를 불순물로 약간 첨가하였다고 가정하자. 비소원자는 V족 원소로서 최외각 전자가 5개이기 때문에 IV족의 실리콘원자와 결합을 이루더라도 하나의 전자가 결합을 이루지 못한 상태로 남게 된다. 이러한 전자는 상대적으로 에너지가 높아 상온에서도 자유롭게 전도대를 이동할 수 있기 때문에 진성반도체의 전기적인 특성을 변화시킬 수 있다. 이렇게 전자의 생성을 목적으로 첨가된 V족 불순물들을 도너(donor), 이러한 과정을 도핑(doping)이라고 한다. 또한 이렇게 전자가 첨가된 외인성 반도체를 n형 반도체라고 한다.

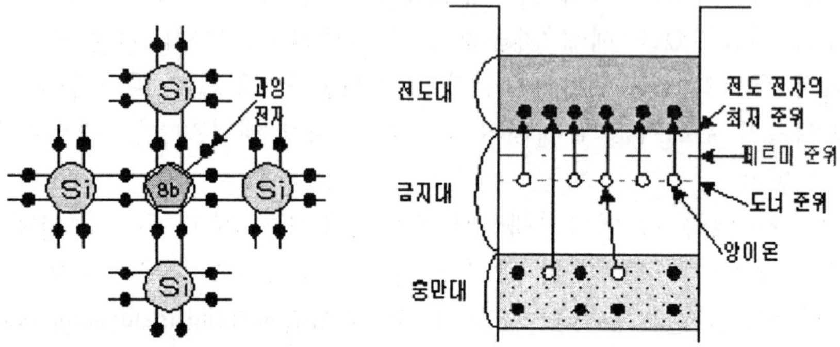

(a) n형 반도체의 결정 구조, (b) n형 반도체의 에너지대 구조

[그림 1-10] n형 반도체의 결정 및 에너지대 구조

실리콘에 알루미늄(aluminum)과 같은 III족 원소가 첨가된 경우에는 실리콘과 공유결합을 이룰 전자가 부족하기 때문에 전자가 빈자리가 하나 생기게 되는데 이를 정공(hole)이라고 한다. 이 정공은 외부에 전기장이 가해진 경우에 근처의 공유전자가 정공을 계속 메우면서 이동해 나갈 수 있기 때문에 전자와 마찬가지로 전하수송체(charge carrier)로 간주된다. 이렇게 정공의 생성을 목적으로 첨가된 III족 불순물들을 억셉터(acceptor), 억셉터가 도핑된 반도체를 p형 반도체, 그리고 도너와 억셉터와 같은 불순물을 총칭하여 도펀트(dopant)라고 한다.

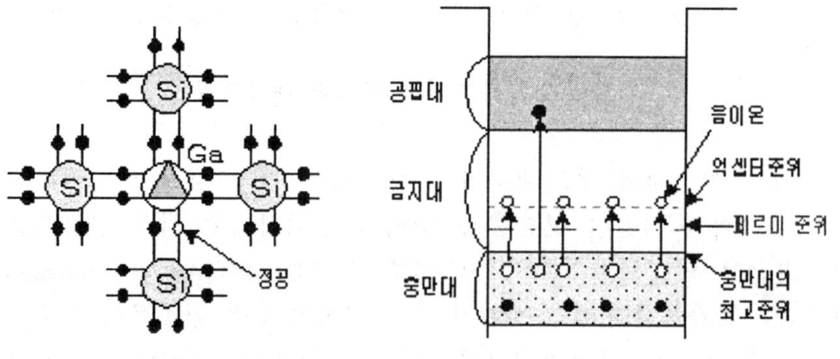

(a) p형 반도체의 결정 구조 (b) p형 반도체의 에너지대 구조

[그림 1-11] p형 반도체의 결정 및 에너지대 구조

불순물이 첨가된 외인성 반도체는 불순물의 종류 및 농도에 따라 전기적 특성이 조금씩 달라진다. 일반적인 반도체소자들은 이러한 외인성 반도체를 제조하여 p-n 접합 다이오드나 트랜지스터를 구성하고 이를 회로에 응용하여 만들어진다. 실리콘 반도체소자들은 실리콘웨이퍼를 기판(substrate)으로 하여 그 위에 평면형 소자들로서 집적된다. 이러한 소자를 제조하기 위해서는 세정(cleaning), 박막형성, 에칭(etching), 도핑 등 여러 가지의 공정이 필요하다. 이러한 공정들에 대한 세부사항은 다음 장에서 설명하기로 한다.

(2) 에너지대 이론에서 본 도체, 반도체, 절연체

- 허용대(allowable band) : 전자가 존재할 수 있는 에너지대
- 금지대(forbidden band) : 전자가 존재할 수 없는 에너지대. 에너지 갭 energy gap)
- 전도대(conduction band) : 전자가 자유로이 이용되는 허용대
- 충만대(filled band) : 들어갈 수 있는 전자의 수가 전부 들어가서 전자가 이동할 여지가 없는 허용대
- 공핍대(exhaustion band, empty band) : 보통의 상태에서는 전자가 존재하지 않는 허용대

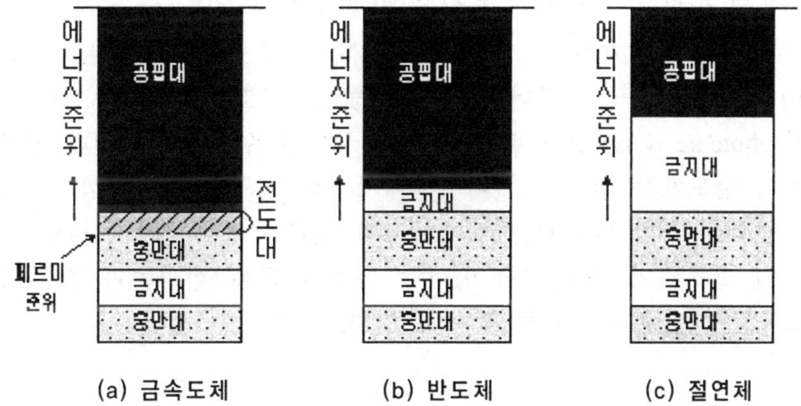

충만대와 공핍대

[그림 1-12] 금속도체, 반도체, 절연체의 물질의 에너지 준위

① 금속 도체 : 충만대에 공핍대가 접해 있어 공핍대에서는 충만대로부터 전도 전자가 옮겨져서 전도대를 형성하고 있기 때문에 전기전도가 매우 높다.
② 반도체 : 보통 때에는 공핍대에는 전자가 없으며, 또 상위의 충만대와 공핍대

와의 사이에 금지대의 폭이 좁다. 충만대의 일부 전자는 적은 에너지 (1[eV] 정도)에서도 비교적 용이하게 금지대를 넘어서 공핍대에 올라갈 수 있다.

③ 절연체 : 전자의 움직임은 반도체와 같다고 보나, 충만대와 공핍대 사이의 에너지 갭이 크므로 상당히 큰 에너지(6~7eV)를 가하지 않으면 충만대의 전자는 공핍대에 올라갈 수 없다.

2. 반도체의 종류

반도체는 크게 구분하여 실리콘, 게르마늄(germanium) 등과 같은 IV족 반도체와 III족과 V족, 혹은 II족과 VI족이 결합된 화합물반도체로서 나눌 수 있다. III-V 화합물반도체로는 GaAs, InP 등이 있으며, II-VI 반도체로는 ZnSe, CdS 등을 들 수 있으나 InGaAsP 등과 같이 여러 가지의 원소가 동시에 결합된 화합물반도체들이 사용되기도 한다. 이렇게 IV족 반도체와 화합물반도체를 나눌 수 있는 것은 구성하는 물질이 순수한 물질인가 혹은 화합물인가 하는 구분에 근거를 두고 있기는 하지만 일반적으로 VI족 반도체는 간접에너지대역(indirect energy bandgap)을 가지며 화합물반도체는 직접에너지대역(direct energy bandgap) 물질이 주류를 이루고 있다는 점에서 구분이 되기도 한다.

직접에너지대역을 가지는 화합물반도체는 전자가 금지대를 통해 전이(transition)하면서 변화되는 에너지가 직접 빛에너지로 나타날 수 있기 때문에 주로 광소자(photonic devices)를 위한 물질로 활용될 수 있다. 그러나 간접에너지대역을 가지는 반도체는 전자의 전이과정에서 에너지의 변화뿐만이 아니라 동시에 모멘텀의 변화를 수반하기 때문에 에너지의 변화가 빛에너지로 나타나지 못하고 물질 내에서 소모되어 사라진다. 이러한 이유 때문에 실리콘과 같은 VI족 반도체는 광소자로서 활용되지 못하고 주로 전자소자로서 사용된다.

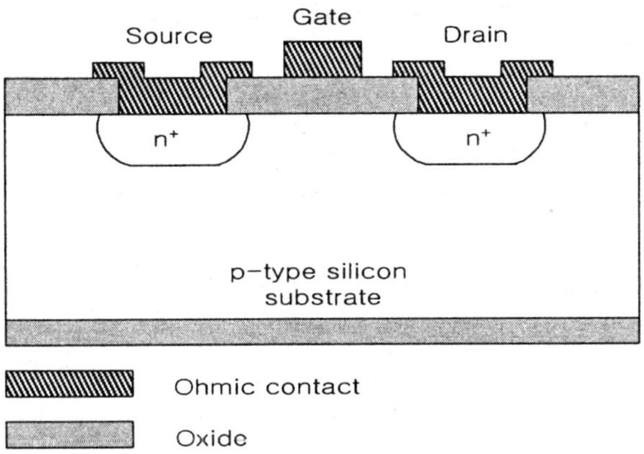

[그림 1-13] n 채널 증가형 MOS FET

〈표 1-2〉 여러 가지의 반도체 종류

Element	IV-IV Compounds	III-V Compounds	II-VI Compounds	IV-VI Compounds
Si Ge	SiC	AlAs AlSb BN GaAs GaP GaSb InAs InP InSb	CdS CdSe CdTe ZnS ZnSe ZnTe	PdS PbTe

3. 반도체의 재료

반도체 재료는 웨이퍼 제조공정용, 웨이퍼 처리공정용과 조립공정용으로 나눈다. 웨이퍼 제조공정은 실리콘(혹은 화합물반도체)기판을 제조하는 공정으로서 기판소재, 연마재, 고순도가스 등이 사용되며 웨이퍼 처리공정에는 포토레지스트, 포토마스크, 현상액, 레지스트, 제거액, 세정액, 반도체용 고순도가스, 스퍼터링 타깃소재 등이 있다. 조립공정은 반도체를 최종제품으로 마무리하는 단계로 리드 프레임, 본딩와이어, 패키지재료, 마킹용 약품 등이 사용된다.

〈표 1-3〉 반도체 재료의 분류

구분	반도체 제조공정	단위공정	관련재료	비고
FAB 재료	웨이퍼 제조공정	단결정 성장공정	기판재료	Si, GaAs
		연마공정	연마재	
		Epitaxial공정	반도체용 가스	고순도 가스
	회로원판 제조공정	노광공정	photomask	
	웨이퍼 처리공정	박막형성공정	반도체용 가스, 고순도 약품	
		현상액도포공정	photoresist, 현상액	
		노광공정		
		에칭공정	반도체용 가스	
		resist 제거공정	resist 제거액	
		확산공정	반도체용 가스	
		배선공정	sputtering target 금속재료	
		세정공정	세정액	
어셈블리 재료	조립공정	웨이퍼절단공정		
		bonding공정	lead frame	Fe alloy, Cu
			bonding wire	Au, Cu
		패키징공정	패키징 재료	EMC, ceramic, Pt, Ag paste
		테스트공정		

제 2 장

자동화 생산 시스템의 구성

2-1 자동화 시스템의 구성

1. 자동화의 역사 및 개요

1765년 제임스 와트(James Watt)는 증기기관을 완성하여 인간의 힘에 의한 일을 기계로 바꾸어 놓았으며, 조속기(調速機)를 발명하여 속도 조정의 자동화를 최초로 이룩하였다.

그 후 산업의 발달과 더불어 품질이 좋은 물건을 보다 값싸게 만들기 위해 자동화가 촉진되어 왔으며 이 자동화를 촉진하는데 있어서 전자 기술이 보다 큰 역할을 수행했다. 미국 벨 전화연구소의 존바딘, 월터 H. 브래틴, 웰리엄 셔클레이 등 세 사람은 1948년에 최초의 트랜지스터를 만들었다.

반도체인 게르마늄이나 규소의 결정으로 된 이 작은 물건들은 진공관과 같은 작용을 했다. 소형이고 수명이 길며, 강전류원을 필요로 하지 않고 뜨거워지지도 않는 장점이 있으므로, 우선 소형 라디오에 사용되었고, 이어서 각종 영역에서 진공관을 추방했다. 전자계산기도 트랜지스터의 출현에 의해서 한층 발달하였다. 자동화를 실시하는 경우에 중요한 역할을 하는 자동제어 기구에도 트랜지스터는 큰 영향을 미쳤으며, 기계적인 자동제어는 전자적인 것으로 발전되어 보다 고도의 자동화(automation)가 달성되기에 이르렀다.

[그림 2-1] 자동화 기계

오토메이션이란 1948년에 새로운 자동 기계의 연구를 위해서 포드 자동차 회사에 마련된 자동차 부분에 대하여 부사장인 허더가 명명한 것으로, 오토매틱 오퍼레이션(automatic operation)을 단축시켜 만든 말이다.

이것을 계기로 하여 각종 공장에 있어서 생산 방식은 급속하게 자동화의 방향으로 치닫기 시작했다. 전자공업의 발달에 수반된 전자계산기의 개량이 촉진되어, 전자계산기는 다만 계산기로서의 역할뿐 아니라 통계를 집계하거나 또는 분류하는 많은 기능을 갖게 되었다.

또 각종 계측기에도 전자식이 받아들여지고 자동 계측기가 제작되었다. 그리고 자동화된 많은 기계를 전체로서 하나의 시스템으로 하여 자동제어하는 방법이 취해졌다.

기계 가공에 있어서는 물론, 조립 작업에 이르기까지 자동제어가 실시되었다. 또한 물건의 운반도 컨베이어(conveyor)를 사용하거나 자동화된 기계의 암(로봇) 등이 사용되고, 자동 공장이라고 불러도 될 공장도 탄생하였다. 이러한 기계 공업에 있어서의 자동화를 자동차 공장에서 발전시켰다는 뜻에서 디트로이트 오토메이션(detroit automation)이라 부르게 되었다.

디트로이트 오토메이션의 원조가 된 포드의 트랜스퍼 머신은 그 후 개량이 거듭되어 최근에는 여러 가지 형태의 자동 가공 기계가 만들어졌다. 트랜스퍼 머신은 전용 가공 기계의 집합이라고 말해도 무방하다. 하나의 기계에 다수의 공구를 내상하고 그것을 하나하나 자동적으로 끼내서 가공하는 머시닝 센터(maching center)도 그 개량형의 하나가 될 것이다.

테이프에 넣은 명령에 의하여 공작 기계를 움직여 가공하는 수치 제어(NC) 공작 기계 중 몇 종류나 되는 공구를 교환하면서 각종의 가공을 자동적으로 실시하는 머시닝센터의 제 1호기는 1952년 미국에서 제작되었다.

또 새로운 자동 가공 기계는 펀치 테이프, 펀치 카드 또는 자기 테이프로 제어되게 되었다. 19세기 초엽에 프랑스의 기계 기술자 자카르(Joseph Marie Jaquard)는 펀치카드를 사용하여 제어하는 직물 기계를 발명했지만, 당시에는 아직 전자계산기와 같은 것이 없었으므로 수동이었다. 또 1867년 휘트스톤(Charles Wheatstone)은 전문을 보내기 위해 펀치 테이프를 이용했다. 기계 가공의 자동화가 진전됨에 따라 이러한 기계를 기초로 하여 자기 테이프의 제어를 이용한 최초의 기계가 생긴 것은 1950년의 일이었다.

이와 같은 자동 기계를 몇 개의 조로 하여 일련의 공정을 모두 자동적으로 실시하려는 오토메이션 공장도 시도되었다. 이리하여 사람의 노동은 대부분이 기계로 대치되는 방향으로 움직이게 되었다.

석유 정제 공장으로 대표되는 것처럼 화학 공업에서는 원료에서 제품에 이르기까지의 전체 공정(process)을 자동제어하는 방식이 비교적 일찍부터 실시되었다. 이것은 특히 공정자동화(process automation)라 부르기도 한다. 원유가 공장의 한쪽에서 들어오면 파이프에 의해서 장류 탑에 운반되고, 고열, 고압에 의해서 가솔린 그 밖의 제품이 되어 다른 한쪽으로 배출할 수 있도록 되어 있다. 이와 같은 방법은 전력 회사나 제철 공장에서도 응용되기 시작하여 다른 생산 현장으로 보급되어 가고 있다.

생산의 자동화가 진전됨에 따라 사무적인 일로 자동화되었고, 재고관리, 급료계산 그 밖의 사무적인 일도 차츰 자동화되었다. 이것을 비즈니스 오토메이션(business automation)이라 한다. 이처럼 생산의 자동화는 20세기 후반에 들어와 급속도로 진행되고 있다.

2. 자동화의 구성 요소

공장자동화(FA)는 제품의 흐름과 정보의 흐름으로 분류된다.

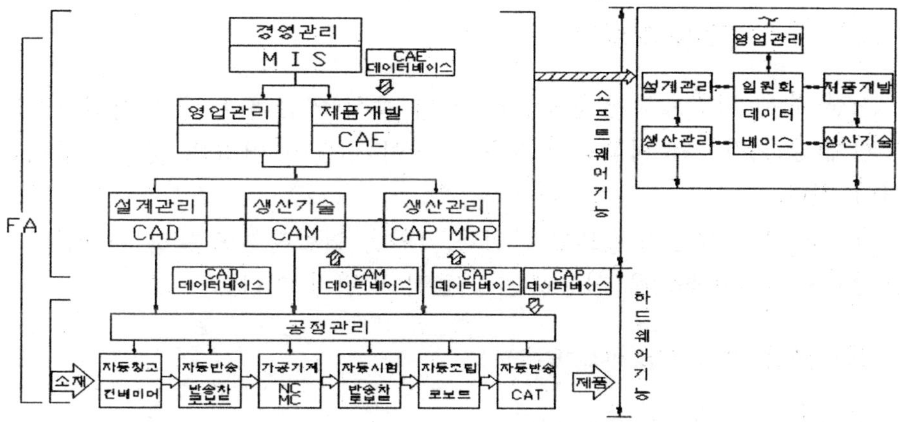

[그림 2-2] FA 시스템의 개념도

제품의 흐름이라 함은 소재의 투입, 그리고 작업이 제시간에 개시되어 소자는 지체 없이 가공 기계, 조립, 검사의 과정을 거쳐 완성되기까지를 말한다. 물론 여기에는 제품의 흐름을 확실하게 실현하기 위하여 각 기계와 설비를 제어하는 정보가 입력되어야 한다. 정보의 흐름은 다시 설계 관리, 생산 관리, 생산 기술 관리로 분류된다.

이와 같이 공장 자동화는 제품의 흐름과 정보의 흐름을 통제하여 설계에서 제조까지 일관된 생산 시스템을 구성하는 것을 말한다.

가. 자동화의 3요소

자동화에 공통된 3가지 요소로는 공급의 자동화, 가공의 자동화, 이송의 자동화를 들 수 있다. 물론 대상 물체에 따라 비중이 다소 달라지겠지만 소재에서 시작하여 조립과 생산, 포장에 이르기까지의 흐름을 생각해 보면 반드시 이 3요소의 조합으로 이루어져 있음을 알 수 있다.

자동화 설계에서는 각각의 요소를 충족시키는 장치와 기기, 기계류가 주자되겠지만 중요한 것은 그 자동화 요소를 어떻게 이용하고 응용시킬 것인가 하는 판단 기준인 것이다. 그 이유는 자동화 기기에도 반드시 장단점이 있기 때문이다.

(1) 공급의 자동화

공급의 자동화 방법과 응용 분야를 살펴보면 다음과 같다.

(가) 제조 공급 방법(製造供給方法)

① 가장 좋은 방법으로 부품을 제조하여 즉시 공급하여 주는 방법이 있다.
② 선재(線材)라든가 바늘같이 부품이 작아 취급이 어려운 것을 공급하는 방법이 있다.
③ 대형 공작물 작업에 필요한 라인과 라인을 결합시키도록 하는 방법이 있다.
④ 산업용 로봇(robot)을 사용하는 대표적 방법이 있다.

(나) 저장 공급 방식(貯藏供給方式)

① 전 자동식과 반자동식이 있다.
② 전 자동식은 보통 호퍼 피더(hopper feeder)를 의미하는데 이 호퍼 피더는 기계적 호퍼 피더와 가장 널리 보급되어 있는 진동 피더, 그리고 작은 부품에 많이 이용되고 있는 유체식 호퍼 피더로 나누고 있다.
③ 반자동식은 보통 매거진(magazine) 방식으로 손으로 일일이 정리할 수 있기 때문에 확실하고 값싼 방법으로 알려져 있다.

(다) 공급 자동화의 부대 요소

① 부품의 존재 여부를 검출해내는 장치
② 부품이 놓여 있는 형태가 이상이 없나를 검출해내는 장치
③ 가공 속도가 빠른 작은 부품에 필요한 오버플로(over flow)장치
④ 계수 장치(計數裝置)
⑤ 보급 장치(補給裝置)
⑥ 불량 부품을 바꾸어 놓을 수 있는 여분으로 준비된 부품 투입 장치
⑦ 불량을 미리 검출하여 빼내거나 별도의 슈트(chute)로 배출할 수 있도록 한 불량 부품의 탈거 장치(脫去裝置)

(2) 가공의 자동화

공은 그 종류가 헤아릴 수 없이 많이 있으나 여기에서는 자동화 설계를 용이하게 할 수 있도록 몇 가지로 나누어 분류하였다.

(가) 가공의 분류

① 기계 가공

㉮ 절삭 가공(일반 기계공작)
㉯ 비절삭 가공(프레스, 단조)
㉰ 비접촉 가공(전기 가공, 화학 가공)

② 조립 가공

㉮ 조립 작입
㉯ 결합 작업
㉰ 조정 작업

③ 화학 처리

㉮ 열처리 작업
㉯ 도금 가공
㉰ 도장 가공

④ 장치 공업(裝置功業)

상기 내용 중 주류를 이루는 것은 기계 가공의 절삭 가공과 조립 가공이다.

(나) 절삭 가공의 내용

① 평면 가공
② 원형의 내면 가공(드릴 가공 포함)
③ 원형의 외면 가공
④ 나사 가공(탭 가공을 포함)
⑤ 기어 가공
⑥ 곡면 가공

(다) 조립 가공의 내용

① 조합시키는 작업은 작업내용에 따라 무차별 조합과 선택 조합으로 나누고 있는데 특히 선택 조합은 기능 향상의 의미를 내포하고 있는 반면 자동화 설계의 약점이라 할 수 있는 만일의 사태에 대해 대비책을 갖추어 놓아야 한다.

② 결합 작업
㉮ 분해 가능한 결합(나사 체결 등)
㉯ 분해가 불가능한 결합(리벳, 용접, 접착 등)

③ 조정 작업
㉮ 측정값을 대용 특성값(代用特性값)으로 바꾸어 놓을 수 있는 품질 관리
㉯ 제품 설계의 피드백(feedback)에 대한 대략 설계는 기능 설계, 기구 설계생산 설계, 상품 설계의 4 단계로 구분한다.

(3) 이송의 자동화

대개 생산 공정은 단일 공정으로 끝나는 경우가 드물기 때문에 공정을 연결시키면 그만큼 자동화로 인한 이점이 늘어나게 된다. 그래서 각 공정 사이를 어떤 방법으로 무리없이 자동적으로 연결시키도록 하느냐 하는 것이 이송 자동화의 문제이다.

(가) 제품 형상과 가공 방식
원형품인 베어링은 위치 결정, 중심 내기를 임의로 할 수 있도록 하며 특성에 맞게 연속 사이클 방식과 일정 사이클 가공 장식 중에서 선정하도록 한다.

(나) 생산 수량과 균형 유지
수량이 적은 것은 무리하게 사이클화시킬 필요가 없으며 서로 원활하게 이송

시킬 수 있는 방법을 사용하는 것이 좋다. 전체 라인의 규모에 맞는 기계 1대로 수월하게 마무리 지울 수 있는 경우가 비교적 드물기 때문에 중간 공정 능력을 높이기 위한 설치 기계 대수의 문제에 따른 생산량과 균형 관계를 적절하게 유지할 수 있도록 해야 한다.

(다) 뱅크 스테이션

뱅크 스테이션(bank station)은 가공 도중에 일정량을 저장할 수 있는 장치를 말하는데 앞에서 언급한 균형 유지라든가 모델(model) 대체에 있어서 필요한 것이다. 이송의 자동화 형식은 크게 다음과 같이 나누고 있다.

① 특정의 고정구(固定具)나 지지구(支持具)를 이용하여 이송시키는 형식

㉮ 고정 피치(pitch)형 : 라인형 이송 기계, 다이얼(dial)형 이송 기계, 라운드(round)형 조립기

㉯ 자유 피치(pitch)형 : 프리 플로 시스템(free flow system)의 조립기

② 직선 이송형(直線 移送形)

㉮ 라인(line)형 이송 기계

㉯ 직렬식(tandem) 이송 기계

㉰ 래리식(rally) 컨베이어

㉱ 연결형에서의 프리 플로(free flow)

(라) 이송 자동화기기

자동 기계군을 연결하는 방식, 그룹 테크놀로지(group technology), 군관리(軍官理) 등으로 라인을 구상할 경우 주변 기기는 각기 독자적으로 특성과 규모에 맞게 설치되어야 한다.

① 이송 자동화 기기의 형식

㉮ 라인형 이송 방식

㉯ 다이얼형 이송방식

㉰ 프리 플로(free flow) 이송 방식

㉱ 라운드(round) 형식의 조립기

② 주변 기기

㉮ 슬랫(slat) 컨베이어

㉯ 강제 운반 장치

㉰ 방향 전환 장치
㉱ 분리 장치
㉲ 감시 장치
㉳ 불량품 배출 장치
㉴ 오버플로(over flow) 장치
㉵ 공업용 로봇

이상의 주로 기계 가공과 조립 가공의 자동화 설계에 필요한 요소들로서 이 2가지 가공은 똑같은 방법으로 전개시켜 나갈 수 있다.

2-2 제어 시스템의 분류

1. 생산 방식과 공작 기계

기계 공업의 생산 방식으로서는 일반적으로 소종 대량 생산 방식과 다종 소량 생산 방식을 구분할 수 있다. 어느 것이나 여러 가지 가공 수단에 따라 각종 공작 기계가 사용된다. 공작 기계에 대한 설비 투자는 매우 크므로, 그 감가상각(減價償却)을 생각하면 공작 기계를 될 수 있는대로 고속, 연속적으로 작동시켜 능률적으로 사용할 필요가 있다.

가. 다종 소량 생산 방식(多種少量生産方式)

다종 소량 생산 방식에서는 가공 내용이 항상 변하기 때문에 공작 기계에 융통성이 요구된다. 그러므로 일반적으로 범용(일반) 공작 기계가 많이 쓰인다.

또 제품의 형식이 한정되거나 완성품이 다르더라도 동종(同種)이라 볼수 있는 것을 되풀이해서 만들 경우에는 1대의 공작 기계에 할당되는 부품의 종류가 비교적 한정되고, 그 생산 수량이 많아진다. 이와 같은 경우에는 단능 공작 기계를 사용하여 기종별 집단으로 한 작업 조직을 취할 수 있다.

나. 소종 대량 생산 방식(小種大量生産方式)

소종 대량 생산 방식에서는 제품의 형식이 보다 한정되므로 1대의 공작 기계에 할당되는 작업은 고유의 것으로 되어 장치의 형태나 동작이 일정하다. 이와 같은 경우에는 더욱 간이화된 단능 공작 기계 또는 부품의 가공을 전문으로 한 전용 공작기계로 할 수가 있다.

다시 1종의 것을 대량 생산하는 경우에는 기계의 융통성이라든가 가공의 채비 변경이 요구될 수 없으므로 완전히 전용화한 공작 기계로 할 수가 있다.

전용화된 공작 기계에서는 자동화하는 것이 용이하기 때문에 대량 생산 방식에서는 자동화 공작 기계를 사용하는 것이 대단히 많다. 또 공작 기계를 전용화하면 작업 시간을 단축할 수 있고, 조작이 간단하고, 숙련을 필요로 하는 것이 아니기 때문에 가공비의 절감이나 노동력 부족의 대책이 된다. 또한 공작 기계의 자동화는 제품의 균일성 및 품질의 향상을 꾀할 수 있다.

2. 랜덤형 물류 제어

중종 중량 혹은 다종 소량의 자동화 형태로 자동화 생산 시스템(flexible manufaturing system)이라는 것이 있으며, 이 시스템의 중핵으로 되는 서브시스템(sub-system)은 AL, ATC 부착 머시닝 센터(machining center)와 랜덤(random)형 물류제어(物流制御) 시스템이다.

가. 시스템에서의 가공물의 반출입

가공 재료, 프리세트(free set)된 가공물, 완성품, 프리세트(free set) 공구, 붙임 기구 등의 저장과 반출입을 한다.

나. 머시닝 센터

붙임 기구, 공구, 가공물의 프리세트 스테이션(free set station) NC 프로그램의 서비스, 수정 등의 여러 작업, 여러 작업장을 랜덤으로 연결한 시스템을 말한다. 이 경우 NC 프로그램의 서비스 관계는 정보 처리, 정보의 집배를 주로 한 것으로서 다른 항목과는 이질적인 것이다. 또 저장과 가공과의 사이를 있는 물류 제어 시스템은 24시간 무인의 성격으로 움직인다.

천정 주행 크레인(over head traveling crane), 자주식 운반 대차 등 임의의 장소에서 임의의 장소로 운반하는 장치를 자동화한 형식이 랜덤형 반송 시스템의 의미이고, 컨베이어 라인(conveyor line), 트랜스퍼 라인(transfer line) 등 일정한 통로 순서로만 사용되는 것은 랜덤형이 아니다.

이러한 시스템에 있어서의 가공 정보는 주로 DNC 컴퓨터로 처리되고, 기타의 작업 정보는 주로 현장 정보처리 컴퓨터로 처리되지만 이 2가지 컴퓨터는 동일할 수도 있다.

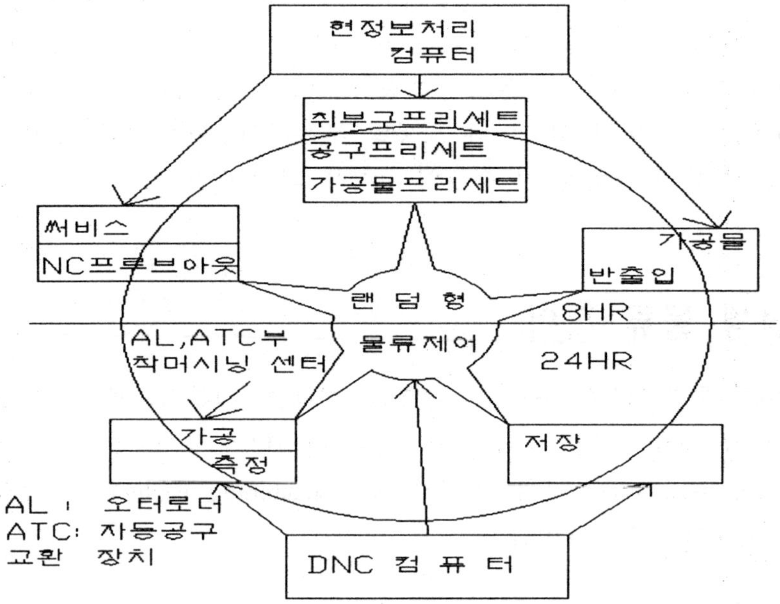

[그림 2-3] 랜덤형 물류제어 시스템

3. 현장 정보 시스템(DNC system)

DNC 컴퓨터와 현장 처리 컴퓨터와의 주된 기능 분담을 표시하면 [그림 2-4]와 같다. 여기서 현장의 각 기계, 작업스테이션은 현장 데이터 입력 장치(OS)가 설치되어 현장에서의 정보가 온라인(on line)으로 수집된다.

가. 지시된 작업의 착수, 중단, 완료 보고

나. 기계 또는 스테이션의 상황 보고

여기서 OS/NC라고 하는 것은 표준 OS의 기능 외에 NC 기계의 NC 데이터 분배까지도 아울러 행하는 것이다.

DNC 계산기는 24시간 운전되는 것을 전체적 방침으로 하고 있으며, 현장계산기는 필요시간만 혹은 24시간 운전하게 된다.

일반적으로는 상위 EDP 계산기에 생산과 유관한 마스터가 되는 대량 데이터를 저장 처리하도록 하고, 현장측 미니컴퓨터(mini computer)에는 당장 필요한 데이터의 저장 처리만 하도록 한다.

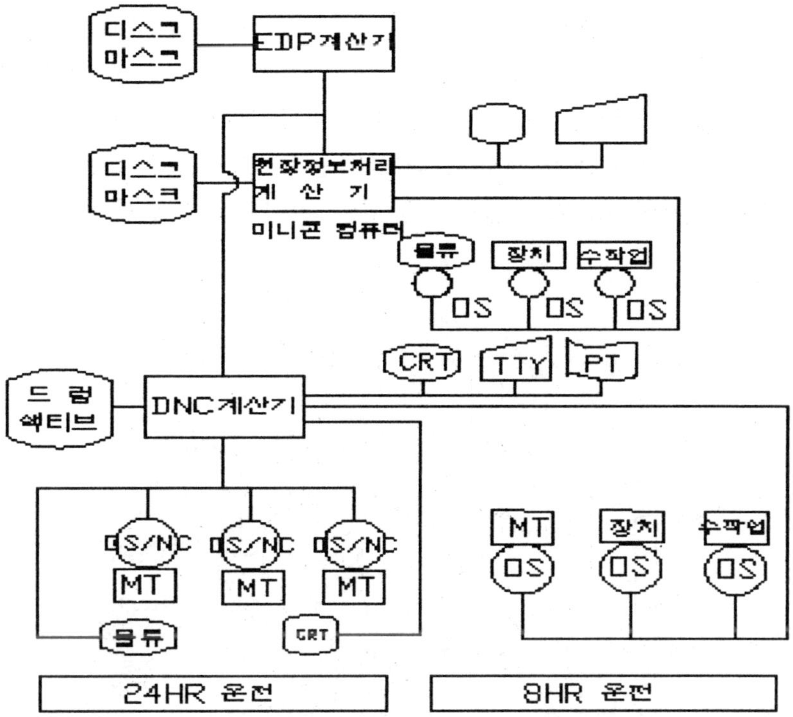

[그림 2-4] 현장 정보 시스템

4. 자동화 생산 시스템

FMS(Flexible Manufacturing System)란 다양한 것을 어느 정도 이상의 수준으로 자동적으로 만들어내는 생산 시스템이다. 이와 같은 공정 변화에 대한 유연성을 갖는 자동 생산 시스템 중에서 최초로 구성된 것을 FMC(Flexible Manufacturing Cell)라고 한다. 또 FMS를 중심으로 하여 하나의 공장 전체를 일관자동화로 발전시킨 것을 FMF(Flexible Manufacturing Factory), FA(Factory Automation), IMS(Intergrated Manufacturing System) 등이라 하고 있다.

가. FMS의 생산 라인

FMS에 의한 생산 라인은 [그림 2-5]에 표시한다. 우선 자동 창고에서 소재가 무인운반차로 이송되어 가공 기계에 보내진다. 가공 기계는 NC의 프로그램에 따라 가공되어서 생산된 부품은 치수, 정밀도가 자동적으로 검사된다. 완성된 여러 가지 부품은 조립 공정으로 보내져 조립 로봇 등에 의해 자동 조립된다. 이때 외주(外注)에 의하여 가공된 부품도 조립되어 부품 보관을 위한 자동 창고로 운반된다. 자기 공장에서 제조한 부품도 잠시 자동 창고에 보관되는 일이 많다. 조립이 끝난 제품은 자동적으로 종합검사를 받아 완성품으로 출하하게 된다.

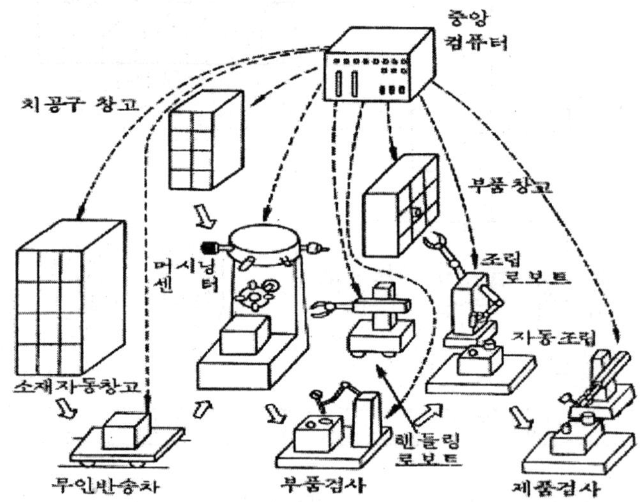

[그림 2-5] FMS에 의한 생산 라인의 개념도

나. FMS의 시스템 형태

(1) FMC(Flexible Manufacturing Cell)

1대의 NC 공작 기계를 핵심으로 자동 공구 교환 장치(ATC), 자동 팔레트 교환 장치(APS) 및 팔레트 매거진(pallet magazine)을 갖춘 것

(2) 전형적인 FMS

복수의 NC 공작 기계가 가변 루트(root)의 자동 반송 시스템으로 연결되어 유기적으로 제어되는 것

(3) FTL(Flexlble Transfer Line)

다축 헤드 교환 방식(multi-head exchange) 등의 유연한 기능을 갖는 공작 기계군을 고정 루트의 자동 반송 장치로 연결하는 것

위의 분류는 시스템 형태의 대략적인 틀을 정하는데 중요하다. 시스템의 형태의 상세한 정보는 포함되지 않고 있다. 상세한 시스템 형태는 [그림 2-6]에 나타낸 기본 설계의 흐름 중에서 정해진다.

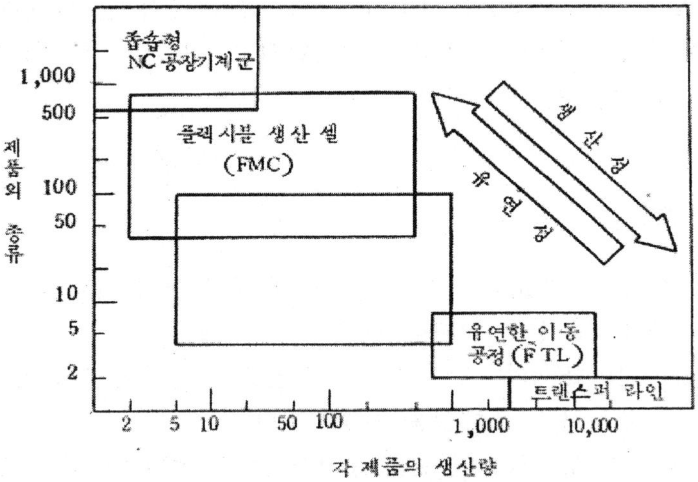

[그림 2-6] FMS의 형태와 적합 범위

실제로는 각 스텝(step)에서 피드백(feed back)을 되풀이하면서 점점 상세화되는 것이나 가장 기본적인 의사 결정은 시스템 형태의 결정이다.

여기서는 공작 기계의 종류, 필요 대수, 각 기계의 접속 관계 등 FMS의 형태를 규정하는 기본적인 부분이 모두 결정된다.

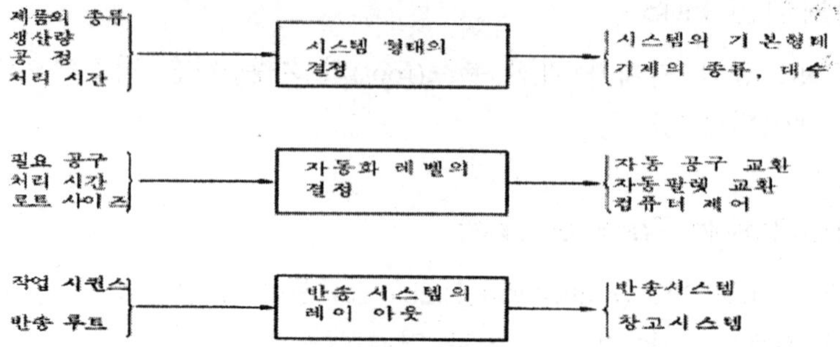

[그림2-7] FMS 형태의 기본 설계 프로그램

5. LAN 시스템

LAN(Local Area Network)이란 사무실, 빌딩, 공장 등과 같이 제한된 지역에서 정보 처리 장치 등을 연결하기 위하여 최적화되고, 신뢰성 있는 고속의 통신 채널을 제공하는 네트워크를 지칭한다.

가. LAN의 특징

(1) 비교적 협소한 지역(수십 킬로미터 이내)에 분산된 장치들을 상호 접속하여 정보의 공유 및 상호 교환을 한다.

(2) 수 10kbps~100kbps의 고속 데이터 채널을 구성하여 라인의 효율성을 증진시키고 정보 이용의 경제성을 향상시킨다.

(3) 사무자동화(OA), 공장자동화(FA), 연구소자동화(LA) 및 병원자동화(HA) 등에 응용된다.

(4) 기존의 공중 통신망 및 다른 LAN 시스템간의 연결을 할 수 있다.

나. LAN 시스템의 종류

LAN 시스템의 종류는 네트워크의 형상(topology), 액서스(access) 방법, 또는 전송 매체의 따라 여러 가지로 분류할 수 있으나 다중화 방법에 따라 baseband LAN, broad band LAN 및 pabx LAN 등으로도 구별된다.

이와 같이 LAN 시스템의 종류를 요약하면 <표 2-1>과 같다.

〈표 2-1〉 LAN 시스템의 종류

	네트워크 현상	다중화방식	교환기능	방 법	전송매체	특 징
스타형	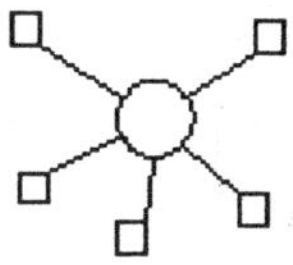		집 중 회선교환		페 어 케 이 블	중앙의 제어 교환 장치에서 별 모양의 회전을 구성., 상신호 처리 전송 용량 한계
버스형	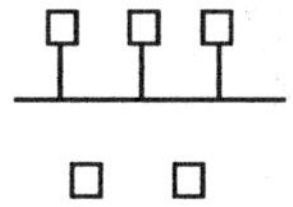	시 분할 다중비동기	분산패킷 교 환	CSMA'CD token passing	메 어 동 축 광케이블	ACCESS 결합 처리 1,10Mbos
		주 파 수 교 환	분산패킷 교 환	토큰패싱 (token passing)	동축 케이블 광케이블	다양한 서비스 화상 음성 등의 서비스 다수의 링크 수용
링 형	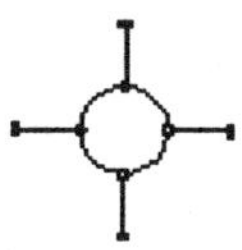	시 분할 다중 동기	분산패킷 교 환	토큰패싱 (token passing)	페어 동축 광케이블	원형상으로 장치가 접속
		시 분할 다중 비동기	분산회선 교 환	TDMA	광케이블	특정 장치가 네트워크 관리를 함.

(주) (1) CSMA'CD : carrier multiple, collision detection) : access 방식으로 각각의 노드들은 네트워크에 신호가 흐르는가를 파악하여 패킷에 보내거나 보드 캐스팅한다.

(2) 토큰 패싱(token passing) : 송신을 할 수 있는 사용권인 토큰이 링 타입의 전송로를 돌고 이 토큰을 붙잡은 노드가 메시지를 송신할 수 있는 access 방식 또한 LAN은 사무자동화의 발전으로 컴퓨터 이용 기술이 향상되고 사무실내, 동일 빌딩내 등에 호스트 컴퓨터, 워드프로세서, 팩시밀리 등이 분산 설치되기 때문에 이러한 기기를 상호 접속할 필요성이 증가되고 있으며 이에 따른 사회적, 기술적 필요성이 많이 생겨 적용 분야가 다양하다.

LAN은 전자, 통신 및 컴퓨터 기술의 통합적 정보 네트워크 시스템이며 디지털 처리, 광통신, 멀티미디어(multi media)통신, 분산 처리 등 여러 가지의 첨단 기술이 적용된다.

LAN의 응용 분야는 [그림 2-8]과 같으며 설치된 지역 내의 워드프로세서, 전자게시판 워크스테이션(work station), 팩시밀리 등의 전자 기기들로 하여금 정보의 작성, 보관, 표시 및 전달함으로써 효율적인 업무를 실현하는 정보 관리 시스템으로도 이용된다. 따라서 공장의 입출력 장치를 이용하여 재고 관리, 공정 관리, 시설 관리 등을 수행하며 정보를 교환하고 정보 자원을 공유하는 분야에서 응용될 것이다.

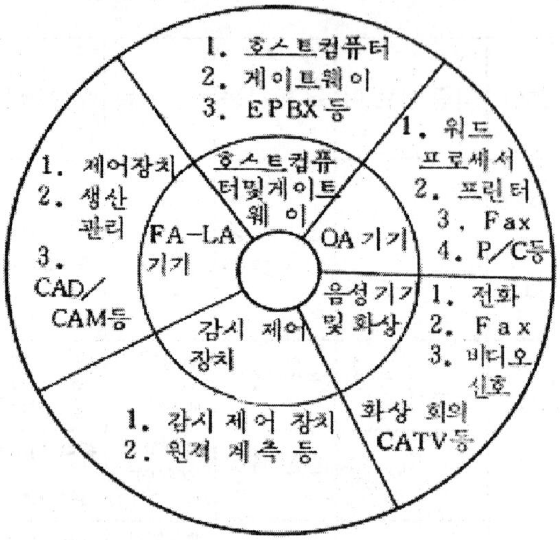

[그림 2-8] LAN 응용 분야

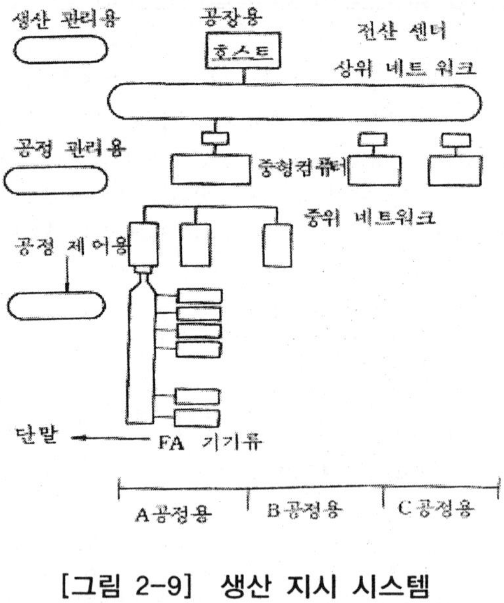

[그림 2-9] 생산 지시 시스템

다. LAN과 공장자동화

공장의 각종 기기들과 프로세서를 연결하여 네트워크를 구성하고 실시간(real time)으로 각종 기기들을 제어하는 수단을 제공하는 LAN은 공장자동화에 많이 사용되고 있다.

특히 화학공장, 제철 회사, 자동차 회사, 전력 회사 등에 이용되어 원가 절감 등 생산성 향상에 획기적인 역할을 수행한다.

공장자동화를 위한 네트워크 연구는 여러 회사에서 하고 있지만 특히 GM 자동차 회사의 공장자동화 연구는 매우 체계적으로 진행되고 있고 제조 자동화 프로토콜(manufacturing automation protocol)을 이미 발표하였다.

생산 공장의 정보는 생산 지시 및 관리 정보, 부품, 자재 관리 정보, 품질 관리 정보, 현장 관리 정보 및 자동 기기 제어 정보 등으로 크게 분류되고 이러한 정보를 수집하여 분석하는 정보의 흐름은 LAN을 통하여 이루어진다.

예를 들면 조립 라인 제어(assembly line control) 시스템에서 판매점에서 입수한 고객 A씨의 주문을 전산 센터의 대형 컴퓨터의 데이터 파일을 보관하고 월간 생산 계획을 수립하여 하루의 생산 계획을 결정한 후 하루분의 생산 내용을 정돈한다.

이러한 정보를 토대로 각 공장의 미니컴퓨터에 작업 지시를 내리면 자동차 각 부품이 라인에 입력되어 필요한 공정을 진행한다.

또한 생산 지시 시스템은 크게 생산 관리용 네트워크, 공정 관리용 네트워크 공정 제어용 네트워크로 분리되어 각 공정별로 공정을 제어하여 생산 지시에 맞는 제품의 생산과 품질관리 등을 행한다.

이 밖에도 자재 관리, 운송 관리, 업무 관리 등 공장자동화의 응용 분야는 상당히 폭이 넓음을 알 수 있다.

2-3 자동화 기구의 구성

1. 기계간의 연결 자동화

가. 기계간의 연결 자동화 필요성

생산 공장에서 각 부품은 몇 개의 공정을 거쳐 조립된다. 각 공정의 자동화가 진행됨에 따라 생산 관리면에서 공정 간의 운반 자동화가 필요하게 되었다.

수동이나 반자동 기계에서 생산된 제품을 각 공정이 끝난 후 수작업(手作業)을 통하여 상자에 넣어 운반차에서 다음 공정으로 이송하여 다시 정렬시켜 기계에 공급하던 시대에는 그다지 눈에 띄지 않았지만, 각 기계가 자동화되어 부품이나 가공물의 장착(裝着), 배제(排除)가 자동화되면서 종전의 왕복 기구에 의한 운반의 비생산이 문제로 대두되었다.

그러나 아무리 각 생산 기계를 자동화시킨다하더라도 기계간의 자동화 연결이 없으면 생산성이 향상되지 않으므로 성력(誠力)효과도 기대할 수 없으며 앞 공정이 끝난 제품을 쌓아 놓은 결과를 가져와 소기의 목적을 달성할 수 없다. 그러므로 기계간의 연결을 자동화시키면 여러 효과를 기대할 수 있을 뿐만 아니라 시간, 인력, 노력, 설비, 비용 등을 포함한 간이화(簡易化), 즉 로코스트 오토메이션(low-cost autiomation)을 실현시킬 수 있는 것이다.

나. 기계간의 연결 자동화 모델

트랜스퍼 프레스(transfer press)에서는 각 프레스 사이의 연결은 자동 이송기구와 공작물지지 기구로 되어 있다.

[그림 2-10]은 보통 자동 기계간의 연결 예를 나타낸 것으로 자동 기계 ①에서 가공된 부품을 형태를 변경시키지 않고 뽑아내어 컨베이어(conveyor)와 직진 이송 기구를 통하여 다른 자동 기계 ②의 공급 위치까지 정렬된 상태로 운반하는 운반 착재 장치(運搬着載裝置, loading unit)로 자동 기계 ②의 공급하는 것이 기계간의 연결 자동화인 것이다. 물론 자동 기계 ①, ②는 공작 기계, 프레스, 사출 성형기, 자동 조립기 등 어떤 것이라도 좋다.

상자에 넣어 1회분씩 배치(batch)식으로 가공하는 도금이나 배럴(barrel)연마 등의 공정을 구분하여 각 기계간을 연결하면 이송 장치나 진동 볼 피터(bowl feeder) 등의 정렬 장치가 필요하지 않는다는 장점이 있다.

운반 착재 ①과 ③은 가공품이 제거된 상태로 되어 있으며 운반 착재 ②는 가공품이 장착된 상태로 되어 있다. 장착이나 제거는 사용하는 장소에 따라 구별해놓은 것일 뿐이고, 기구는 동일한 것으로 되어 있으며 경우에 따라서 겸용시킬 수도 있고 자동 기계 ①에서 빼내어 즉시 자동 기계에 장착시킬 수도 있다.

모터 샤프트(motor shaft)와 같은 축 제품은 [그림 2-11]과 같은 엘리베이터 컨베이어(elevator conveyor)로 높은 장소까지 들어 올려 지그재그홈통을 거쳐 자동 기계의 공급 위치까지 가져간다. 이와 같은 장치를 하면 이송 상자에 넣어 이송시키거나 쌓아 둘 필요가 없으며, 정렬 장치도 필요 없게 된다.

[그림 2-11]에서 자동기계의 제품을 장착은 밀개(pusher)가 하도록 되어 있으나 P&P 장치(Pick and Press : 뽑아내어 끼우는 장치)로 일단 고정하고 위치를 바꾸어 공급하는 경우가 많이 있다.

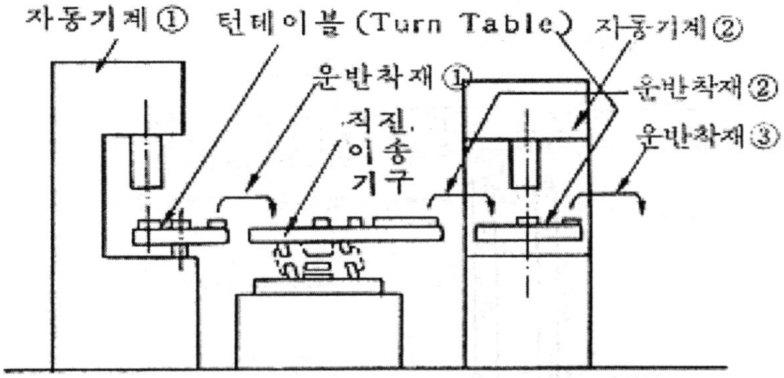

[그림 2-10] 연결 자동화 모델

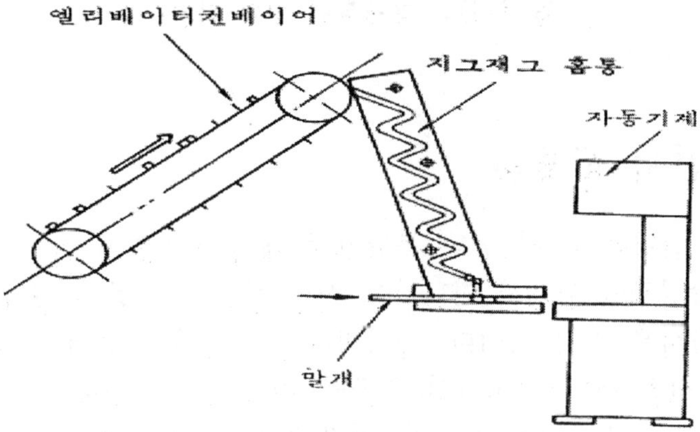

[그림 2-11] 홈통에 의한 공급

다. 정렬이 곤란한 공작물 공급의 자동화

프레스 굽힘 가공품과 같이 정렬이 곤란한 공작물이라든가 형성 유지가 곤란하여 잘못 공급할 수도 있는 공작물은 팔레트(pallet)로 공급한다.

공작물이 P&P 장치나 수작업으로 자동조립기의 사이클(cycle)과 관계없이 팔레트에 놓여질 때 벨트 컨베이어(velt conveyor)로 운반하여 일정한 공급 위치에 항상 정렬된 상태로 공작물을 대기시켜 놓도록 되어 있다. 이렇게 하면 자동 조립기가 공급 불량으로 기계 정지를 일으키지 않도록 할 수 있으며 팔레트에 공작물 공급을 수작업으로 한다하여도 자동 조립에 직접 수작업으로 공급하는 것과는 상당한 차이가 있으며, 임의의 시간에 마음대로 공급할 수 있어 편리하다.

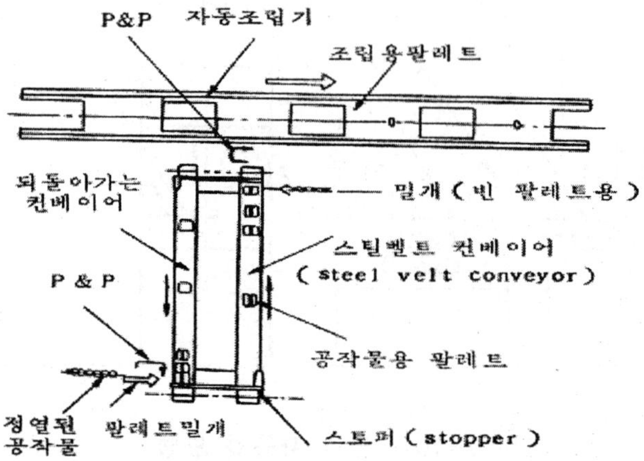

[그림 2-12] 팔레트에 의한 공급

2. 공장의 간이 자동화

공장의 공정을 간단하게 한다거나 복잡하게 해서 자동화가 되는 것은 아니다. 소기의 목적을 달성하기 위해서 간단하고 성능 좋은 기구를 적절하게 사용하는 것이 자동화의 올바른 길인 것이다. 제작비라든가 유지비 등이 적게 들어야 함은 물론 기구도 단순하여 큰 고장이 없도록 해야 한다. 그렇다고 특히 제어용 리밋 스위치(limis switch), 보조 릴레이, 전자 밸브 등이 아주 쓰이지 않는 것은 아니다. 간이 자동화의 예로써 2개에 해당하는 공기압 실린더를 1개로 할 수 있는 것이다.

[그림 2-13]은 공작물을 잡아서 끌어당기도록 하는 2개의 동작을 1개의 실린더로 할 수 있도록 되어 있다. 슬라이더 가이드(slider guide)에는 슬라이더에 적응하는 브레드 가이드 사이의 마찰 저항력이 슬라이더에 설치된 로드(rod)와 로드 가이드(rod guide) 사이의 마찰 저항력보다 크게 되어 있다. [그림 2-13]과 같이 로드가 공기압 실린더에 의해 오른쪽으로 끌려갈 때 슬라이더가 정지된 상태에서 우선 로드가 먼저 움직이고 다음에 슬라이더가 움직이게 되어 있다.

로드가 있는 로크 너트(lock nut)와 슬라이더 사이에 스프링을 압축시켜 설치하여 초기 설치 하중력이 슬라이더와 슬라이더 가이드 사이의 마찰 저항력보다 크게 되도록 설계하였다. 로드가 왼쪽으로 움직일 때 로드와 슬라이더는 이 스프링의 힘에 밀려 하나가 되어 움직인다. 이때 로드의 끝부분이 조(jaw)의 개폐 핀을 움직여 공작물을 붙잡을 수 있는 상태가 된다. 스토퍼(stopper)가 슬라이더 가이드에 닿게 되면 슬라이더는 정지하고 로드는 스프링으로부터 압축되는 힘을 받게 되므로 계속해서 왼쪽으로 움직이게 된다. 이렇게 하여 끝 부분의 캠으로 인해 핑거 조(finger jaw)가 닫히게 된다.

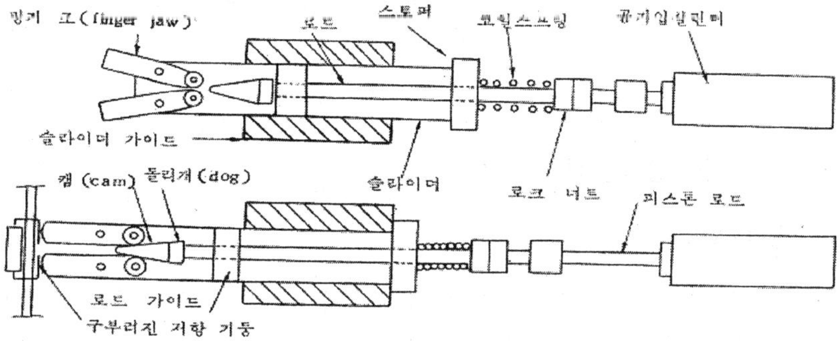

[그림 2-13] 2가지 동작을 공기압 실린더 하나로 할 수 있도록 된 기구

[그림 2-14]는 [그림 2-13]과 비슷한 작동을 하는 실린더 1개로 공작물을 잡아서 당길 수 있도록 된 기구이다.

이 2가지 예는 보통 2개의 실린더를 사용하고 있는 경우를 연구하여 개선시킨 자동화의 한 예이다.

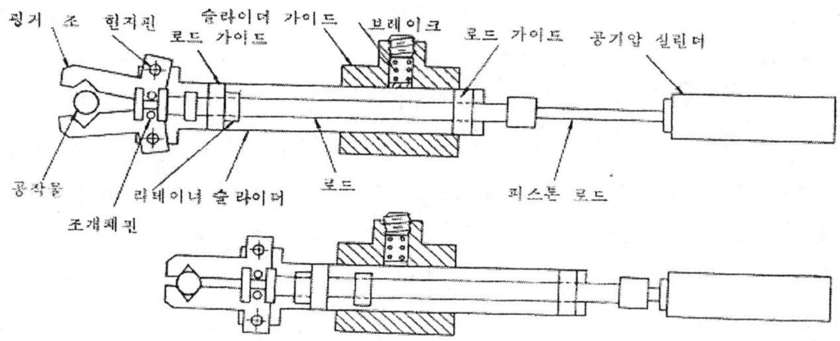

[그림 2-14] 조의 닫힘을 공기압 실린더 1개로 할 수 있는 기구

3. 정렬 작업의 자동화

자동 가공, 자동 포장, 자동 조립 장치 등에서 작업 위치에 부품을 가져다 놓기 전에 각 부품을 정확한 배열 상태로 정렬(整列)시킬 필요가 있다. 이를 위해 공급 장치의 이송궤도(移送軌道)에 부품을 정렬시킬 수 있는 각종 기구를 설치하도록 해야 한다. 일에 따라서 쉽게 해결할 수 있는 경우도 많이 있지만 어떤 경우에도 필요로 하는 정확한 상태로 부품을 고쳐 정렬해야만 하는 경우가 있으므로 여기에 대한 기구를 알아보기로 한다.

여기에는 회전 기구를 이용한 것과 요동 기구 및 중력 작용을 이용한 것을 소개하기로 한다.

가. 회전 기구를 이용한 것

(1) 분할 부시용

[그림 2-15]는 분할 부시(bush)나 분할 핀 이외의 어떤 특정 형상의 부품을 일정 위치에 정렬하여 공급시키기 위한 장치이다.

부품은 호퍼(hopper) 이송 장치에서 급송관 A에 공급되고 나면 부품은 요동 암 B에 있는 지그 C로 들어가게 되는데 부품의 중량에 의해 고정된 나이프 에지(knife edge) D에 들어간 부품은 회전하지 않은 채 주축은 [그림 2-16]의 피니언(pinion) E와 랙(rack) F에 의해 구동된다. 그리고 랙 F는 공기압 실린더에 의해 옮긴다. 주축의 아랫부분에는 [그림 2-15]에서 보는 바와 같이 스프라킷(sproket) H가 붙어 있으며 또 다른 스프라킷 I와 체인이나 타이밍 벨트(timing belt)로 연결되어 있다.

[그림 2-16]의 랙 F는 [그림 2-15]의 지그 C를 약 400°정도 돌릴 수 있으나 나이프에지 D가 슬릿에 맞게 될 때까지 부품이 회전하지 않는다.

이렇게 하여 부품이 그 안에서 슬릿(slit)이 일정 위치에 확실히 오도록 지지시킨다. 그리고 암 B를 움직이도록 신호가 보내지고 랙 L이 움직여 바깥 축에 있는 피니언 K가 돌게 되어 요동 암 B의 장치가 요동하여 꼭 와야 할 위치의 바로 아래까지 [그림 2-16]과 같이 위치 결절이 이루어진다.

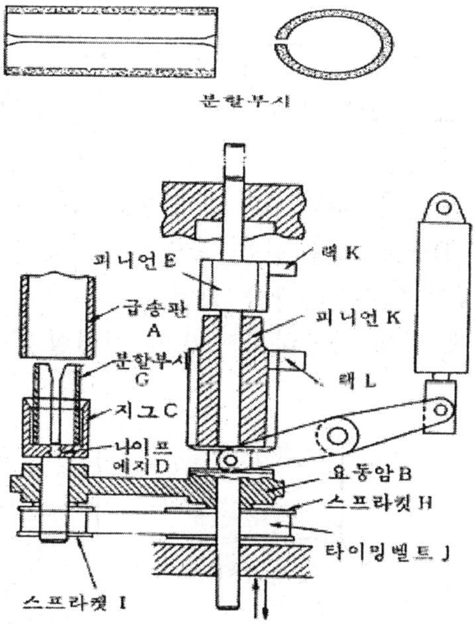

[그림 2-15] 분할 부시용 정렬 장치

[그림 2-15]의 요동 암 B가 이 위치에 오면 링크 암(link arm) N과 U자형의 암 M이 작용하여 요동 암 B를 들어 올려 필요로 하는 부분에 부품이 놓여져 적절히 부품이 집어넣은 장치에 들어가도록 한다. 이 동작은 [그림 2-16]의 ①~⑥의 순서에 따라 이루어진다.

[그림 2-16] 분할 부시용 정렬 장치의 작용

(2) 단붙이 핀용

[그림 2-17]은 단(段)붙이 핀(pin)을 지름이 큰 쪽이 앞에 오도록 정렬시키는 장치인데 한쪽만 구멍이 뚫려 있는 원기둥의 경우에도 구멍의 핀을 이용하여 똑같은 모양으로 정렬시킬 수 있다.

[그림 2-17]의 안쪽 회전자(rotor) A에는 부품의 큰 지름에 맞는 구멍이 있다. 그리고 바깥쪽 회전자 B에도 A와 같은 구멍이 있으며 그 180°반대쪽에 부품의 작은 지름에 맞는 구멍이 있다. 바깥쪽 회전자 B는 랙 피니언(rack pinion)과 왕복운동 공기압 실린더에 의해 작동하며 180°만 회전할 수 있도록 스토퍼(stopper) C, D가 설치되어 있다.

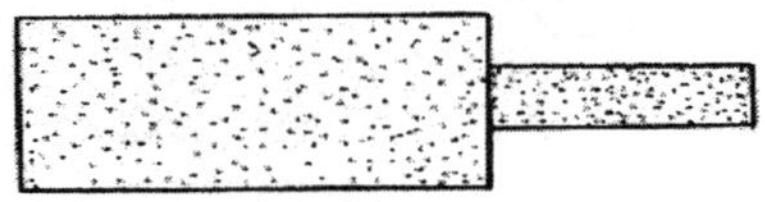

(단붙이 핀)

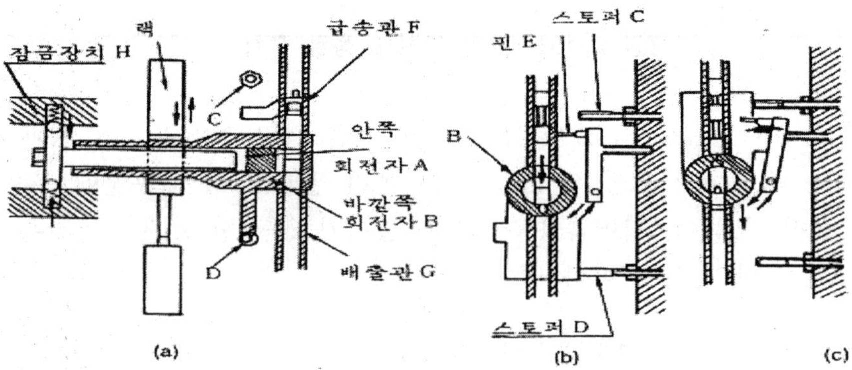

[그림 2-17] 단붙이 핀용 정렬 장치

부품은 회전자 위에 분리 기구인 핀 E가 들어박히게 되어 급송관 F로부터 떨어져 나온다. 이것은 바깥쪽 회전자와 같이 붙어 있는 암이 핀 E를 1사이클이 끝날 때마다 때려주게 되어 이루어지고, 랙이 다시 돌아가며 부품이 바깥쪽 회전자의 구멍을 지나 A의 구멍으로 들어오게 된다.

지름이 작은 쪽이 위로 오게 되면 부품이 안쪽 회전자 A의 구멍으로 들어가 바깥쪽 회전자 B만 180° 회전하며, [그림 2-17]의 (c)와 같이 회전자, A, B의 홈이 일치하게 될 때 그대로 부품이 배출관 C속으로 떨어지게 된다. 반대로 지름이 큰 쪽이 위로 오게 되면 [그림 2-17]의 (b)와 같은 지름이 작은 쪽이 바깥쪽 회전자의 작은 지름부에 안착되어 내외(內外) 회전자가 같이 결합된 상태로 회전하므로 부품의 방향을 역전시켜 떨어뜨리게 된다.

작은 지름이 아래로 오도록 모든 부품을 고쳐서 공급하고 싶은 경우에는 랙에 따라 B와 운동하는 역전 장치를 병용하면 좋다.

(3) 한쪽이 반구 모양의 환봉용

다른 한쪽이 반구(半球) 모양의 원기둥인 부품을 구상(球狀)이 위쪽으로 세워진 상태로 정렬시키는 정렬 장치를 [그림 2-18]에 나타내었다.

부품은 호퍼 피더(hopper feeder)에서 급송관 A를 통해 운반되어 일정 속도로 회전하는 회전 터릿(turret)의 B의 홈 C에 들어가게 된다. 회전 터릿은 [그림 2-19]와 같이 윗면이 등분할(等分割)되어 방사상의 홈 C가 적절하게 군데군데 만들어져 있다. 그리고 중앙에는 각각의 홈 C에 있는 부품을 순간적으로 위치 결정시키는 고정 캠 D가 있다. 부품의 단부(單付)는 회전 터릿 B에 맞게 안착되도록 되어 있어 회전 터릿이 회전할 때 [그림 2-19]의 (a), (b)와 같은 순서로 부품 정렬 변환 캠 E1, E2에 의해 정렬된다.

(한쪽이 반구상인 제품)

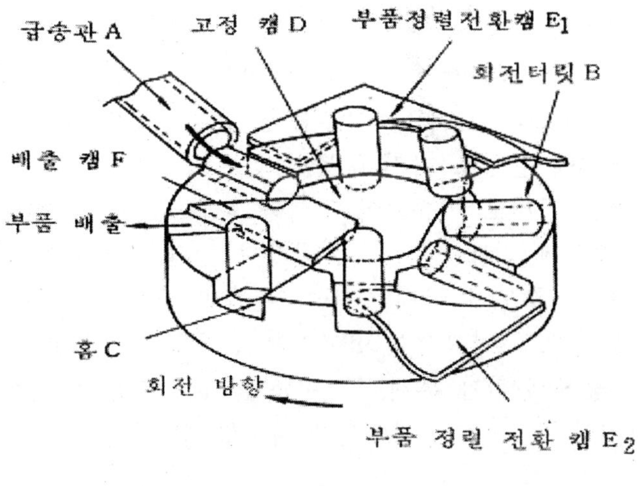

[그림 2-18] 반구상 환봉의 정렬 장치

만약 부품의 터릿판 B의 홈에 구상이 나중에 안착되면 [그림 2-19]의 (a)와 같이 차례로 부품의 평평한 쪽을 바닥으로 하여 세워진다. 반대로 구상이 먼저 안착되어 들어가면 (b)와 같이 일단 부품 정렬 전환 캠 E1으로 구상 부분을 (a)와 같은 형태로 바꾸어놓은 다음 제2의 부품 정렬 전환 캠 E2에 의해 세워진다. 이렇게 해서 세워진 부품은 배출 캠 F에 의해 터릿판이 돌아가면 홈 C까지 밀려 나오게 된다.

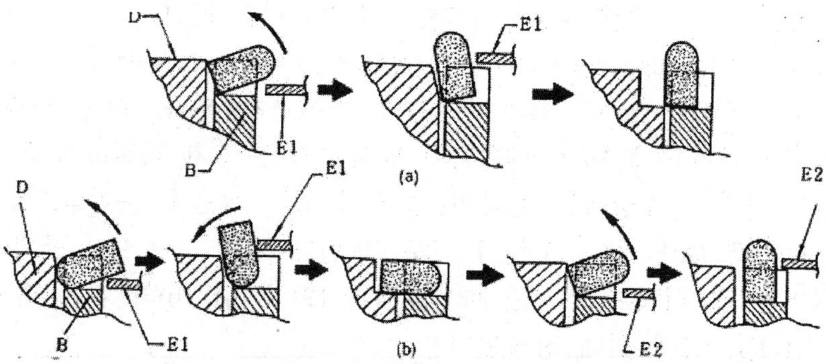

[그림 2-19] 반구상 제품의 정렬 장치의 작동 순서

나. 요동 기구(搖動機構)와 중력 작용(重力作用)을 이용한 것

(1) 외경 치수가 근소한 단붙이 핀용

[그림 2-20]은 본체와 머리 부분의 지름 차가 0.05~0.07mm 정도의 근소한 차이가 있는 것이다. [그림 2-20]은 이 부품을 정렬시키기 위한 장치로 부품은 볼피더에서 급송관 B에 일렬로 머리 부분이 앞으로 되어 있는 것과 뒤로 되어 있는 것이 섞여 있는 상태로 이송되어 경사판 A에 도달하게 된다. 부품이 경사면 위에 배출되면 중력에 의해 밑으로 굴러가게 된다. 이때 지름이 큰 쪽이 빨리 나가기 때문에 머리 부분이 아래로 되어 왼쪽과 오른쪽의 홈 C1과 C2로 굴러 들어가서 그대로 밑으로 미끄러져 떨어지게 된다. 이러한 것은 간단한 방법이기는 하나 부품이 중심 위치가 본체, 즉 지름이 작은 부분에 있어 머리 부분이 경사면에 닿아 굴러갈 수 있는 형태에서만 사용할 수 있다.

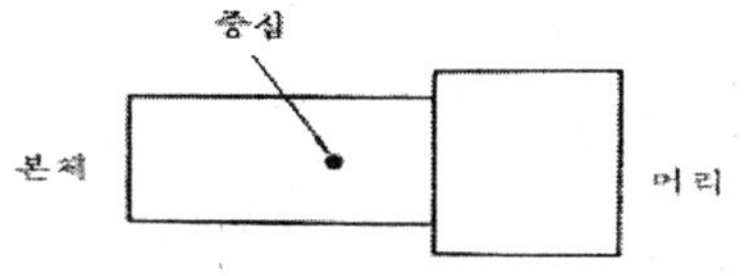

(외경치수가 근소한 단붙이 핀)

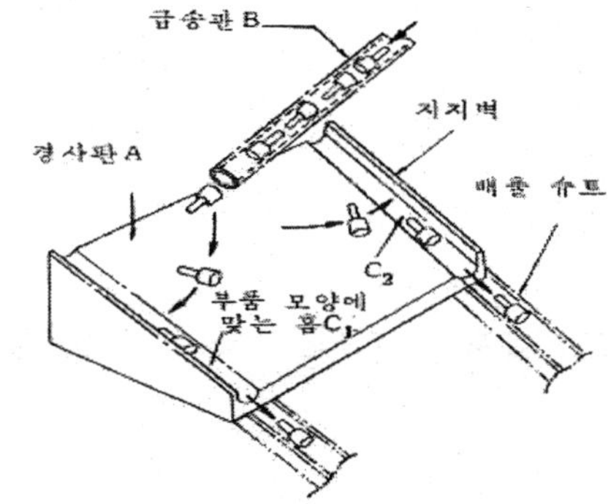

[그림 2-20] 외경 치수가 근소한 단붙이 핀용 정렬 장치

(2) 한 쪽에 구멍이 있는 부품용

[그림 2-21]에서 위 부분의 그림은 한 쪽에 구멍이 있는 부품과 이러한 모양의 부품을 정렬시켜 공급하는 장치를 나타내었다.

부품이 엘리베이터의 호퍼 피더(hopper feeder)에 한 개씩 분리되어 정렬되지 않은 채 공급 슈트 A에 들어오게 되면 부품은 컨베이어 벨트 B에 의해 이송되어 배출 슈트 C1속으로 떨어지게 된다. 컨베이어 벨트 끝에는 회전 갈고리가 설치되어 있어 부품의 구멍이 앞으로 된 상태로 오면 [그림 2-22](a)와 같이 갈고리에 구멍이 걸려 (b)처럼 무게의 평행이 깨어지고 갈고리가 왼쪽으로 회전하여 구멍을 위쪽으로 한 상태로 배출 슈트에 떨어져 들어가게 된다.

만약, 부품의 구멍이 없는 쪽이 앞으로 오면 부품은 갈고리에 걸리지 않게 되므로 갈고리는 그대로 부품에 의해 밀려나가게 되고 부품은 방향을 바꾸지 않은 상태로 배출 슈트에 들어가게 된다.

이 장치에서 중요한 것은 갈고리의 관성(慣性)이 작고 부품의 무게와 균형을 이루도록 하여 부품이 떨어지기에 충분한 호(弧)를 그릴 수 있도록 되어 있어야 하며 갈고리가 왼쪽으로 회전되어 있을 때 다음의 부품이 갈고리를 거치지 않고 떨어지는 일이 없도록 해야 한다.

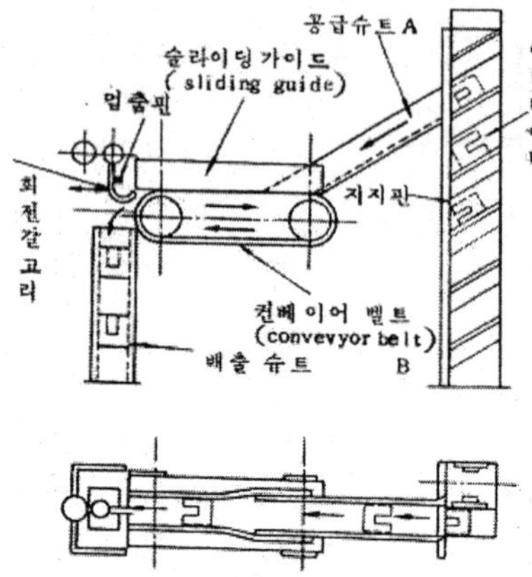

[그림 2-21] 구멍부품의 정렬 장치

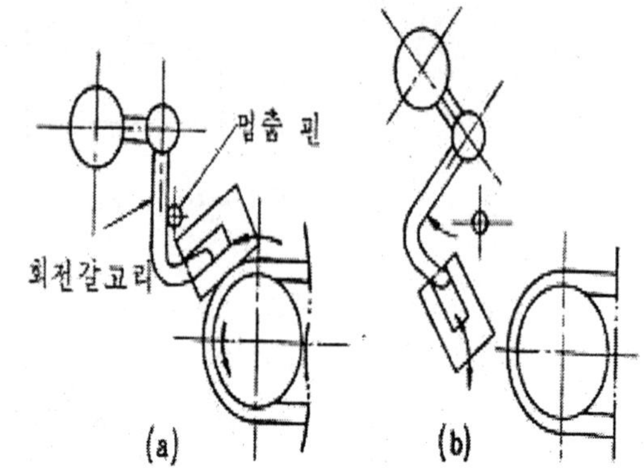

[그림 2-22] 부품 정렬 장치의 작용 설명도

(3) 단붙이 환봉용

[그림 2-23]은 단붙이 환봉을 지름이 큰 쪽이 앞으로 오도록 정렬시키는 것이다. 부품은 엘리베이터 호퍼 피더에서 공급관 A를 통해 분리판 B의 앞 C부분에 놓이면 검출 장치가 복동 실린더 D에 신호를 보내 분리판 B와 함께 앞으로 밀려간다. 실린더 D의 행정이 끝나면 부품은 정렬판 E 위에 놓이는데 그림에서 보면 부품의 무게 중심이 지름이 큰 쪽에 있어 그 쪽으로 기울어져 정렬판 E 위에 회전되어 지름이 작은 부분이 위로 올라오면서 배출 슈트 F로 떨어지게 된다. 이 장치에서 주의해야 할 사항은 부품을 공급해서 내보낼 때 부품이 서로 맞물리는 것을 막도록 해야 하며, 엘리베이터용 벨트를 간헐작용(間歇作用)시켜 경사 칸막이 G가 공급판 앞에서 짧은 시간 정지할 수 있도록 해야 한다. 그리고 공급관의 입구는 약간 넓히도록 하며, 무게가 가벼운 물품일 경우에는 에어 제트(air jet)를 사용할 수 있도록 하는 것이 좋다.

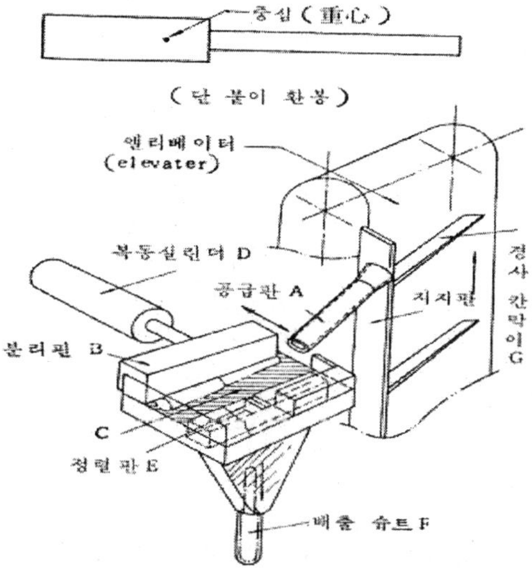

[그림 2-23] 단붙이 환봉용 정렬 장치

4. 분리 작업의 자동화

조립 장치에 부품을 밀어 넣기 전에 정렬이 끝난 상태에서 일렬로 부품을 1개씩 혹은 몇 개씩 분리하여 보내거나 일정한 간격으로 분리시켜 보내야 할 경우가 생긴다. 이러한 경우에는 보통 지동기구(止動機構, escapement)가 사용되는데 이 기구는 1개의 부품을 내보내면서 다음의 부품을 정지시켜 분리시키는 작업을 살 수 있는 것으로 일반적으로 쓰이고 있는 기구에 대하여 살펴보기로 한다.

가. 에스케이프먼트(escapement)를 이용한 것

여기서는 에스케이프먼트를 이용하여 둥근 머리가 있는 볼트, 원통형 부품, 강구를 분리 작업하는 기구를 소개한다.

(1) 둥근 머리가 있는 부품용

[그림 2-24]에는 둥근 머리가 있는 부품의 분리 기구를 나타내었다. 급송관 A 속에 그림과 같이 부품이 호퍼 피더에서 일렬로 정렬되어 연속적으로 이송되는데 정지 요소 B의 작동으로 멈춰지게 된다.

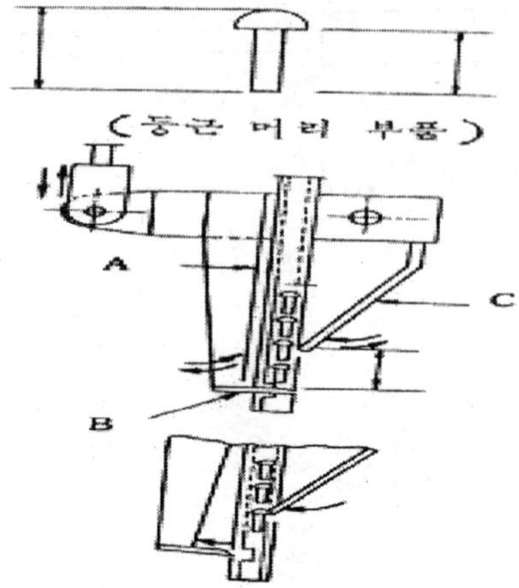

[그림 2-24] 둥근 머리 부품 분리 기구

요동 암의 한쪽에는 왕복 운동 기구가 연결되어 있으며 정해진 각도로 왕복 회전 운동하게 되는데 각도의 크기는 정지 요소 B가 급송관 A로부터 들어온 부품을 분리시킬 수 있도록 조절하면 된다. 정지 요소 B가 지지(支持)하고 있는 부품을 이송시키려면 지지된 것을 풀기 바로 전에 요동 암의 다른 쪽에 붙어 있는 밀개 스프링 C가 들어와 다음 부품의 진행을 막게 된다. 정지 요소 B에서 부품이 분리되어 떨어져 나가면 요동 암은 처음의 위치로 돌아오기 시작하여 정지 요소가 다시 부품의 흐름을 막음과 동시에 밀개 스프링 C가 물러나게 되므로 다음의 부품은 정지 요소 B 위에 오게 된다.

(2) 원통형 부품용

[그림 2-25]에서는 (a)와 같이 궤도 위쪽에 걸리게 A와 B가 지점 C와 D에 지지(支持)되어 있으며 걸리개의 위에 있는 암은 액추에이터 링크(actuator link) E에 연결되어 있다.

액추에이터 링크(actuator link) E가 (a)와 같이 앞으로 나오면 부품이 걸리개 A와 B에 각각 걸리개 되며 액추에이터가 (b)와 같이 뒤로 가게 되면 걸리개 A에 걸려 있던 부품은 분리되어 나가고 걸리게 B에 걸려 있던 부품은 걸리개 A의 위치로 오게 된다. 걸리개의 접촉면은 부품의 손상과 소음을 방지하기 위하여 플라스틱 코팅(plastic coating)을 한다.

[그림 2-26]에서는 요동 걸리개가 경사레일에 따라 일정 간격으로 설치되어 있다. 처음의 모든 걸리개 B는 그림 (b)와 같이 수직 상태로 평형을 유지하여 서 있게 되는데 부품이 굴러 내려와 걸리개에 닿으며 부품의 중량에 의해 암이 공

급 레일과 거의 평행하게 될 때까지 기울어지게 만들어져 있다.

맨 앞에 있는 부품이 슬라이드 게이트(slide gate) A에 의해 정지하게 되면 걸리개가 다음 부품의 스토퍼(stopper)로 작동하게 되는데 그 다음의 부품도 순차적으로 작용하게 된다. 슬라이드 게이트 A가 액추에이터에 의해 그림의 (b)와 같이 올라가게 되면 맨 앞의 부품이 분리되어 떨어지고 요동 걸리개 B의 암이 풀려 수직 위치로 되돌아가게 된다. 이렇게 되면 다음의 부품이 부채꼴의 스토퍼에 떨어져 내려와 슬라이드 게이트 A에 닿게 될 때까지 굴러 내려가게 된다. 이렇게 순서가 다음의 걸리개에도 순차적으로 계속되어 각 부품은 공급 레일을 일정 간격으로 내려오게 된다.

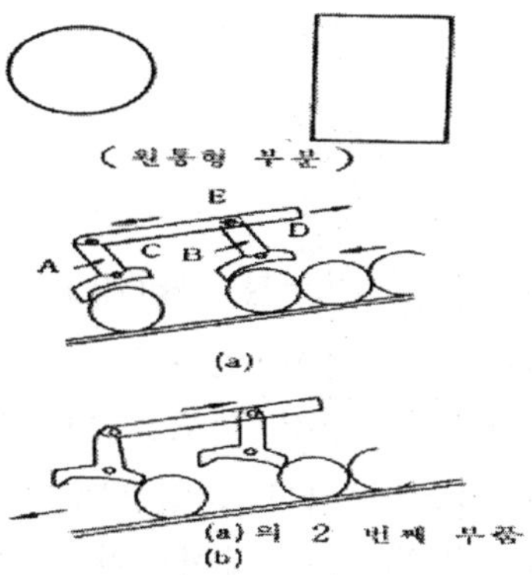

[그림 2-25] 원통형 부품의 분리 기구(A)

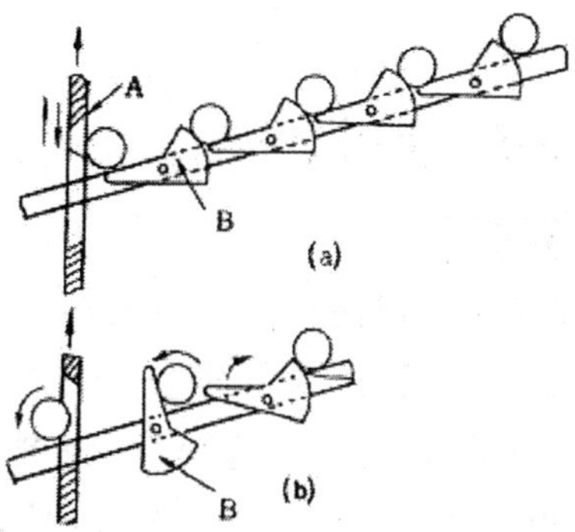

[그림 2-26] 원통형 부품의 분리 기구(B)

(3) 강구용

[그림 2-27]과 같은 장치는 강구(講究, steel ball)를 2개씩 분리시키는 것이다. 정렬이송관(整列移送管)을 따라 부품이 이송되어 오면 맨 앞의 볼은 스톱 핑거(stop finger) A에 닿게 되어 멈춰진다. 스톱 핑거 A는 다른 또 하나의 스톱 핑거 B와 함께 뒤판 C에 고정되어 있으며 링크 D로 연결 암(yoke arm) E와 연결되어 있다. 공기압 실린더 F가 작동하면 연결 암 작동하여 [그림 2-27](b)와 같이 스톱 핑거 B가 볼의 이송로로 내려오게 되는 한편 핑거 A는 위로 올라가게 되어 핑거 B에 닿게 될 때까지 볼이 내려오게 된다. 공기압 실린더 F가 물러나면 스톱 핑거 B가 상승하여 맨 앞의 부품 2개가 분리됨과 동시에 스톱 핑거 B에 내려와 다음의 부품을 정지시킨다.

이 기구는 [그림 2-27]의 (a), (b)와 같이 부품의 이송 방향과 똑같은 방향으로 조작할 수 있으나 (c), (d)처럼 이송 방향과 직각 방향으로도 조작할 수도 있다.

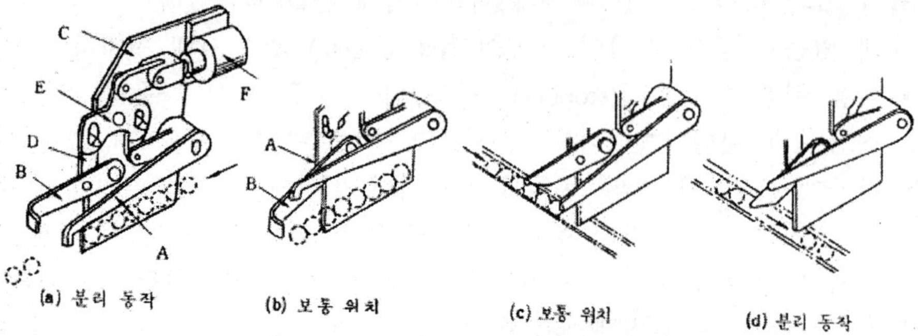

[그림 2-27] 강구의 분리 기구

다. 기타 분리 기구

(1) 원통형

[그림 2-28]에서는 원통 부품의 공급에 적절한 분리 기구를 나타내고 있다.

부품은 축 방향으로 정렬되어 호퍼 매거진(hopper magazine) A에 공급되면 경사면을 따라 굴러 수직인 부분 B에 들어갈 수 있도록 일정 각도로 되어 있다.

슬라이드 C는 호퍼 매거진 가까이에 하나의 벽을 구성하고 있으며 그림과 같은 모양으로 액추에이터에 의해 상하 왕복 운동을 한다. 슬라이드가 [그림 2-28]의 (b)와 같이 내려오게 되면 V형의 위치 D에서 부품은 떨어져 나와 맞은편 호퍼의 노치(notch)부 E를 통해 작업 장소로 분리되어 떨어져 들어가게 된다.

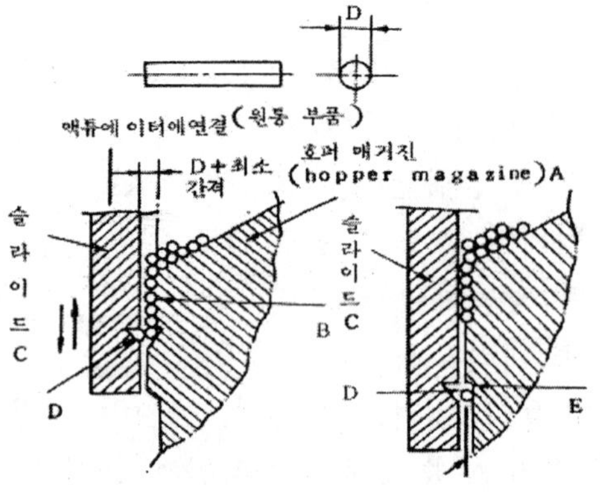

[그림 2-28] 원통 부품의 분리 기구

(2) 머리가 있는 부품용

[그림 2-29]는 머리가 있는 부품의 분리와 계수를 할 수 있는 연속 회전 기구를 나타내고 있다.

분할차 B의 바깥 둘레에 홈의 수를 필요에 따라 변경시킬 수 있도록 되어 있다. 예를 들면 1개의 포장 상자속에 8개의 나사를 보내어 넣을 경우에는 나사가 분할차의 8개의 홈에서 떨어져 나와 배출 슈트를 통해서 하나의 포장 상자에 들어가게 된다.

부품은 정렬이 끝난 상태에서 공급 경사 슈트 A에 연속적으로 공급되면 맨 앞의 부품은 계속 회전하는 분할자 B의 홈이 없는 부분에 닿게 되어 정지한다. 분할차 C의 주변에 적합한 모양의 홈 C_1~C_2를 설치하여 필요한 간격으로 부품이 공급 슈트 A에서 홈 C로 들어가서 분할차 B와 함께 회전 분할된다. 이렇게 하여 이송된 부품의 머리가 고정캠 D에 의해 홈에서 떨어져 나와 배출 슈트 E를 통해 작업 장소나 포장 상자로 보내진다.

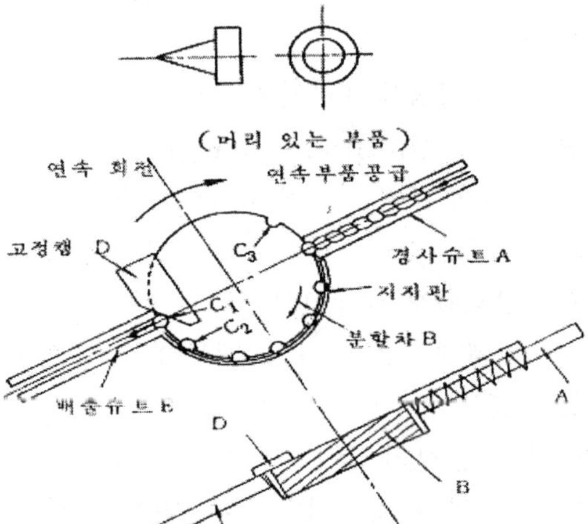

[그림 2-29] 머리있는 부품의 분리기구

(3) 환봉용

[그림 2-30]은 환봉이나 원통 모양의 부품을 분리하는 기구를 나타낸다.

부품은 경사 슈트 A에 따라 연속적으로 공급되며 맨 앞의 부품이 상승 블록 B의 벽 C에 의해 멈춰진다. 걸리개 D가 상승 통로의 슈트의 고정판과 이동판에 [그림 2-30]과 같이 설치되어 있으며, 슈트를 통해서 공작물이 이송되는데 고정판의 걸리개가 이동판의 걸리개보다 약간 높게 설치되도록 한다.

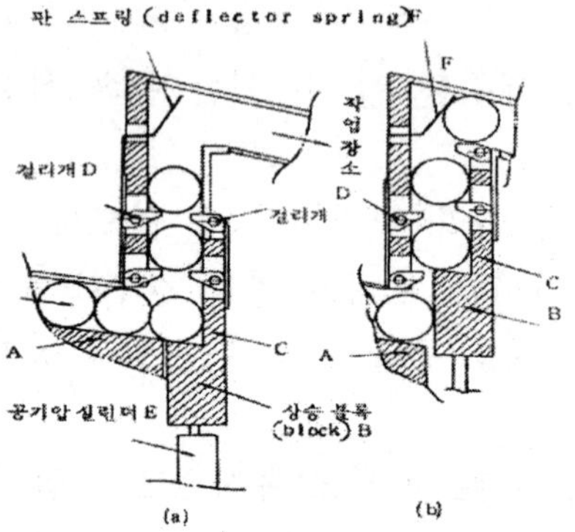

[그림 2-30] 환봉용 분리 기구

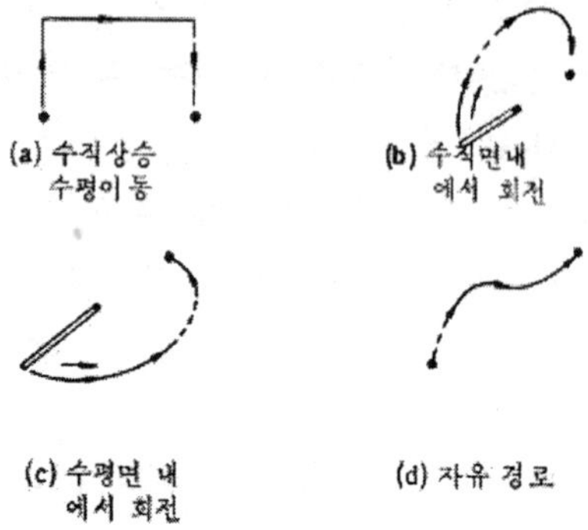

[그림 2-31] 가공물의 운반 경로

공기압 실린더 E가 작동하면 상승 블록 B가 그림 (b)와 같이 지지된 부품을 들어 올려 분리시키는데 행정 거리는 걸리개가 설치된 피치보다 약간 길게 조정하면 된다. 슈트의 고정판에 설치된 걸리개 D는 부품이 통과하면 바로 본래의 위치로 되돌아오게 된다.

이렇게 하여 부품은 1행정에 1피치씩 상승 통로인 슈트를 거쳐 차례로 상승되어 맨 앞의 부품은 판스프링(deflector spring) F에 의해 작업 장소와 연결되어 있는 배출 슈트로 들어가게 된다. 그림과 같이 걸리개가 2쌍이 있으나 필요에 따라 증가시켜 사용할 수도 있다. 사용 예는 부품 치수는 외경 20[mm], 길이 30[mm]로 공급 속도는 2,400개/시간이다.

조립 작업은 사람의 손이 많이 가기 때문에 자동화하여 원가를 낮추려는 기업이 갈수록 많아지고 있다.

조립 작업의 주가 되는 동작의 최초 공정은 가져다 붙이려는 각각의 부품을 정해진 위치에 놓기만 하면 되는 것이다. 그 후 힘을 가하여 끼운다든지, 용접이나 접착을 시킨다든지, 코킹(cauking) 또는 나사 체결을 할 필요가 있는 경우도 있으나 여기서는 부품을 정확한 위치에 가져다 놓는 것에 대해 살펴보기로 한다.

[그림 2-31]은 운반 경로를 나타낸 것이며, 캠(cam)과 피동 캠, 레버(lever) 랙기어(rack gear)와 피니언(pinion) 공기압 실린더와 유압 실린더 등이 복합적으로 사용되고 있다.

[그림 2-32]는 스프링으로 눌려 있는 조에 설치된 피동 캠(cam follower)을 공기압 실린더에 의해 테이퍼(taper)로 된 쐐기가 밀어냄으로써 조가 오므라들어 공작물을 지지할 수 있게 되며, 쐐기가 공기압 실린더에 의해 당겨지면 스프링의 힘에 의해 조가 열려 지지되었던 공작물이 풀리게 되어 있다.

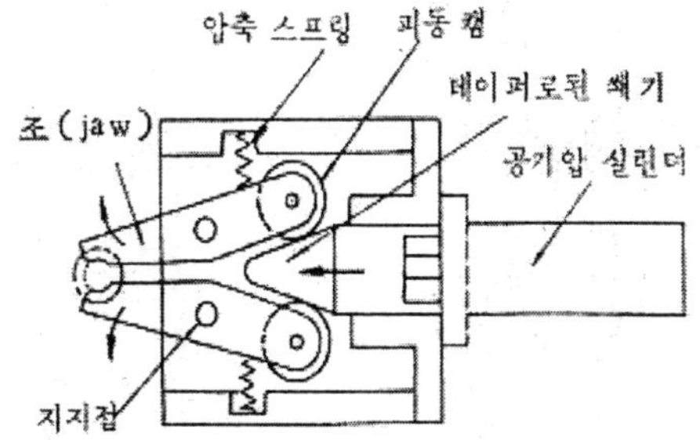

[그림 2-32] 쐐기로 개폐되는 지지 기구

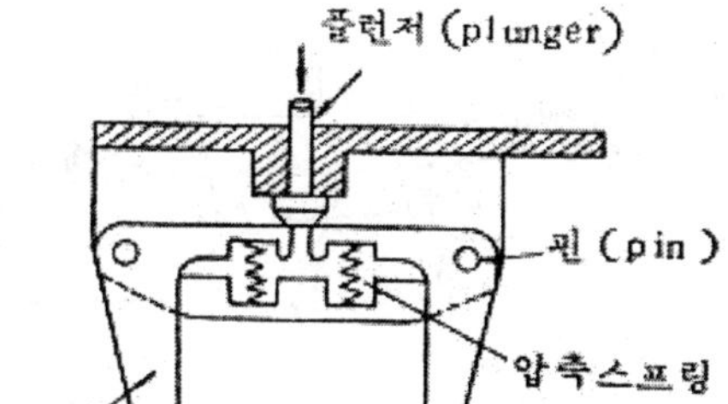

[그림 2-33] 플런저 지지 기구

[그림 2-33]은 플런저(plunger) 평판을 지지하기 위한 것으로 양쪽의 조는 2개의 압축 스프링에 의해 회전 지점 핀을 중심으로 하여 안쪽으로 닫혀져 공작물을 지지하게 되어 있으며, 조를 열려면 위쪽에 있는 플런저를 눌러야만 열리게 된다. 이러한 형식은 깨어지기 쉬운 공작물인 경우에 가장 적합한 스프링을 선택할 수 있는 특징을 가지고 있다

[그림 2-34]는 조의 개폐를 상하 2개의 원형면에 의해 이루어지도록 한 것으로 그림에서 (a)와 같이 플런저가 잡아 당겨지면 플런저 아래쪽의 면에 따라 조를 닫히게 하고, 그림 (b)와 같이 플런저가 밀려 나오면 플런저 위쪽의 면에 따라 조가 눌려 열리게 된다.

[그림 2-35]는 제법 큰 공작물이라도 사용할 수 있는 것으로 그림에서 (a)는 조가 공기압 실린더 A에 따라 닫혀져 가공물을 지지하고 있는 상태를 나타낸 것이며, (b)는 공기압 실린더 B에 의해 조가 열린 상태를 나타낸 것이다.

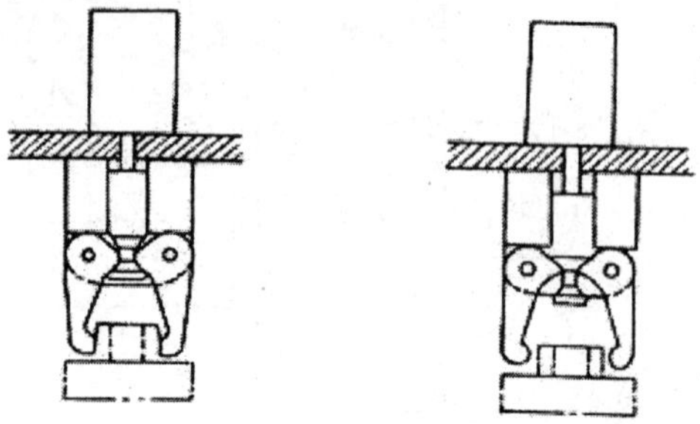

(a) (b)

[그림 2-34] 원형면 개폐 지지 기구

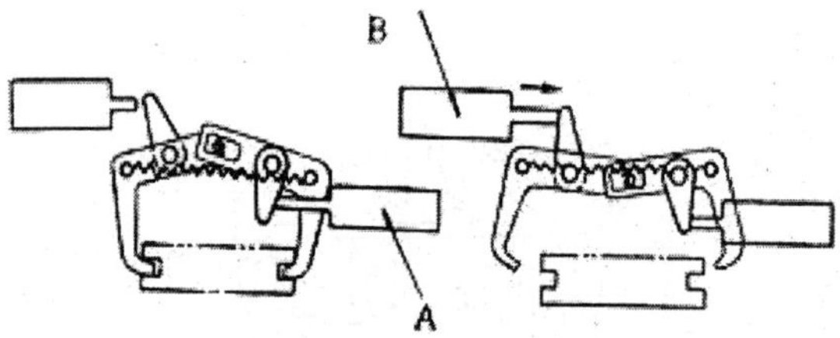

(a) (b)

[그림 2-35] 공기압 실린더 지지 기구

[그림 2-36]의 지지 기구는 (a)와 같이 보통 상태에서 2개의 판스프링으로 공작물을 지지하고 있으나, (b)와 같이 위쪽에 있는 공기압 실린더가 작동하여 내려오면 공작물이 지지상태에서 풀어지도록 되어 있다.

이 밖에도 전자석(電磁石)과 진공 캡(vacuum cap) 등을 이용한 지지 기구 등이 있다.

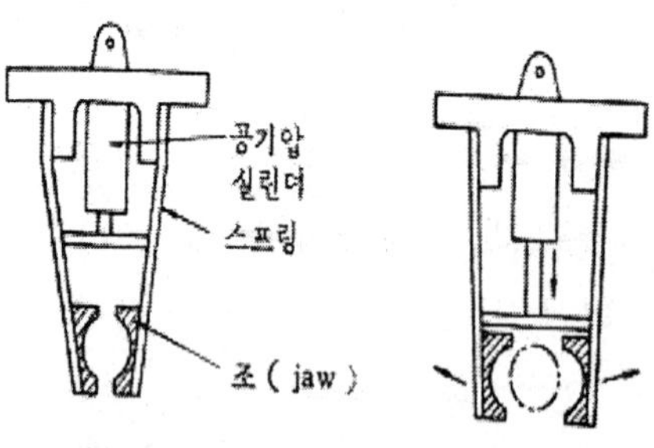

(a) (b)

[그림 2-36] 판스프링으로 공작물을 지지할 수 있는 지지 기구

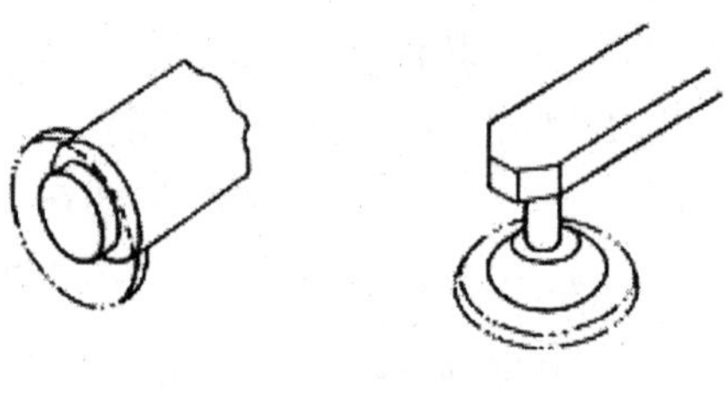

(a) 전자형 (b) 진공 캡형

[그림 2-37] 전자석형 및 진공 캡형을 집는 기구

나. 장입 이송 기구(裝入移送機構)

부품을 지지하며 그것을 조립 위치까지 정확하게 가져다 놓은 기구를 말하며 자동 조립을 위해 필요한 것이다.

(1) 밀어 넣는 기구

정해진 조립 위치에 가져다 놓기 위해서 가공물을 집어 올려 운반할 필요가 없이 그 위치에서 밀어 넣기만 하면 되는 경우로 [그림 2-38]과 같이 분할 테이블(index table)의 고정위치에 가공물을 넣어야 할 경우가 있다.

우선 화살표를 A의 방향으로 밀어 낸 후 이것을 B의 힘으로 밀어 넣도록 한다. 화살표 A와 B의 방향에 적용하는 힘을 캠과 공기압 실린더에 의해 이루어지도록 되어 있다.

만약 공작물의 두께가 얇은 경우에는 위로 들뜨지 않도록 안내 기구를 설치해야 하는데 이러한 간단한 기구라도 제작해 보면 의외로 잘못되어 실패하는 사례가 많다.

[그림 2-38]의 (a)에서 공작물이 진동 볼의 경사 슈트(chute)를 따라 일렬로 흘러내려와 (b)와 같이 계속 공작물에 의해 밀려 내려오게 된다. 이렇게 하여 밀린 공작물을 밀개 D로 점선 E의 위치까지 밀어 보내도록 하는데, 이때 다음의 가공물을 F가 밀개 D의 특면에 의해 밀려 나가지 않도록 공작물 F를 적절한 지동기구(escapement)를 사용하여 지지해야 한다.

이때 주의해야 할 것은 슈트의 폭 G의 크기를 공작물의 지름보다 약간 크게 만들고 G의 크기와 거의 같게 밀개 D를 만들어 공작물의 오른쪽으로 밀어 내도록 해야 한다. 그러나 D의 크기가 공작물의 지름보다 크면 다음의 공작물 F가 공작물 C와 밀개 D와의 차이만큼 D의 측면에 닿아 그림 (a)의 슈트 속을 위쪽으로 밀어 내는 힘이 작용하게 된다.

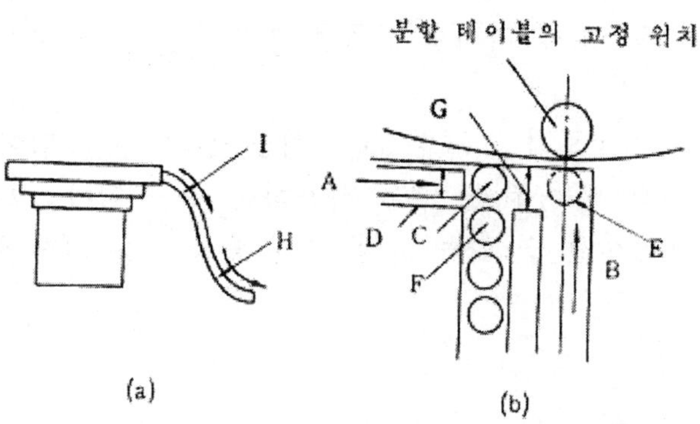

[그림 2-38] 밀어 넣는 기구의 설명도

이 크기가 아주 작을 경우에는 문제가 되지 않으나, 그렇지 못한 경우에는 H의 만곡부나 I의 만곡부에서 공작물끼리 부딪치게 되어 슈트 속에서 겹쳐지는 경우가 생긴다. 이것을 간단히 해결하려면 밀개 D의 크기를 공작물의 지름 C와 같게 하거나 약간 작게 하여 밀개 D의 측면으로 공작물 F가 밀려 나가지 않도록 해주면 된다.

(2) 수직면 내에서 원형 경로를 움직이는 기구

[그림 2-39]의 A위치에 있는 가공물을 B의 위치로 운반하려면 AB를 지름으로 하는 수직면내에서 원형 경로를 이동시킬 수 있으나 보편적인 방법은 아니다.

보통 공작물을 지지한 상태에서 운동시키면 공작물이 180° 전환되기 때문에 이를 유지하기 위하여 필요한 기구를 사용해야 한다.

우선 일반적으로 회전 운동을 일으키는 각종 기구에 대하여 알아보기로 한다.

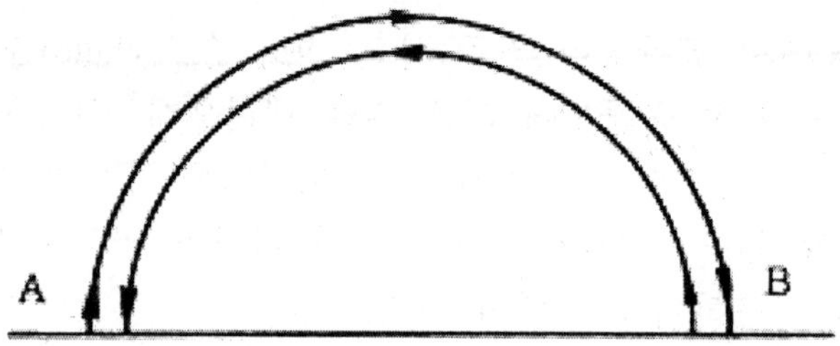

[그림 2-39] 원형 경로

(가) 회전 기구

① 레버와 캠

[그림 2-40]과 같은 회전 중심 핀에서 어느 거리에 위치하고 있는 피동 캠(cam fellow) A가 B에 의해 밀려남에 따라 가공물을 지지하고 있는 지지 요소 C를 회전시킨다.

이것은 간단한 회전 기구로서 스프링 D로 피동 캠의 면을 밀어 붙이도록 하고 있으나 보다 개량시킨 확동(確動) 캠을 사용하는 수도 있다. 그림에서 빗금친 부분의 핀은 위치를 변경시킬 수 없는 고정 회전 중심 핀을 나타낸 것이다.

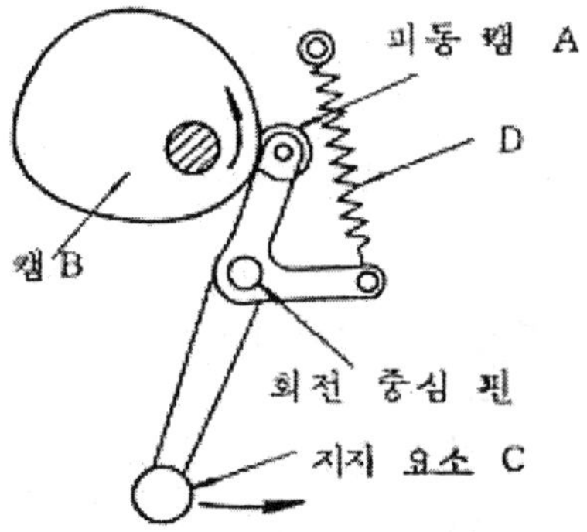

[그림 2-40] 레버와 캠

② 피니언과 랙

[그림 2-41]에서 축 A를 회전시키기 위해서는 이 축에 키로 고정되어 있는 피니언(pinion) B를 랙(rack) C가 이동하면서 회전시키면 된다. 보통 랙 C가 왕복운동하여 피니언을 회전시키고 있으나 때에 따라서는 랙이 고정되고 피니언이 움직여 수평으로 이동하면서 회전하는 기구로 사용되는 것도 있다.

랙 C를 수평 방향으로 이동시키는 방법은 캠을 이용하거나 공기압 실린더를 이용하며 때에 따라 피니언 대신에 스프라킷 휠(sproket wheel)을 사용하거나 랙 대신에 체인(chain)을 사용하여도 똑같은 작동을 하게 할 수가 있다.

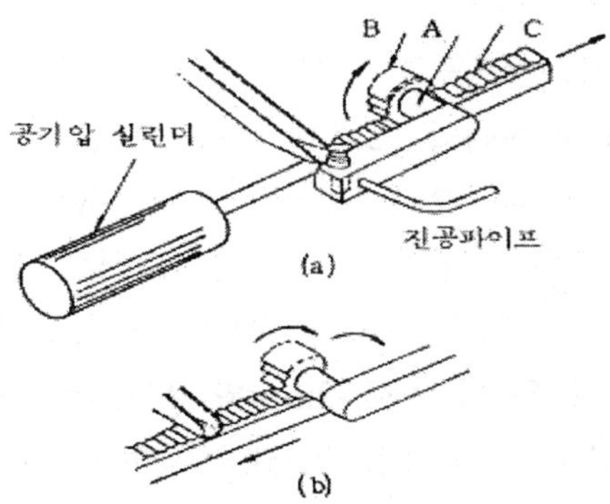

[그림 2-41] 피니언과 랙

③ 공기압 실린더

[그림 2-42]의 (a), (b)와 같이 벨 크랭크(bell crank)의 한 곳을 레버로 연결하여 공기압 실린더에 의해 밀어내도록 함으로써 지지 기구를 회전 운동을 일으키게 할 수가 있다.

피동 캠의 행정(stroke)을 크게 하려면 캠의 크게 만들어야 하나 공기압 실린더에서는 행정을 간단히 크게 할 수 있으며 행정 길이도 쉽게 변경할 수 있기 때문에 많은 제품에 각종 공기압 실린더가 이용되고 있다. 또 피니언과 랙에서도 랙을 운동 전달용으로 공기압 실린더를 많이 사용하고 있다.

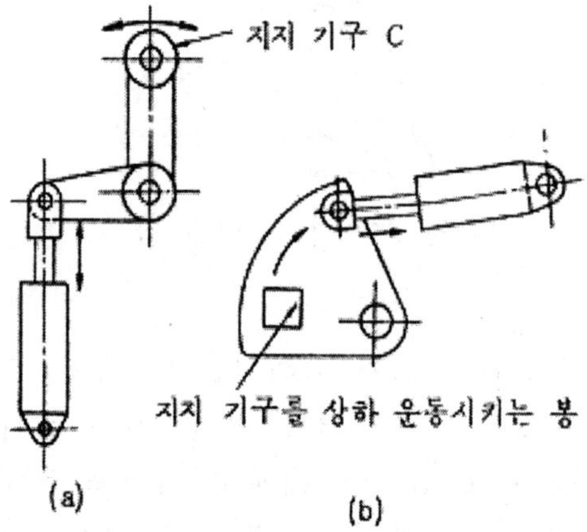

[그림 2-42] 공기압 실린더의 활용

(나) 실제 사용되고 있는 기구

① 파지 장입(把持裝入) 기구

[그림 2-43]은 파지 장입 기구를 보여 주고 있으며, 이것은 점화 플러그, 전기스위치, 자동차용 댐퍼(damper)의 조립과 초콜렛 포장 등에 사용할 수 있다.

작동 순서는 [그림 2-43]과 같은 위치에서 조(jaw)가 오므라들어 공작물을 파지(把持)한 후 원형 경로로 회전하여 완전히 180°로 회전된 위치에서 조를 열어 파지된 공작물을 풀게 되어 있다. 속도는 50회/분 정도로 사용할 수 있다.

암(arm)의 길이는 일본의 경우 152mm와 203mm 2종류가 표준화되어 시판되고 있으며 취급 공작물의 중량을 0.45kg 이하로 제한하고 있다.

[그림 2-46]은 2개의 이송 암을 설치한 것이며, [그림 2-45]와 같이 설치하여 사용할 수도 있다.

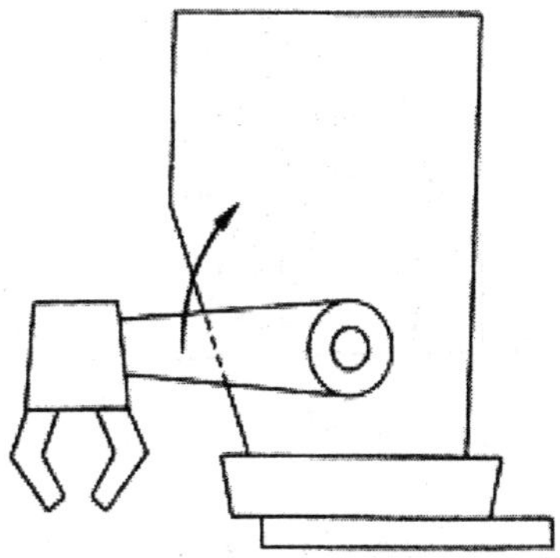

[그림 2-43] 파지 장입 장치

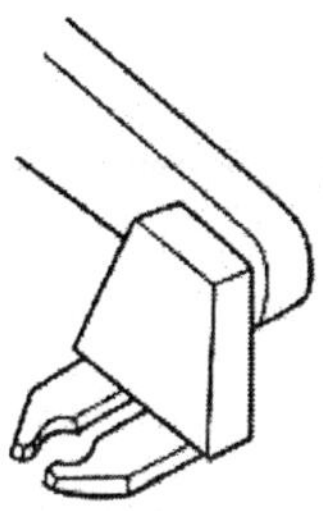

[그림 2-44] 조를 수평으로 설치한 기구

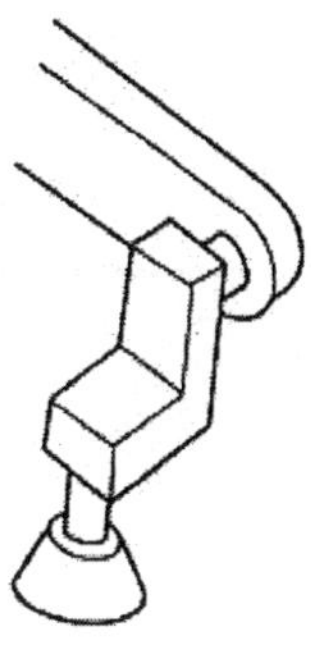

[그림 2-45] 진공 흡착 헤드를 설치한 기구

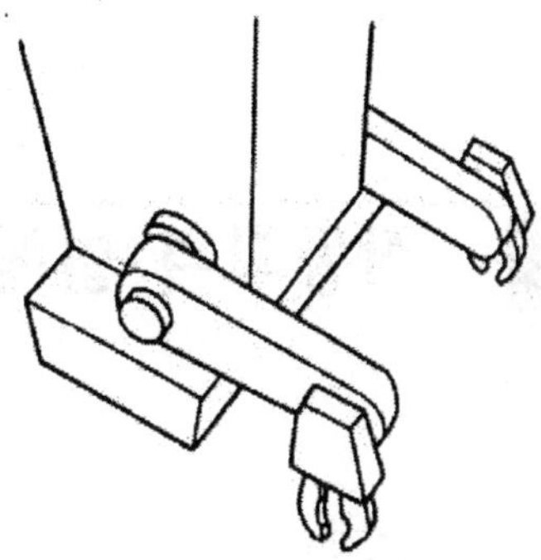

[그림 2-46] 2개의 이송 암을 설치한 기구

② 도중에 방향 결정을 한 후 조립 위치로 갖다 놓는 기구

[그림 2-47]의 (a)는 공작물인 크랭크축이 임의의 위치에 놓여있는 것을 센터 구멍에 회전 암의 클램프 암(clamp arm) 핀을 끼워 들어 올릴 때 그림 (b)와 같이 회전 암이 일시 정지된 상태에서 방향 결정용 블록이 공기압 실린더에 의해 밀려 나와 크랭크축을 정해진 방향으로 수정하게 된다.

그 다음에 위치 결정용 블록이 정해진 위치에 오게 되고 회전 암이 그림의 (c)와 같이 설치 위치에 운반되면 회전 암의 클램프 장치가 열리게 되고 공작물이 해방되는 것이다. 따라서 위치 수정이 필요한 형상을 갖고 있는 이와 유사한 공작물에 적절하게 응용할 수 있다.

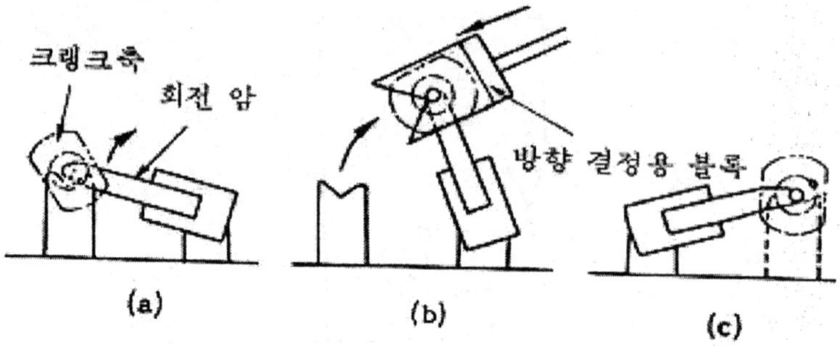

[그림 2-47] 방향 결정을 하고 있는 상태

2-4 자동화의 실례

1. 각종 부품 공급기

가. 회전식 호퍼(hopper) 공급 장치

[그림 2-48]은 회전식 부품 공급기이다.

부품이 슈트에 완전히 들어가지 않으면 회전이 되지 않으므로 호퍼의 회전은 간헐 회전(間歇回轉)이 좋다.

슈트를 레일식(rail-type)으로 하면 테가 달린 부품 등을 정렬 및 공급할 수 있다. 또한 부품의 공급수를 많게 할 수도 있다. 통형(筒形)으로 생긴 부품의 공급기로서 부품끼리의 마찰의 크기 때문에 부품의 표면에 타흔(打痕)이나 흠이 매우 많아진다.

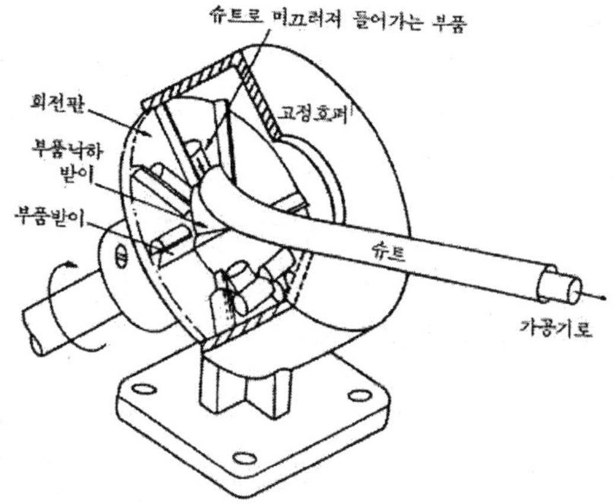

[그림 2-48] 회전식 호퍼 공급 장치

나. 자석 응용형(磁石應用形) 호퍼 공급 장치

이것은 회전 원형판에 자석을 파묻어 두고 이 원판을 호퍼 속에서 회전시키는 것이다. 부품은 원판 속의 자석에 흡착되어 슈트로 흘러 들어간다.

공급 부품은 안팎을 선별할 필요가 없는 것이어야 하며 재질은 물론 강자성체이어야 한다.

자석을 사용하는 경우 흡착력이 약하다고 하여 너무 강한 자석을 쓰는 것은 좋지 않다.

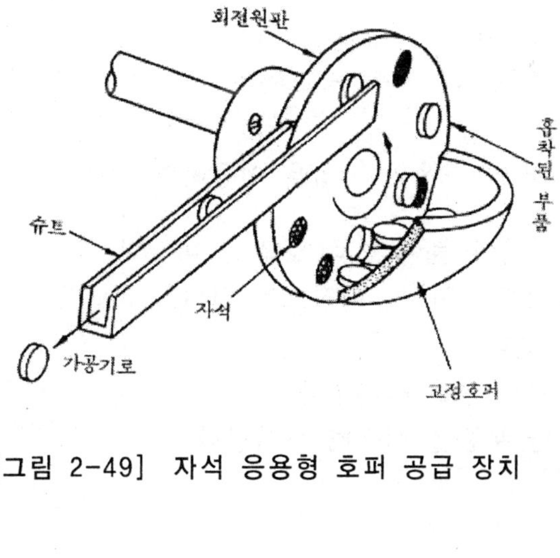

[그림 2-49] 자석 응용형 호퍼 공급 장치

다. 진동식 부품 공급 장치

진동 공급기는 호퍼가 있는 피더(feeder)에서 가장 많이 사용되는 형식이며 장점은 다음과 같다.

① 범용성은 부품 공급기 중에서 가장 좋고 여러 부품에 적용된다.
② 동작이 조용하고 부품에 상처를 입히는 정도가 다른 부품 공급기에 비하여 가장 적다.
③ 부품 공급 속도의 조정이 용이하다.

진동식 부품 공급기의 작동은 조정된 맥류 전압이 전자석에 주어질 때 전자석은 볼(bowl)에 진동을 전달하고 진동판은 이 진동을 볼에 수직 방향의 진동과 동시에 수직축의 둘레가 각진동(角振動)을 발생시키도록 움직인다. 볼속으로 투입된 공작물은 이 진동을 받아 와권 궤도(渦劵軌道)로 올라가 급송된다.

볼의 상하 경사 궤도에는 여러 가지 부품 중에서 부품 정렬 장치가 올바른 자세를 가진 부품만을 통과시키며 다른 부품은 궤도로부터 배제시키고 볼 속으로 낙하한다. 낙하된 부품은 다시 궤도를 따라 올라온다.

진동이 부품을 주는 힘은 비교적 적어 부품을 상처나 타흔 등이 생기는 경우는 적지만, 그 반면 부품끼리 서루 부딪치는 일이 있다. 따라서 투입되는 부품은 깨끗이 세정한 부품이어야 한다.

볼의 궤도는 경우에 따라 여러 개 있는 것도 있으며, 볼 지름을 D, 부품의 길이 L로 했을 때 D≧(10~15)·L 정도가 적당하다.

궤도면에는 고무·플라스틱 등을 용도에 따라 내장할 수도 있고, 운송 속도(運送速度)는 궤도 마찰 계수가 증가되면 상승한다. 고무를 부착하여 볼과 부품 사이에서 발생하는 소음을 줄일 수도 있다.

볼에 가해지는 진동수와 운송 속도와의 관계는 조가 일정하면 진동수에 비례한다.

급속량을 증가하려면 다음의 방법을 이용하면 된다.

① 전압을 조정하여 볼의 진폭(振幅)을 바꾼다.
② 볼 궤도를 2개 또는 그 이상으로 한다.
③ 다중 볼로 한다.
④ 진동 공급기의 수를 증가한다.
⑤ 정렬이 끝난 부품을 신속히 처리한다.

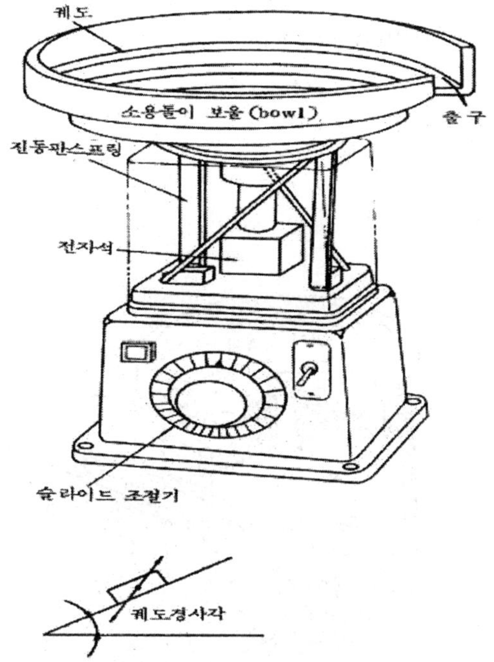

[그림 2-50] 진동식 부품 공급 장치

라. 공기 제트(air jet)식 호퍼

밑바닥의 느슨한 원주형으로 움푹 패인 볼(bowl)의 밑바닥으로부터 공기를 여러 구멍을 통하여 불어 넣고 볼내에 일어나는 난기류(亂氣流)에 의해 부품을 불어 올려 튕겨 날리고 배출 슈트로부터 정렬되면서 끌어내는 형식의 것이다.

이때 볼의 상부는 밀폐되고 불어 놓은 공기는 배출 슈트로부터 부품과 같이 배기 된다. 이 방식은 코일·스프링 등과 같이 자식이 휘감김을 푸는 작용이 있는 것이 특징이다.

각이 있는 널빤지 등에는 적합하지 않다. 부품 공급기에는 이 외에도 다음과 같은 것들이 있다.

① 중판 회전형 부품 공급 장치
② 압상식 공급 장치(押上式供給裝置)
③ 승강식 공급 장치
④ 포크(fork)형 호퍼 공급 장치

⑤ 회전 도입·고정 도입 날식 호퍼 공급 장치
⑥ 진동 나선식 컨베이어(conveyor)
⑦ 직진 공급기
⑧ 플런저를 사용한 호퍼
⑨ 진동 컨베이어
⑩ 진동 다중 볼 공급 장치

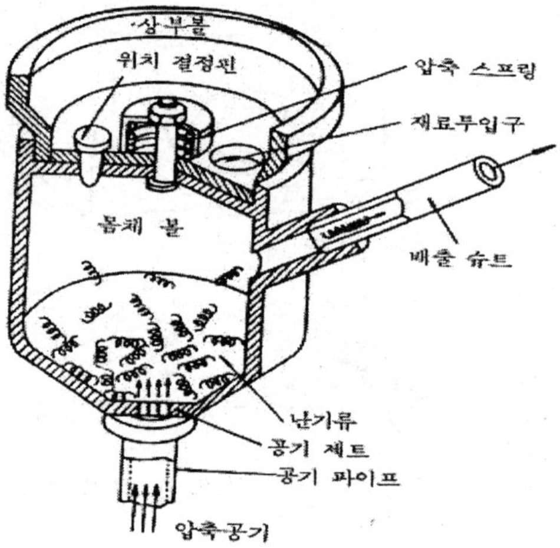

[그림 2-51] 공기 제트식 호퍼

2. 진동식 부품 공급기에 의한 공급 부품의 정렬

가. 와셔 등의 정렬

와셔(washer) 등 부품의 모따기, R, 각의 차이에 의하여 선별하고 정렬한다. 따라서 모따기, R은 설계 기능상 허용된 범위 내에서 충분히 크게 붙인다.

또한 프레스 등으로 빼내는 경우로 '가장자리에 달린 것'을 만드는 것도 한 가지 방안이다.

[그림 2-52]에서 (a), (b)는 경사면 볼벽에 와셔의 두께보다 약간 넓은 궤도를 설치하고, 궤도는 일부를 좁게 하여 안팎을 선별하도록 하였다.

모따기와 R을 충분히 크게 취한 경우에는 선별 개소의 궤도를 넓게 만들기 위하여 선별이 안정되고 고속 공급이 가능하게 된다. 볼의 경사면에 설치한 좁은 궤도를 부품의 안팎을 선별하는 이외에 중첩된 부품을 배제할 수도 있고 제한판(制限板) 등을 사용했을 때 (c)의 부품끼리의 간섭에 의한 '막히는 현상'을 방지하는 방법으로써 편리하다.

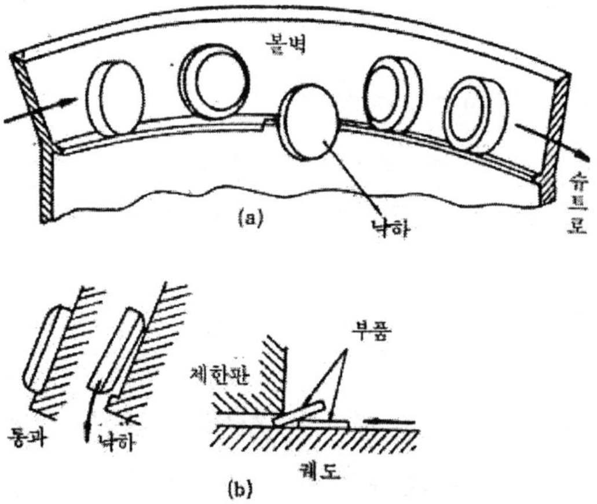

[그림 2-52] 와셔 등의 정렬

나. 컵형 부품의 정렬

컵형 부품의 경우에는 R형 돌 기상으로 볼 내 궤도의 일부를 끊어낸다.

부품이 바닥을 밑으로 하여 지날 때에 통과되나 뚫린 측이 밑으로 하여 지날 때는 이 끊어낸 부분의 형태가 합치되어 통과하지 못하고 볼 내로 떨어져 배제된다. 이때 중요한 것은 부품의 지름과 높이와의 관계이다.

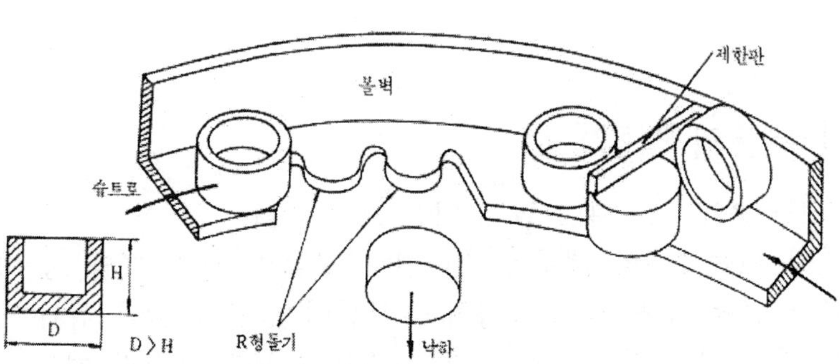

[그림 2-53] 컵형 부품의 정렬

D<H, D=H, D>H로 나누어 생각하면 D<H, D=H의 경우는 상하의 선별이 곤란하다. 또한 부품을 고속으로 급송하는 경우에 정렬의 정확도를 높이기 위하여 2~3개를 끊어 낼 수도 있다.

다. 머리가 있는 부품의 정렬

나사나 리벳(rivet)류의 부품 정렬에는 캘리퍼스 측정부를 몸통 지름보다 조금 넓게 열고 부품의 캘리퍼스 측정부에 중력에 의해 간단히 목에 거는 자세를 취할 때는 이 방법으로 쉽게 정렬할 수 있다.

그러나 나사, 리벳류일지라도 두부의 지름이 크고 발의 지름이 작으며, 길이도 짧은 경우에는 적합하지 않다.

[그림 2-54]에서 (D－d)/2=x로 할 때 설계 시점에서 x≧0.2 정도로 설계해야 정렬에 있어서 슈트제작에 좋은 결과를 얻을 수 있다.

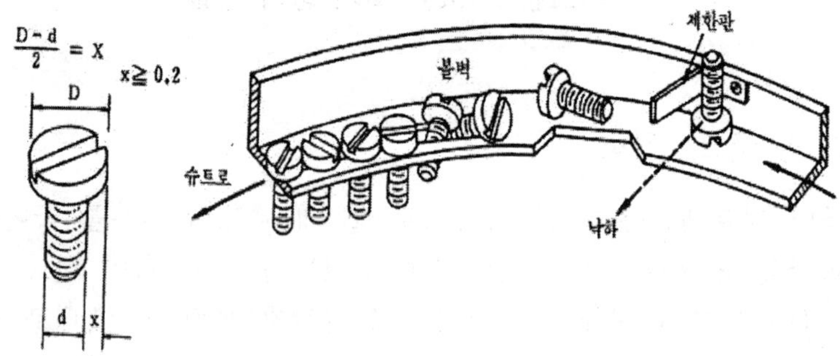

[그림 2-54] 머리가 있는 부품의 정렬

라. 흠진 부품의 정렬

[그림 2-55]는 흠진 부품의 정렬 상태를 보여 준다.

궤도 중간에 있는 2개의 레일은 건너면서 정렬을 한다. 레일 앞 궤도를 채우면서 부품을 공급할 때는 옆으로 향하는 부품이 상당히 많이 섞여 있기 때문에 레일을 타는 것이 있게 된 레일에 물리지 않는 부품은 매달린 제한 막대에 접촉되어 배출되고 있다.

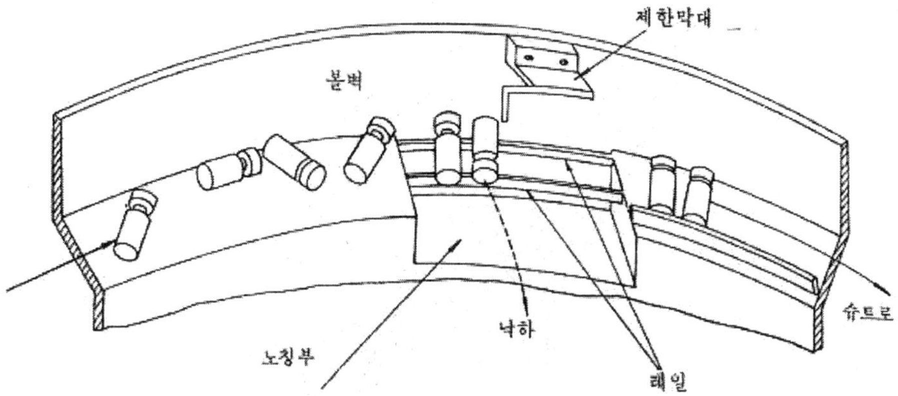

[그림 2-55] 흠진 부품의 정렬

3. 자동 정렬이 곤란한 부품의 자동 공급

가. 진동 레버가 부착된 누두형(漏斗形) 호퍼

누두형으로 만든 호퍼에 공급 부품을 충진시켜 두고 점차 하단으로부터 흘려내어 사용하고 싶어하는 것은 누구나 생각하지만 실제로 누두형 호퍼를 만들어 그것에 부품을 충진시켜 보면 부품의 유출이 순조롭지 못하다.

진동을 주거나 가볍게 치거나 또는 그림과 같이 잡아끄는 막대로 체인을 푸는 방법이 필요하다.

나. 회전 매거진

원판에 뚫린 부품 수납 구멍에는 손으로 정확하게 부품을 충진한다. 원판은 박자에 맞추어 한 토막씩 회전하고 매직 핸드 등이 급송되어 온 부품을 꺼내어 지그에 공급한다.

이 매거진에 공급되는 부품은 부품끼리의 간격이 완전히 격리되어 있기 때문에 코일의 스프링과 같이 상호 휘붙기 쉬운 부품류의 매거진으로서 효과가 있다.

이것의 결점은 부품의 수납 수가 적은 것과 매직 핸드 등 꺼내는 장치가 필요한 것이다.

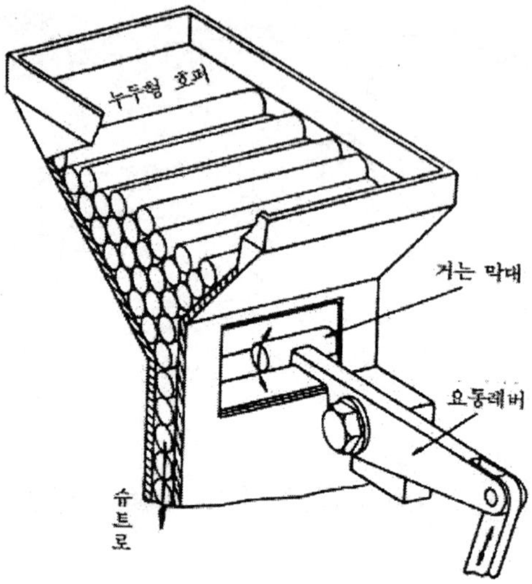

[그림 2-56] 누두형 호퍼

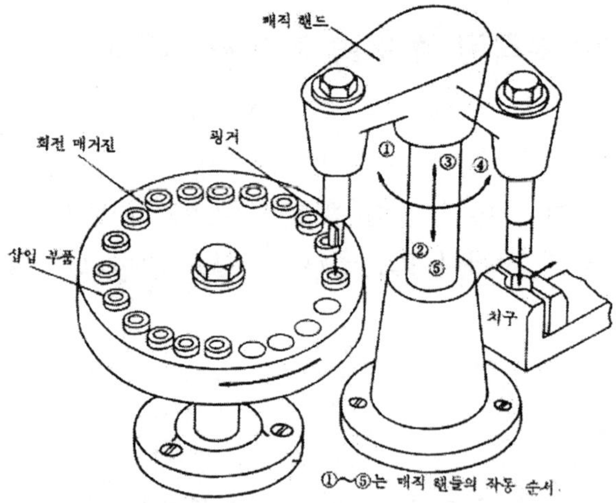

[그림 2-57] 회전 매거진

다. 캔틸레버 매거진

파이프 등을 절단한 모든 링 모양의 부품을 수납하는 매거진으로서는 [그림 2-58]에 나타낸 바와 같은 수납 수가 많고 간단한 구조를 가진 캔틸레버(cantilever) 매거진이 쓰인다.

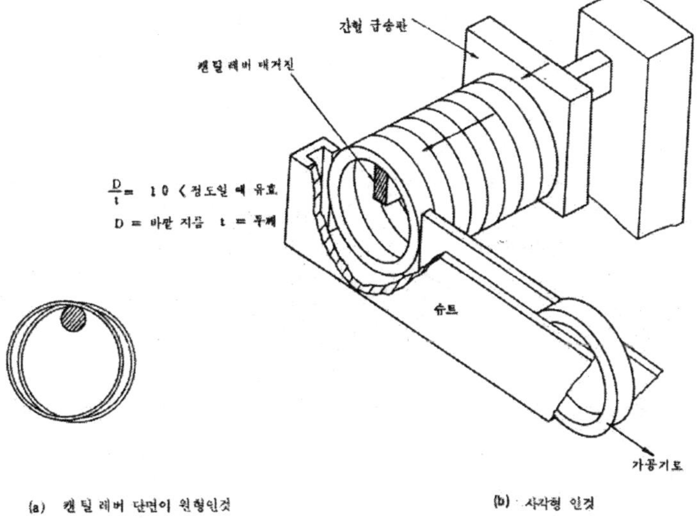

[그림 2-58] 캔틸레버 매거진

링의 정렬에 캔틸레버의 단면은 중요한 요소가 되므로 (a)와 같이 원형인 것에는 링의 지점이 1점 지지가 되기 때문에 부품 상호간의 가로 자세가 망가진다. 그러므로 (b)와 같이 사각 단면으로 하는 것이 좋다. 부품의 급송은 부품 링의 후방으로부터 간헐 급송판이 기계의 박자에 맞추어서 링의 두께만큼 급송을 한다. 링은 급송될 때마다 1개씩 슈트로 굴러간다.

자동 정렬이 곤란한 부품의 자동 공급 장치로서는 앞에 서술한 것 이외도 진동기가 부착된 분형 매거진, 얇은 부품을 중력을 이용하여 떨어지는 부품을 핑거로서 공급하는 얇은 부품용 매거진, 칸막이된 벨트를 이용하여 부품을 공급하는 테이프식 매거진 등이 있다.

4. 공급 부품의 분리 장치

가. 분할대를 이용한 부품 분리 장치

[그림 2-59]는 분할대를 이용한 부품 분리 장치인 동시에 분할대를 이용한 부품 자동 공급의 한 방식이다.

(a)는 옆에서부터, (b)는 위로부터 분리 작업과 공급을 행한다.

가로 공급인 경우의 공급 부품의 이동은 슈트 내의 부품의 무게에 의하여 분할대로 밀어 넣는다. 그러기 때문에 슈트 내에 부품이 충분히 채워지지 않은 채 분할대를 운전하는 경우에는 슈트를 파손하는 수가 있다.

이와 같은 경우에는 슈트에 직진 공급기와 고수준 스위치 등을 사용한다.

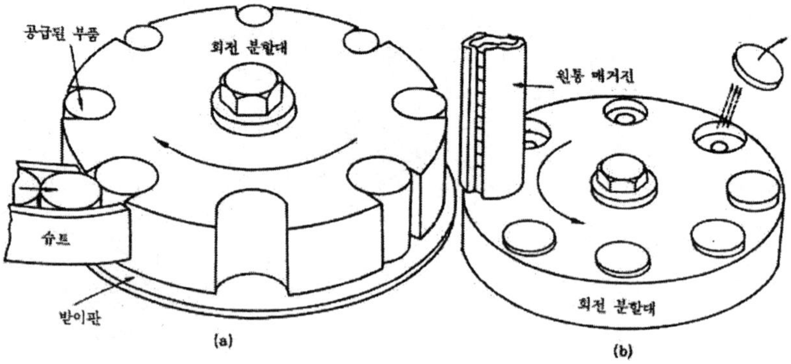

[그림 2-59] 분할대를 이용한 부품 분리 장치

나. 분리 개수를 바꿀 수 있는 분리 장치

[그림 2-60]은 분리 개수를 조정할 수 있는 분리 장치를 나타내고 있다.

작업에 따라 공급 수량이 자주 변하는 기계 또는 공급 부품의 크기가 변하는 경우에 사용할 수 있는 분리 방법이다.

슈트 위에 이동할 수 있은 분리 발톱 (a)와 (b)를 설치하는 것이며 설정의 변경에 대응하고 있다.

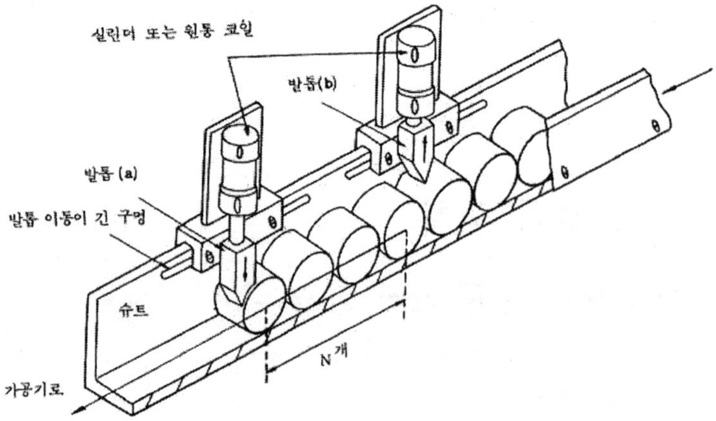

[그림 2-60] 분리 개수를 바꿀 수 있는 분리 장치

발톱의 구동법은 발톱이 이동하는 관계로 원통 코일이나 공기압 실린더가 사용되며, 발톱의 동작은 (a)와 (b)가 서로 반대이다.

다. 슬라이드형 분리 장치

슬라이드(slide)의 두께는 부품의 두께와 일치시킨다. 슬라이드에는 부품의 형태에 맞춘 구멍을 S의 간격으로 뚫어둔다. 추출 슈트는 2S의 간격을 갖는다.

유출 슈트 위에서 미끄럼판을 왕복 운동시켰을 때 미끄럼판은 유입 슈트로부터 공급 부품을 받아 두 유출 슈트에 분리와 분배를 한다.

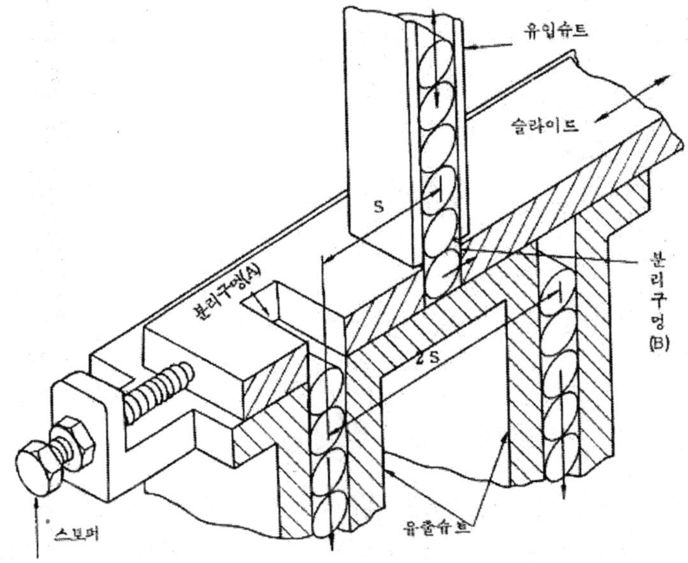

[그림 2-61] 슬라이드형 분리 장치

라. 핑거에 의한 분리 장치

리치 암(reach arm)에 핑거(finger)를 장치시킨 것으로 단자가 적은 원통형 부품 등에 응용하면 편리하다.

리치 암의 왕복 운동에는 공기압 실린더가 사용되며, 암의 자세는 수평으로 범위가 좋고 내부가 좋은 기계 등에 설치하는 경우에는 부착 각도를 넓게 택할 수 있어 편리하다.

부품을 잡는 힘은 핑거를 적당히 바꾸어 조절한다. 부품의 분리 속도는 핑거로 잡혀 있기 때문에 분리 중도에서 부품을 떨어뜨리는 실수가 적어 고속 작동시킬 수 있다.

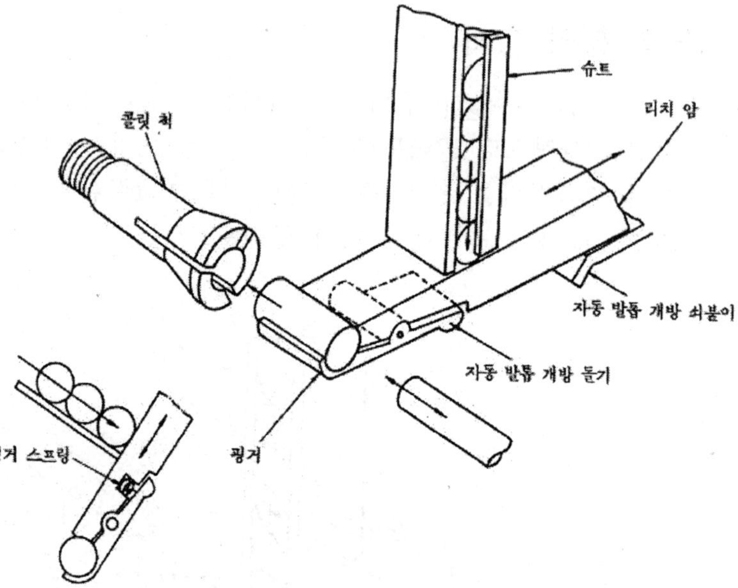

[그림 2-62] 핑거에 의한 분리 장치

마. 넘어지기 쉬운 부품의 분리 장치

부품을 세로로 향하도록 하고 싶으나 세로로 향하는 자세를 흩트리기 쉬운 경우가 있다. 이와 같은 때는 사용 직전까지도 안정된 자세로 운반하고 사용할 때 세로로 향하도록 고칠 필요가 있다.

[그림 2-63]은 슈트 속에서는 옆으로 향하도록 하고 분리 분할판을 사용하여 세로로 향하도록 부품의 방향을 바꾸고 있다.

이와 같이 하여 부품이 세로로 있는 시간을 가급적 단축시키고 세로자세 슈트에서는 공기를 불어 붙여서 부품을 한 방향으로 밀어 붙여 부품의 자세 안정과 슬라이드 치구로 부품 공급을 하게 된다.

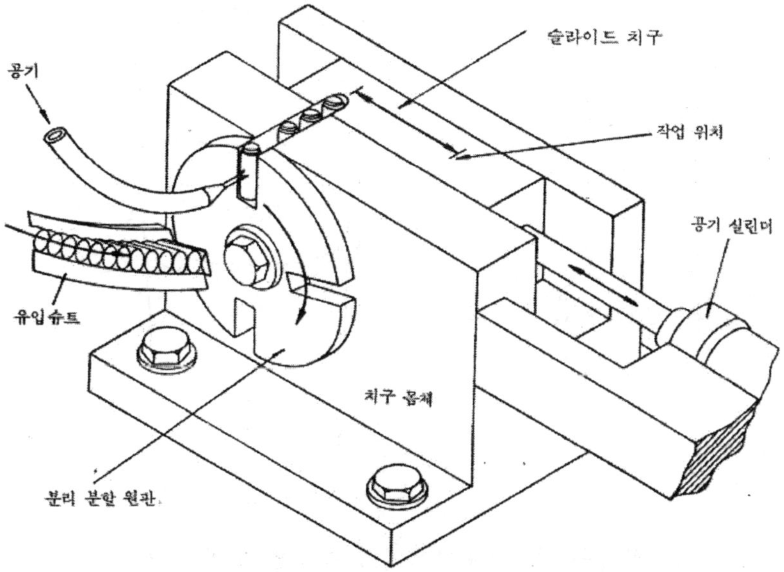

[그림 2-63] 넘어지기 쉬운 부품의 분리 장치

바. 웜형(worm-type)

웜의 톱니바퀴 홈에 부품을 끼워 분리시키는 방법으로 고정도를 요구하지 않는다.

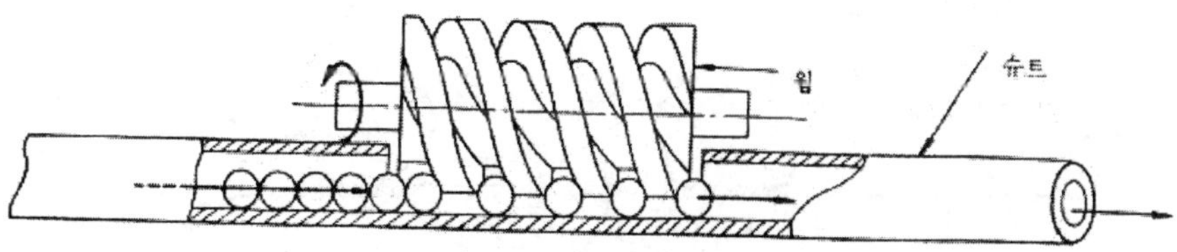

[그림 2-64] 웜형 분리 기구

사. 자동판매기의 종이컵 분리 장치

[그림 2-65]는 자동판매기의 종이컵 분리 장치를 보여준다.

분리 캡은 내접 톱니바퀴와 피니언에 의하여 같은 방향으로 동시에 회전하도록 되어 있다.

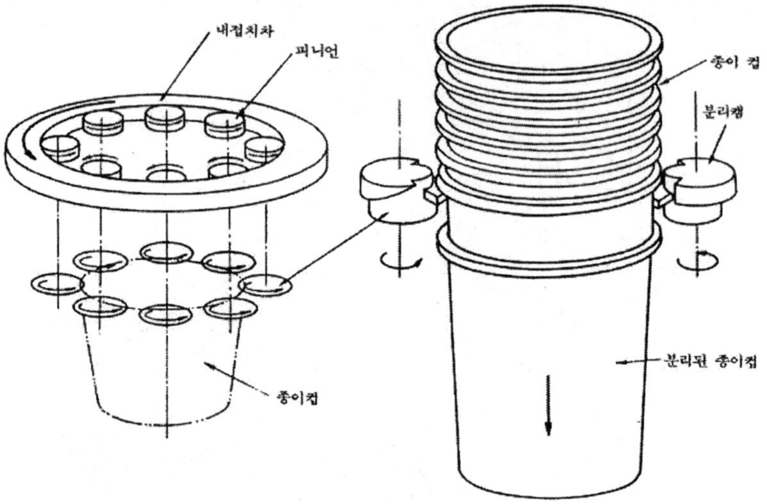

[그림 2-65] 자동판매기의 종이컵 분리 장치

아. 판(板)캠에 의한 분리 장치

판 캠의 형상을 부품의 구르는 특성에 맞추어 끊어 넣고 여기에 요동 운동을 가하여 부품을 분리시키는 장치이다.

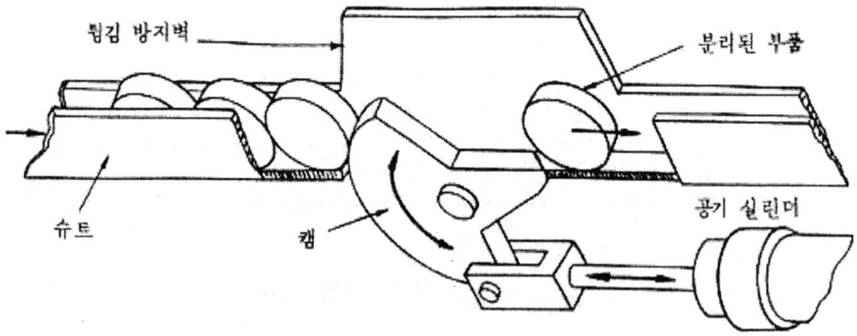

[그림 2-66] 판 캠에 의한 분리 장치

자. 공업용 로봇에 의한 분리

슈트(chute) 내의 부품은 공업용 로봇에 의하여 분리 및 공급된다.
공업용 로봇의 움직임은 다음과 같다.

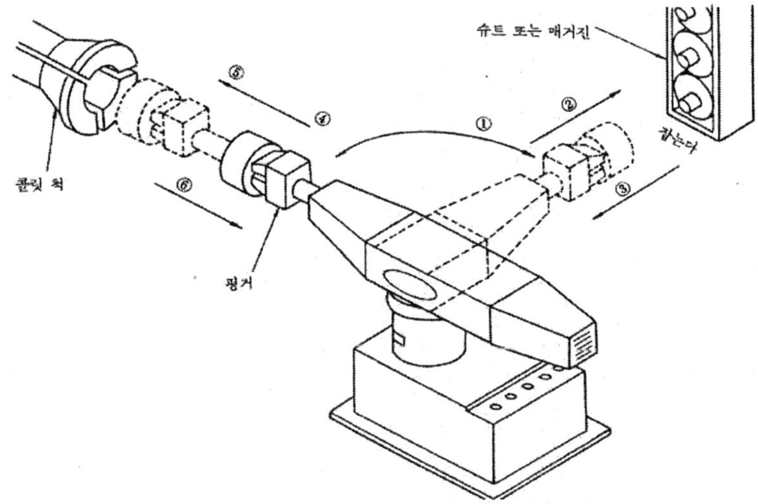

[그림 2-67] 공업용 로봇에 의한 분리

① 로봇의 팔을 회전하는 움직임이다.
② 팔을 뻗어 핸드가 부품을 잡는다.
③ 팔이 당겨서 수축한다.
④ 적재 위치까지 팔을 회전시킨다.
⑤ 팔을 뻗어 콜릿 척으로 부품을 공급한다.
⑥ 팔이 당겨져 들어간다.

공급 부품의 분리 기구에는 이 외에도 왕복대를 이용한 분리 장치, 드럼형 분리 장치, 요동판에 의한 분리 장치, 벨트를 사용한 분리 장치 등이 있다.

5. 공급 부품의 합류 장치

가. 회전 원판에 의한 부품의 합류 장치

한 번에 여러 개가 공급되어 슈트로 흘러 들어가는 경우의 합류 장치(合流裝置)로 적합하다.

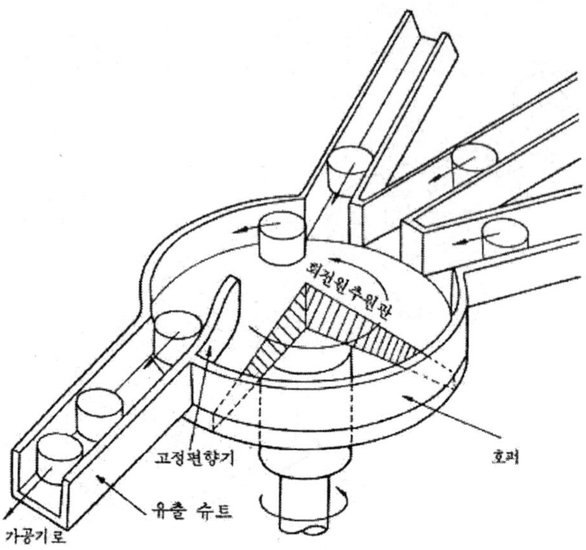

[그림 2-68] 회전 원판에 의한 합류 장치

부품은 편향기(偏向機)와 회전 원판에 의하여 출구로 보내져 송출 레버의 박자에 맞춘 왕복 운동으로 유출 슈트로 송출된다. 원통형의 부품 합류에 적당한 장치이다.

나. 왕복 운동을 이용한 합류 장치

유입 슈트에는 연동기구 분리장치(連動機具 分離裝置)가 있어서 공급 박자에 맞추어서 작동한다.

각 슈트에는 부품이 1개씩 유출하여 아래의 슈트로 들어간다.

밀어내는 슈트의 부품은 전체 슈트를 연동하는 푸셔(pusher)에 의하여 합류슈트로 밀려나가 합류된다.

각 유입 슈트에 고수준(高水準) 스위치를 설치하여 분리 장치를 작동시킬 때의 합류는 유입 슈트별로 차례로 실시한다.

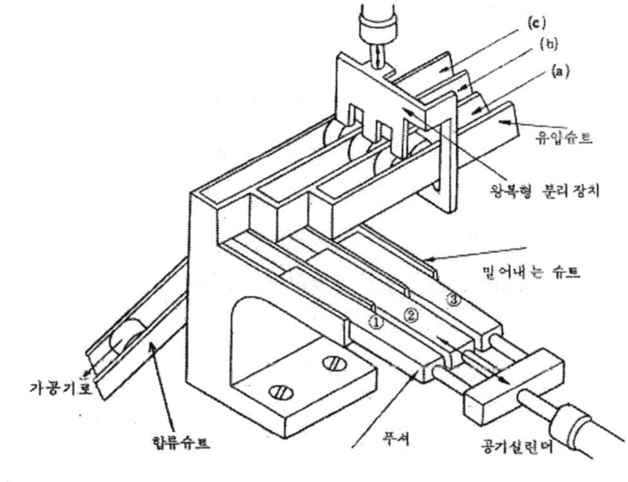

[그림 2-69] 왕복 운동을 이용한 합류 장치

다. 서로 다른 부품을 합류 공급하는 장치

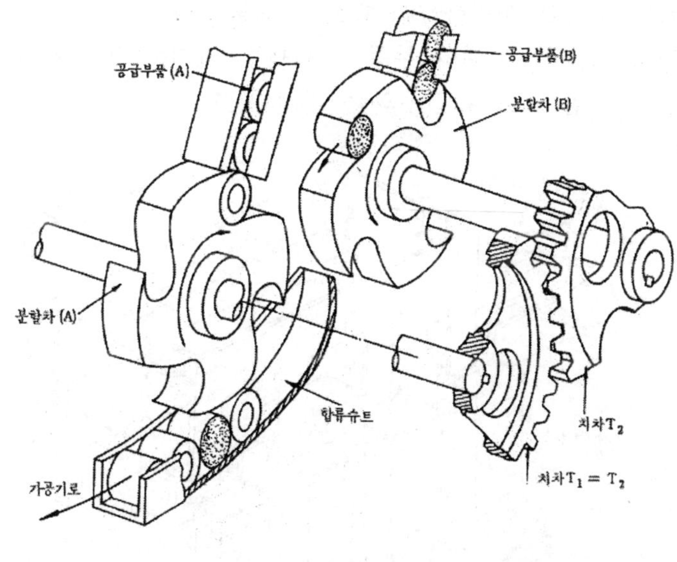

[그림 2-70] 서로 다른 부품을 합류 공급하는 장치

6. 공급 부품의 분배 장치

자동화 작업 중에서 다음과 같은 경우에는 분배하는 장치가 필요하다.

① 부품 공급기의 공급 능력이 커서 2대 이상의 기계에 공급했을 때
② 생산 능력이 큰 기계로부터 생산 능력이 작은 기계로 공급했을 때
③ 자동 검사 기계를 통한 부품의 양부를 분리 흐름으로 선별할 경우
④ 제 1자동기 그룹(group line)으로부터 온 부품을 제 2자동기 그룹 라인으로 선별할 경우
⑤ 포장기 등으로 1열로 흘러온 제품을 일정한 수량으로 포장하는 경우
⑥ 가열용, 도장용 컨베이어에 여러 줄로 간격을 두고 부품을 공급한 경우

가. 플런저형(plunger-type) 분배 장치

각 슈트에 균등하게 흘러가도록 부품은 일정한 양을 확보하여야 한다.

마이크로 스위치(micro switch)를 슈트의 정량 위치에 설치하여 플런저와 연동시키도록 한다. 문은 플런저와 연동하여 상하로 움직여 플런저 부품을 밀어낼 때는 위로 열리고 부품을 분류(分流) 슈트로 유출한다.

문이 밑에 있을 때는 슈트내의 부품의 자세를 지키는 동작을 한다. 유출 슈트의 부품의 방향은 유입 슈트의 경우와는 다르다.

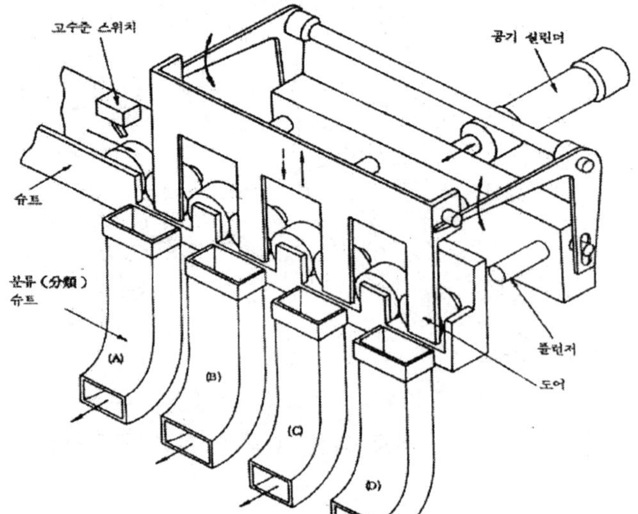

[그림 2-71] 플런저형 분배 장치

나. 바깥지름의 대소를 선별 분배하는 장치

유입 슈트의 중도에 왕래형 분리 장치를 설치하여 부품을 분리시킨다.

분리된 부품은 검출판에 닿으면 통로의 트랩 도어(trap door)에 걸려 있는 훅이 풀려서 트랩 도어가 열리고 부품은 슈트 (a)에 떨어진다. 검출판에 닿지 않는 부품은 그대로 통과하여 슈트 (b)로 들어간다. 트랩 도어가 열리고 부품을 슈트 (a)에 떨어뜨린 후 트랩 도어는 즉시 그림의 상태로 되돌아가게 한다.

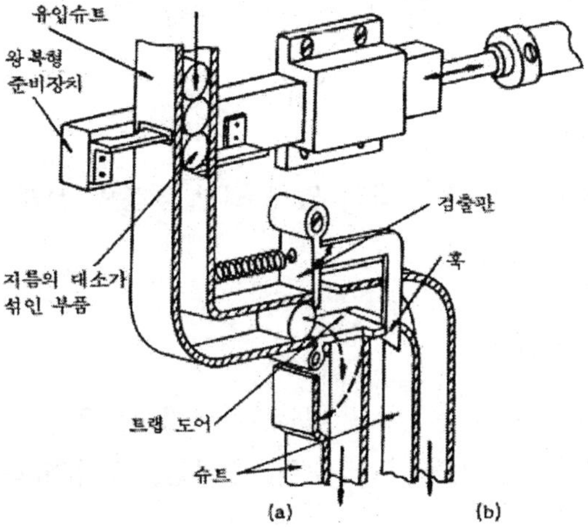

[그림 2-72] 바깥지름의 대소를 선별 분배하는 장치

7. 공급 부품의 적재

가. 리치 암에 의한 적재

수직 슈트에 충진된 가공 부품은 리치 암의 부품 받이가 바로 밑에 왔을 때 부품 받이의 홈에 1개만을 받아들이고 리치 암(reach arm)의 전진에 의해서 분리 작업이 실시된다. 리치 암이 가장 멀리 전진한 곳에서 부품의 중심과 콜릿 척 내에 삽입되어 적재된다.

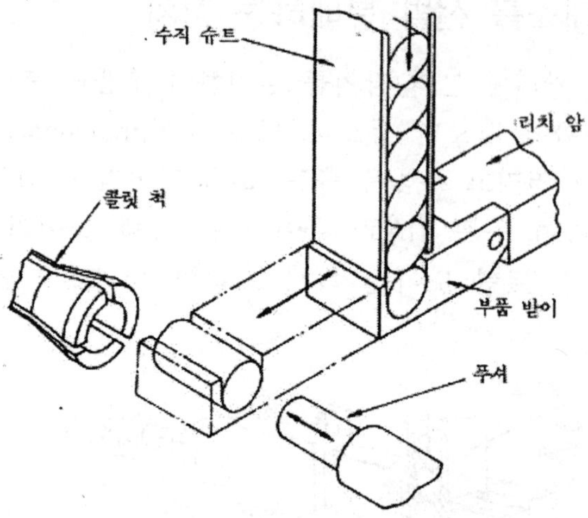

[그림 2-73] 리치 암에 의한 부품의 적재

나. 얇은 부품의 적재

널빤지와 같은 부품의 적재는 다소 어려운 편이다. 우선 슈트 내에 부품의 위치가 문제가 되며, 무게 및 기울기에 대한 문제점, 핑거(finger)의 부품지지 상태 등도 문제점으로 대두될 수 있다.

넘어지는 부품에 대해서는 [그림 2-74]와 같이 진공 흡착을 응용하기도 한다.

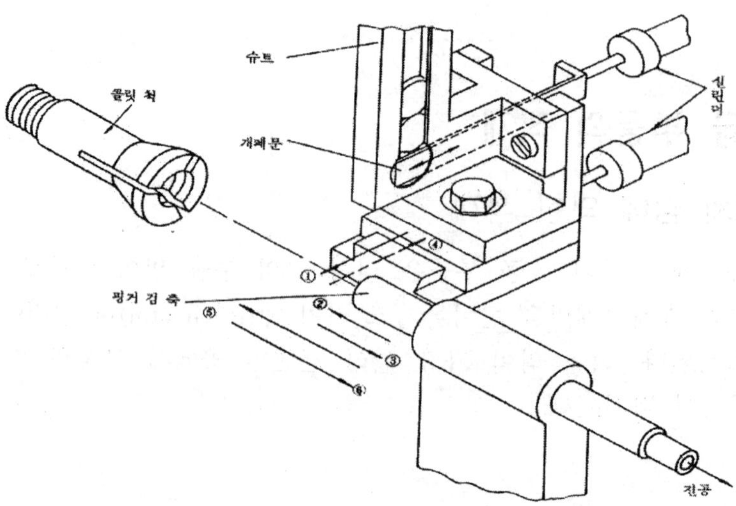

[그림 2-74] 얇은 부품의 적재

그림에서의 동작 순서는 ① 슈트가 중심까지 나간다 → ② 핑거가 빨려 나온다 → ③ 핑거가 되돌아간다 → ④ 슈트도 돌아간다 → ⑤ 핑거가 콜릿 척으로 향한다(잡는다) → ⑥ 핑거가 되돌아간다는 순서로 이루어진다.

다. 매직 핸드에 의한 적재

수직 구멍의 치구(治具)나 척 등에 부품을 적재하는 경우에는 사람의 팔과 손가락에 해당되는 장치가 필요하다. 기계의 손은 상하좌우로 움직이고 잡는 동작을 잘 조합시켜서 적재를 행한다.

[그림 2-75]에서 매직 핸드(magic hand)의 동작은 ① → ② 슈트로부터 부품을 잡는다 → ③ → ⑤ 적재 → ⑥의 사이클(cycle)을 반복한다.

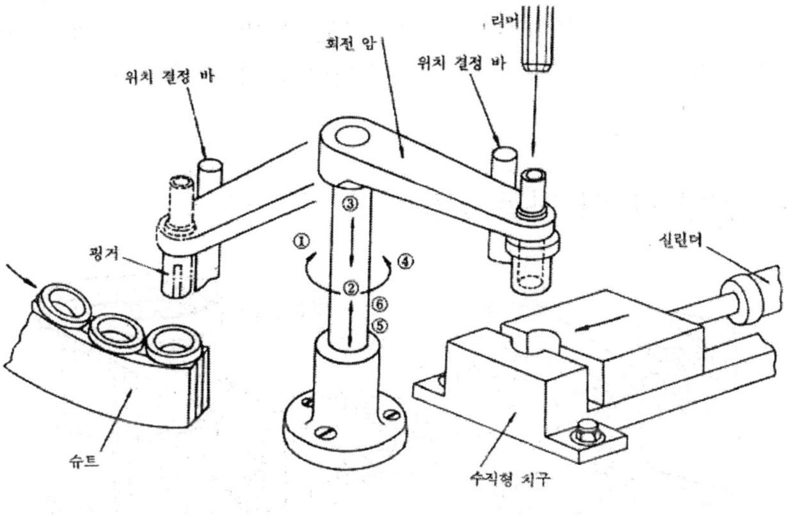

[그림 2-75] 매직 핸드에 의한 적재

라. 태핑 머신으로의 적재

태핑 머신(tepping machine)은 치차를 바꾸어 끊음으로써 탭의 피치(pitch)와 같은 급송이 주축에 걸리는 것이 많아 편리하다.

[그림 2-76]은 태핑 머신을 사용한 자동 공급의 보기이다.

가공 부품에는 돌려 멈추는 것만으로 좋고 부상(浮上)을 멈추게 할 필요가 없어 치구의 청소가 편리하면 부품의 막힘 현상도 방지할 수 있다.

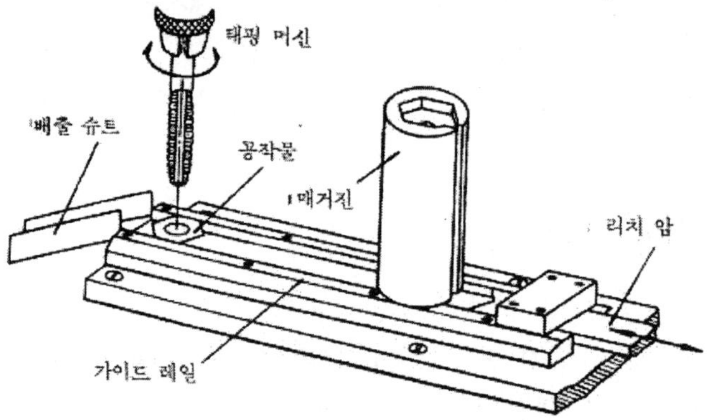

[그림 2-76] 태핑 머신으로의 부품 적재

치구의 가이드 레일(guide rail) 위에 매거진(magazine)을 설치하고 하부로부터 리치 플레이트(reach plate)로 1장씩 분리시키고, 탭의 중심 위치까지 운반·적재하는 것이며 분리하는 것은 적재 부품의 적재력에 의해 배출 슈트로 밀어낸다.

마. 터릿 선반으로의 자동 공급

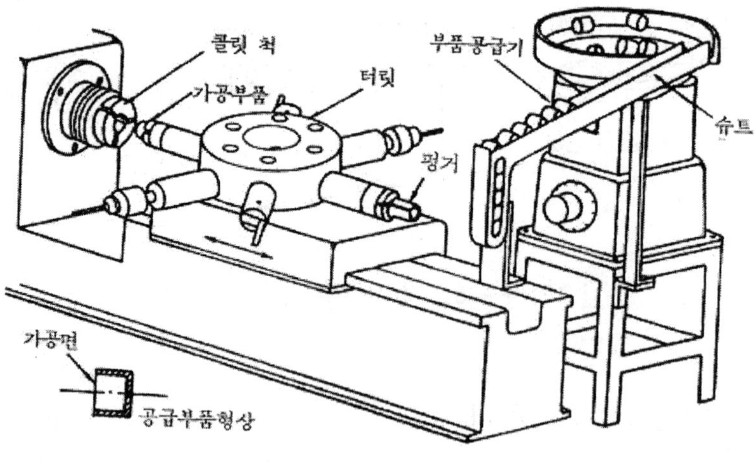

[그림 2-77] 터릿 선반으로의 자동 공급

터릿 선반(turet lathe)의 부품 분리와 콜릿 척으로의 적재를 그 반대쪽에서 하고 있는 보기이다. 부품이 컵 모양이기 때문에 펑거는 안쪽이 열리는 형식으로서 컵에 밀어 넣어서 잡는다.

이 방법은 수직형이나 수평형 터릿에 다같이 응용될 수 있다.

바. 연속 동작 회전 테이블로의 적재

회전 테이블은 보통의 경우 간헐 회전을 하고 정지 시간 내에 적재, 가공, 제거 동작을 한다. 그러나 연속적으로 부품을 가공할 경우에는 테이블을 연속적으로 동작시킨다.

이와 같이 움직이고 있는 치구 등에 부품을 자동으로 공급하려고 할 때는 공급 장치의 공급 부분은 회전 테이블과 공급 시간 중 같은 속도로 회전 운동이 되어야 한다.

[그림 2-78]은 그 한 보기로서 테이블로 심은 시간 조절핀과 공급 장치에 붙여진 시간 조절판으로 자동 공급한다.

시간 조절핀이 시간 조절판을 눌러서 공급 장치를 회전 테이블과 같은 속도로 동작시켜 그 사이에 적재를 한다. 적재가 끝났을 때 핀과 시간 조절판의 관계를 자동으로 하면 공급 장치는 출발 위치로 되돌아간다.

공급 부품의 적재 방법으로는 이외에도 다음과 같은 것들이 있다.

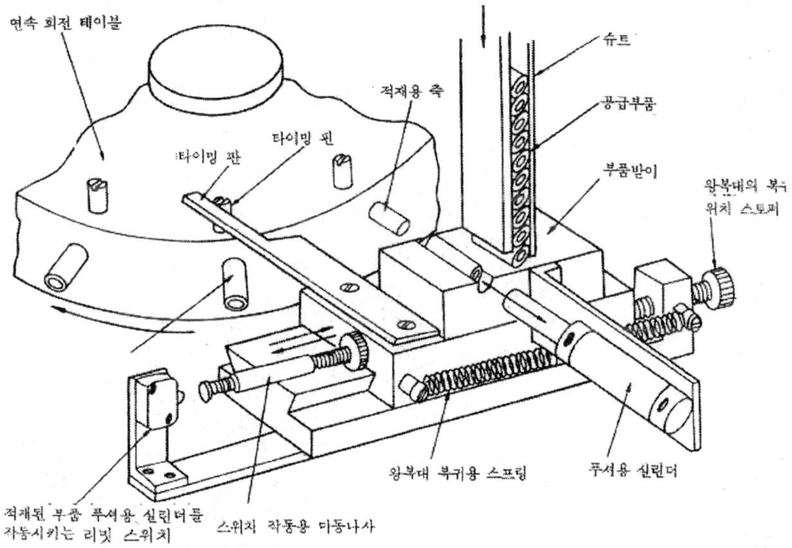

[그림 2-78] 연속 동작 회전 테이블의 적재

① 흡반에 의한 판재의 적재
② 체인을 응용한 긴 막대재의 자동 공급
③ 자기 롤(roll)을 이용한 철판의 적재
④ 운반 롤러(roller)에 의한 긴 막대재의 자동 공급
⑤ 흡진 드럼(drum)에 의한 적재
⑥ 진공 흡착을 응용한 적재
⑦ 볼(ball)을 이용한 긴 막대재의 자동 공급

8. 기타 자동화 기구

가. 간헐 이송때의 이송량 조절 기구

치차, 이송 발톱 및 요동판을 사용하여 간헐 이송하는 장치로서 [그림 2-79]는 이것을 보여주고 있다.

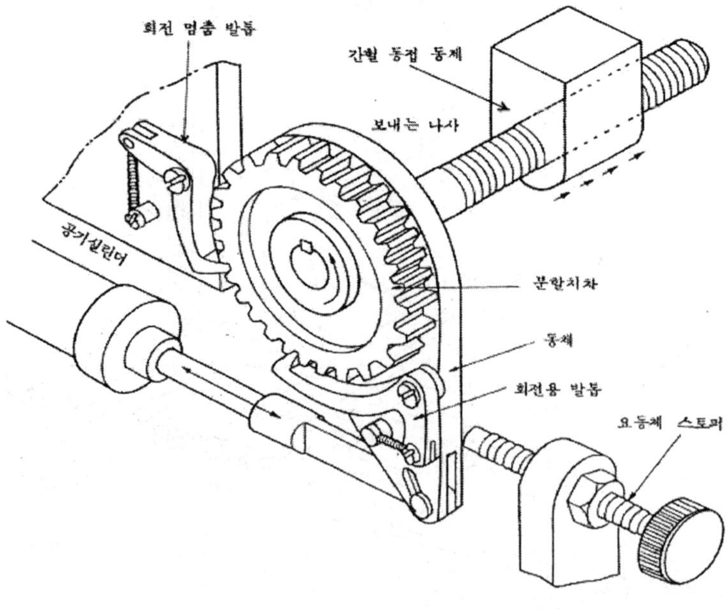

[그림 2-79] 간헐 이송때의 이송량 조절 기구

이송용 나사의 피치를 P, 치차의 이수를 N, 공기압 실린더에 의한 1회 이송의 치차의 수를 n이라 하고 1회 나사 이송량을 L로 하면

ℓ = P×n/N

예를 들어 P=1, N=100, n=10으로 하면, 1회의 나사 이송량

L = 1×10/100=0.1

이 된다.

따라서 이 수 1개의 이송을(n=1)로 하면 L=0.01의 간헐 이송을 얻을 수 있다. n의 조절은 요동판 스토퍼(stopper)로 한다.

나. 분할판을 사용한 리머 가공기

크랭크로 요동 운동을 만들고 걸쇠로 지표판(指標板)을 간헐 이송시킨다. 고속 운전을 하는 경우에는 위치 결정 롤러를 설치해야 한다.

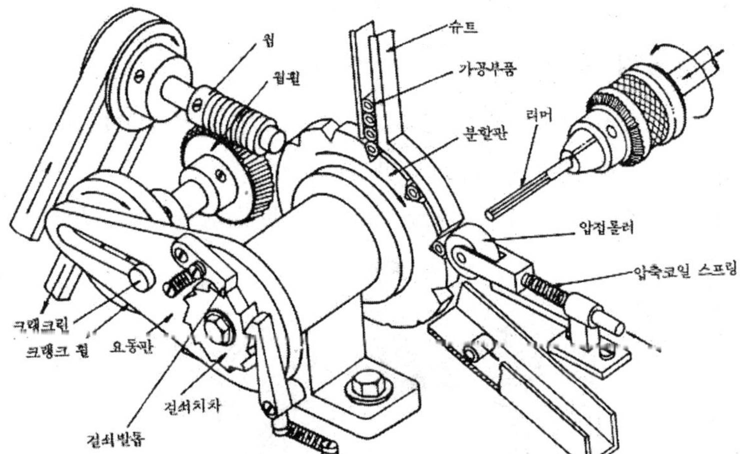

[그림 2-80] 분할판을 사용한 리머 가공기

다. 순차 작동 시간 조절기

전용기 제작에는 부품의 자동 공급 부분, 격쇠 부분, 가공 부분, 그리고 이들을 제어하는 제어 부분이 필요하다.

[그림 2-81]은 마이크로 스위치(micro switch)를 작동시키고 있으나 밸브를 직접 작동시킬 수도 있다. 캠축의 변속에는 치차 교환, 단차에 의한 벨트의 교환,

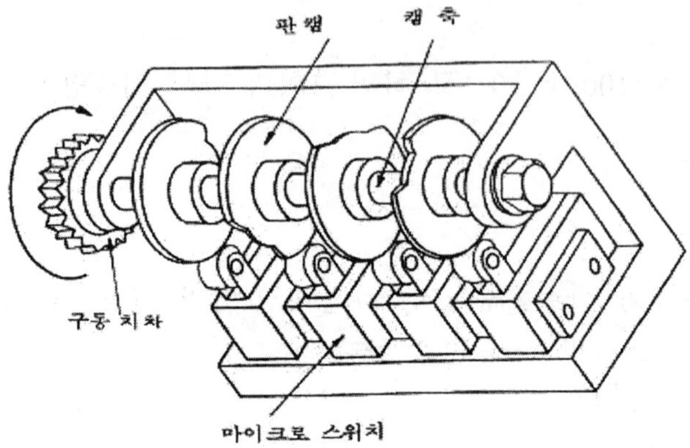

[그림 2-81] 순차 작동 시간 조절기

변속 모터 사용 등의 방법들이 병용된 장치가 채택되고 있다.

라. 판 캠 구동의 행정 변경 기구(行程變更機構)

캠의 이동량은 일정한 것이 보통이나 [그림 2-82]는 캠에 연결되는 레버(lever)의 지지점을 나사로 이동할 수 있도록 한 행정 변경 기구이다.

행정 변경량은 조절 판독(調節判讀)문에서 정확히 읽을 수 있도록 한다.

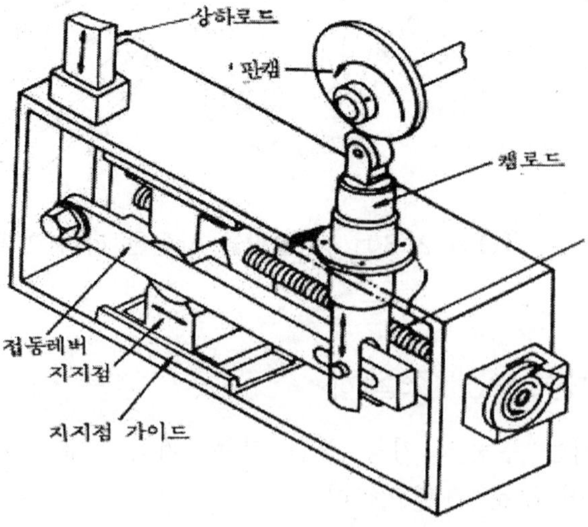

[그림 2-82] 판 캠 구동의 행정 변경 기구

마. 캠에 의한 주축 3분할기구

분할 작업에서 등분수가 많은 경우에는 1회의 분할 이동량은 적으나 등분 수가 2등분 또는 3등분이 되면 분할 이송량은 최대가 되고 링크 확대 기구 등을 연구할 필요가 있다.

[그림 2-83]은 3등분 분할기구의 한 보기이다.

이 기구에서는 분할축의 축 방향에 분할부 전체가 구동되며, 캠 및 캠 레버는 고정되어 있다.

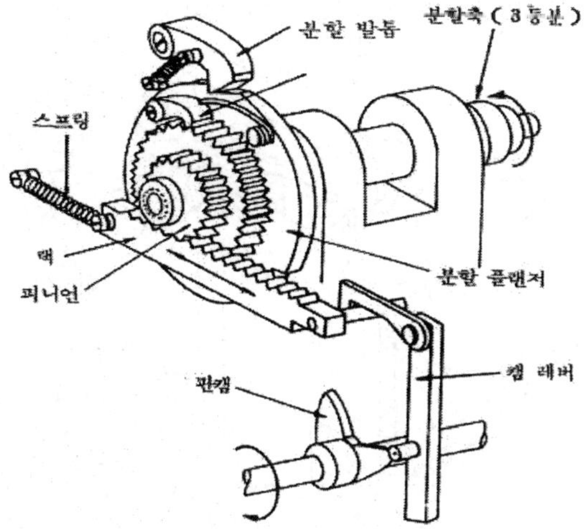

[그림 2-83] 3등분 분할기구

바. 판 캠 구동의 조립 삽입기

조립용의 부품 삽입기로서 [그림 2-84]의 예를 들 수 있다.

슈트로부터 흘러나온 부품은 셔틀(shuttle)로 분리되어 앞으로 밀려나온다. 이때 램이 밑으로 내려와 부품의 바로 위에 도달한다.

셔틀은 부품을 그 선단에 흡착하여 제 위치로 상승시키며, 셔틀이 복귀하면 램으로 다시 밑으로 내려와서 흡착 부품을 삽입한다.

램과 셔틀의 동작은 캠(cam)에 의해 행해지며 삽입 부품 또는 공정의 변경에 대하여 시간 조절을 간단히 할 수 있다.

이외의 자동화 장치로서 다음의 기구들을 이용한 것들이 있다.

(1) 제네버 스톱
(2) 토글(toggle) 기구
(3) 유성 기어 간헐 기구
(4) 캠(cam)과 치차(gear)에 의한 간헐 기구

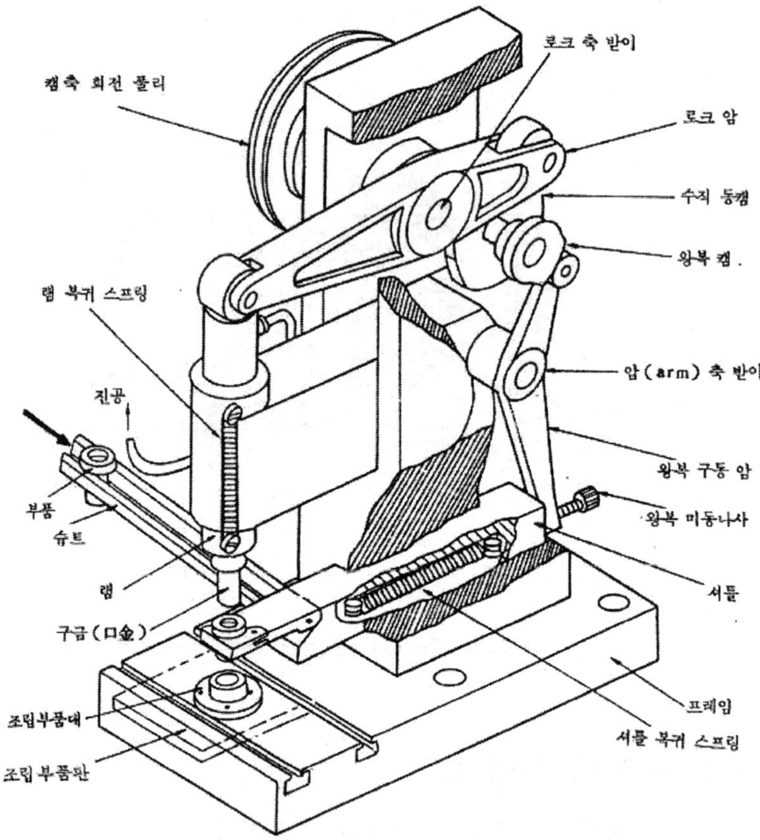

[그림 2-84] 판 캠 구동의 조립 삽입기

제 3 장

Clean Room의 환경구성

3-1 Clean Room의 구성
3-2 Clean Room 시설의 부속 기기
3-3 Clean Room의 공조 시스템

3-1 Clean Room의 구성

1. Clean Room의 개요

공기 부유입자의 농도를 명시된 청정도 수준 한계 이내로 제어하여 오염제어가 행해지는 공간으로 필요에 따라 온도, 습도, 실내압, 조도, 소음, 진동 등의 환경조성에 대해서도 제어 및 관리가 행하여지는 공간을 일반적으로 정의적 개념의 Clean Room이라 한다. 또한 이는 불연성, 단열성, 차음성은 물론 대전 방지 기능을 가지고 종합적, 환경적으로 제어되는 밀폐된 공간을 의미하기도 한다.

이는 불과 수 ㎛ 밖에 안되는 웨이퍼 기판에 LED 소자를 만들기 위한 에피성장 조성 공간은 물론 몇 ㎟밖에 안 되는 크기에 10만 개 이상의 트랜지스터나 저항기를 조립할 수 있는 초(超)고밀도 집적회로(VLSI)나 유전자 조작과 같이 세포 속의 미소한 유전자를 다루는 극미산업(極微産業)에서는 미세한 먼지나 세균도 커다란 영향을 끼친다. 그래서 방 전체의 공기를 여과하거나 펌프로 흡인해서 청결하게 한다. 또한 특별히 그와 같은 방 외에 상자형(箱子型) 실험박스를 넣어서 균이 밖으로 새어나가지 않도록 엄정하게 관리하는 고도안전 실험실도 있다.

가. Clean Room의 적용 공간

LED칩의 에피성장 작업 공간이나 다이본더를 통한 기판위에 위치시키는 작업 및 Epoxy Resin 작업 등의 LED 패키징 작업, 초고밀도 집적회로 작업인 VLSI 공정에서의 먼지는 치명적이다. 더욱이 보통의 인간은 1분간에 수천 개나 되는 먼지의 조각들을 피부・모발・의복 등에서 흩뿌리고 있다. 그러므로 클린 룸에는 가능한 한 사람을 출입시키지 않는 것이 좋지만, 실제로는 사람이 들어가서 작업해야 하는 경우가 대부분이므로 정전기를 차단할 수 있는 카본 막대의 무정전 발생 복장이나 무균복(無菌服)을 입는다.

[그림 3-1] LED 패키징 Clean Room 입실시 간편 복장

이와 같은 복장은 전자 · 의약품 · 식품가공 · 도료 · 자동차 · 통신산업 분야에서 폭넓게 이용된다. 1984년 미국 · 독일 · 일본에 이어 세계에서 4번째로 한국에서도 개발되었는데 합성섬유인 폴리에스테르에 특수도전사(特殊導電絲)를 혼용제직한 것이다. 합성섬유복에서 일어나는 정전기 · 먼지 등의 발생을 근본적으로 방지 또는 차단시킴으로써 무진(無塵) · 무균 상태에서 일할 수 있다. 특수도전사를 사용했기 때문에 저습도하에서도 제전효과(制電效果)가 변하지 않으며, 먼지나 불순물이 옷에 달라붙지 않아 항상 청결감을 유지시키는 등의 특징이 있다.

[그림 3-2] 클린 룸 복장 2

[그림 3-3] 클린 룸 작업자 신발

2. Clean Room의 구조

가. Air Shower Room

일반적으로 우리가 목욕시설의 Shower실에서와 마찬가지로 에어Shower실이나 크린룸으로 자칫 사람 또는 장비에 부착되어 들어갈 수 있는 미세먼지를 흡수하는 장소이다. 에어Shower는 결국은 사람의 몸이나 장비 및 기타 기자재 등에 붙은 먼지를 강한 바람으로 불어서 털어내면 그 먼지가 Air Shower Room 카트리지 필터가 먼지를 흡수하여 깨끗한 바람이 순환되고 이를 반복하는 곳으로 클린룸의 입출입시 반드시 통과하게 하여 작업공간을 쾌적하게 유지하도록 하는 가장 첫번째의 관문이다.

나. Clean Room

위의 개요부분에서 언급한 바와 같이 Clean Room은 미세먼지가 규정치 이하로 존재하도록 만들어진 특수 작업 공간이므로 Clean Room도 룸 안의 먼지 개체 개수를 최소한으로 줄이는 곳이므로 천정이나 측면에 장착된 필터를 주기적으로 교체해주어야만 한다. 또한 바닥이나 벽면에 부착되어 있다고 생각되는 먼지는 물론 실내는 진공청소기로 청소를 하거나 꽉 짠 물걸레로 벽면이나 바닥을 청소해 주어야 한다.

다. 대기 중의 부유입자

대기 중에 떠도는 입자들은 대체로 실조각, 모래입자, 금속분진과 같은 고형입자, 박테리아, 바이러스, 곰팡이 같은 미생물, 담배연기, 화장품같은 미세입자 등이 있으며 심지어 사람의 작은 피부조직(각질)같은 입자도 부유하고 있다. 입자의 크기는 0.001~100미크론의 크기로 다양하며 특히 공기오염이 있는 대도시에서는 1㎥의 공기 중에 0.5미크론 이상의 입자가 약 3억개 이상 존재한다.

라. Clean Room의 규격

일반적으로 클린 룸의 규격은 국가마다 다양하게 제정되어 있지만 미연방규격(U.S Federal Standard 209)이 가장 널리 이용되고 있으며 또한 미연방 공군규격과 세균을 포함시킨 미항공우주국(NASA)규격이 주로 이용되고 있다.

각국의 Clean Room에 관한 규격은 다음과 같다.

한국 : KS B 6741, (KACRA-94-01-001A (1994)
미국 : Federa; Standard 209E (1992)
일본 : JIS B 9920 (1989)
국제 : ISO 14644-1 (1999)
기타 : 독일, 프랑스, 영국, 호주 등도 자국의 규격을 제정하여 사용

마. Clean Room의 단위 및 주요조건

일반적으로 클린 룸은 작업의 종류와 표준에 따라 다양한 조건이 구비되겠지만 LED 패키징 작업공간은 통상 반도체 작업라인에 준하는 조건을 만족하는 것으로 대신하고 있으며 그 조건은 대체로 다음과 같이 정의할 수 있다.

① 청정도(Class) : KS 규격 = 입자수/㎥ , FS규격 = 입자수/ft3 (통상의 청정도)
② 온도(℃) : 22 ± 2℃(LED 패키징 공정), 22 ± 0.5℃(반도체 공정)
③ 습도(% RH) : 55 ± 5% RH (LED 패키징 공정), 50 ± 2% RH (반도체 공정)
④ 조도(Lux) : 500Lux ~ 1,000Lux
⑤ 소음(dB) : 65dB 이하

바. Clean Room 용어정의

Clean Room에 관한 관련 용어는 대체로 아래와 같은 용어들이 많이 사용되므로 이를 정의하여 보기로 한다.

① 청정 : 먼지와 오염이 없는 깨끗한 상태를 말한다.
② 청정도 : 공간의 분위기 중 일정량의 공기 중에 포함한 먼지나 오염의 정도를 말하며, 일반적으로 1ft3의 체적 공기에 포함된 먼지의 수로 표시한다.
③ 청정등급(Class) : 청정실의 청정도를 구별는 Clean Room의 등급으로 다음의 <표 3-1>과 같이 정의한다.

〈표 3-1〉 Clean Room의 등급

Class Name		Class Limits							
		0.1㎛		0.2㎛		0.3㎛		0.5㎛	
KS규격	FS규격	㎥	ft3	㎥	ft3	㎥	ft3		ft3
M1		350	9	75	2	30	1	10	0
M1.5	1	1240	35	265	7	106	3	35	1
M2		3500	99	757	21	309	8	100	2
M2.5	10	12400	350	2650	75	1060	30	353	10
M3		35000	991	26500	214	3090	87	1000	28
M3.5				75700	750	10600	300	3530	100
M4					2140	30900	875	10000	283
M4.5	1000							35300	1000
M5								100000	2830
M5.5								353000	10000
M6								1000000	28300
M6.5	100000							3530000	100000
M7								10000000	283000

* ISO DIS 14644-1 /FED-STD-209E

④ 오염(Contamination) : 공정, 제품의 기능, 신뢰성 등에 결함을 일으키는 것
⑤ 먼지(Particle,dust) : 청정실내에 존재하는 모든 먼지
⑥ 청정실(Clean Room) : 먼지가 제거되고 관리 유지되는 깨끗한 방
⑦ 방진복(Smock, Clean Room Garment) : 사람의 몸에서 발생하는 먼지가 청정실로 빠져 나가지 않도록 착용하는 의복
⑧ 수율(Yield) : 생산된 제품 중 양품이 차지하는 비율

Clean Room을 오염시키는 많은 오염원 중에서 가장 큰 비중을 차지하는 원인은 사람의 출입이다. 상기의 클린 룸 등급은 초기 설치시 기준이므로 오랫동안 사람이나 기자재의 입출입 및 작업라인의 가동으로 인해 발생하는 각종 미립 분진을 제거하기 위해서는 별도의 클린 환경 공조 시스템을 구축해야 하며, 또한 사람이나 기자재의 입출입시는 반드시 Air Shower를 통과하도록 하여 Clean Room에 입실하는 사람의 의복 표면이나 반입물품의 표면에 붙어 있는 먼지 및 미립자를 청정화된 고속의 공기로 불어 부착입자를 제거한 후에 입출입이 되도록 하여야 한다.

결과적으로 클린 룸의 등급은 지속적인 관리와 관심으로만 쾌적한 환경이 유지될 수 있으며 이 유지가 LED 패키징 공정라인에서 작업자 및 기계적 결함으로 발생하는 불량 외의 환경적 요인을 제거할 수 있다.

사. Clean Room의 구조 설계

클린 룸을 구축하기 위한 일반적인 회사의 설계 도면을 [그림 3-4]에 예로 표현하였다. 우선 클린 룸의 쾌적 환경을 위한 공조 시스템은 필수적으로 구비되어야 하며 이는 클린 룸에서 발생하는 각종 오염원을 제거하고 새롭고 신선한 청정 공기를 생산하기 위한 시스템이다. 아울러 Clean Room 입출입을 위한 의복 및 안전장비를 보관할 시설과 이들을 우선 세정할 세정 공간이 구비되어 있어야 하며 최종적으로 클린 룸의 입출입을 위한 Air Shower실, 분진 흡진 공조 덕트 시설 및 환기구 및 필터 등이 설치되어 있음을 알 수 있다.

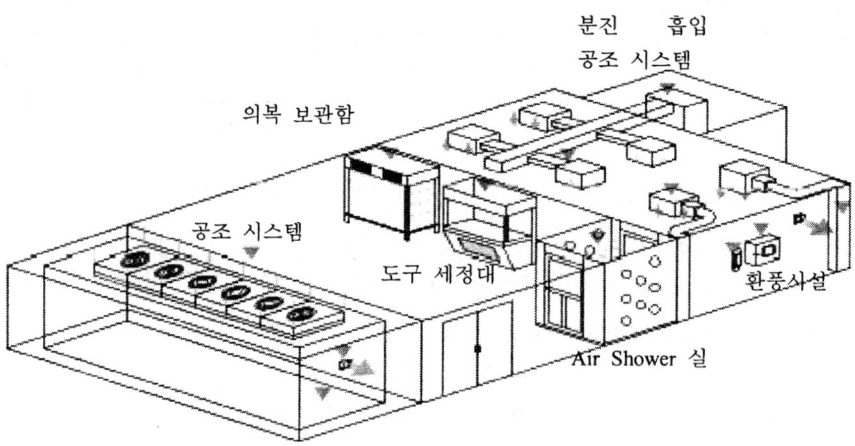

[그림 3-4] LED 및 반도체 패키징 작업 라인의 공조 클린 설비

Clean Room의 공간에서 발생하는 미립자의 현황을 <표 3-2>에 정리하여 보았다. 이 표에 의하면 사람의 동작에 의해서 발생하는 미립물이 얼마나 많은 클린 환경에 영향을 미친다는 사실을 알 수 있다. 더구나 <표 3-2>는 무진의(먼지 발생을 억제하는 복장)를 착용한 후의 동작이다.

〈표 3-2〉 사람의 동작과 분빈 발생 입자

동 작	0.3㎛ 이상 입자/min(무진의 착용)
정 지	100,000
손, 발, 머리의 부분 동작	500,000
몸전체의 보통 동작	1,000,000
몸굽히기 운동	2,500,000
보 행	10,000,000

아. Clean Room의 세정 시설의 구비 조건

Clean Room의 출입을 위한 사람이나 기구, 안전장비 등을 세정하기 위한 작업 공간의 설치 조건을 나열하면 다음과 같다. 이는 어디까지나 사람의 작업환경을 고려한 구비 조건임을 기술하고자 한다.

① 분해, 조립형으로 현장 반입 및 설치가 용이하여야 한다.
② Air Shower의 공간은 전용 Fan에 의한 강력한 공기를 취출시켜 의복 및 물품의 표면에 부착된 오염원을 제거하여야 한다.
③ Shower 시간은 타이머에 의하여 순간(5~30초) 조정이 가능하여야 한다.
④ Shower실은 입실 후 문이 자동으로 가동되며 Clean Room측 문은 Interlock 장치가 부착되어 있어 Shower가 끝나야 입실이 가능하도록 설계되어야 한다. 즉 작업이 진행되지 않았는 데 작업자가 임의로 문을 열고 출입이 될 수 없도록 상호 보완 장치가 필요하다.

일반적으로 Air Shower Controller는 마이크로프로세서 제어방식으로 설계되었으며, 인체감지 센서가 내장되어 있어 사용자가 편하게 이용하게 제작되어 있는데 상용화되고 있는 조정장치와 여러 형태의 Air Shower Room의 형태를 보여준다.

Clean Room 내의 공조 시스템 및 Air Shower의 방식은 기류의 흐름을 고려하여 설비되어야 하는 데 사용목적, 청정도, 작업내용에 따라 기류 방식은 수직층류, 수평층류, 비층류 방식 3가지로 구분되며 수직층류와 수평층류 방식은 Class 100~1000에 적용되며, 비층류 방식은 Class 10,000~100,000에 적용된다.

대개 수직층류 방식은 천정면의 80% 이상을 필터로 장착하여 층류를 취출시켜 바닥으로 순환하는 방법이다. 천정에서 취출된 청정공기는 최단거리로 환기되기 때문에 청정도 Class 10~1,000에 제일 적합한 방법이다.

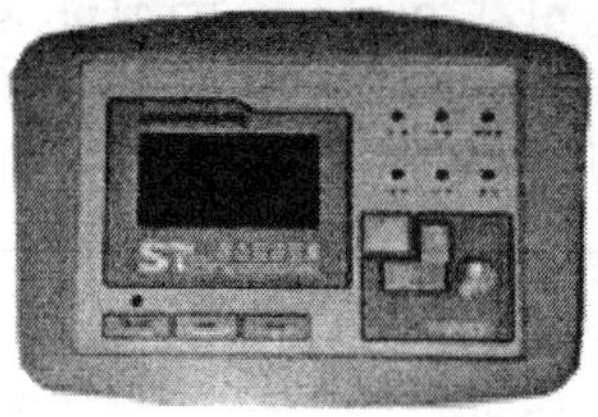

[그림 3-5] 디지털 클린 룸 제어기

[그림 3-6] 대차용 Shower Room

[그림 3-7] 대차용 Auto Shutter Set

[그림 3-8] 동굴타입 Shower Room

수평층류식은 벽면의 한쪽에 필터를 설치하여 층류를 형성하여 취출시키고 반대측의 벽면으로 환기시켜 순환하는 방법이다. 청정도 Class 100~10,000에 비교적 적합한 방식이다.

또한 천정의 일부에 필터를 설치하고 취출되는 공기를 가능한 한 바닥쪽의 벽면을 통하여 순환시키는 방법도 고려될 수 있는데 공조 덕트의 취출구에 필터 유니트를 설치하는 것도 가능하다. 청정도 Class 10,000~100,000에 적합하다.

〈표 3-3〉 Clean Room 출입을 위한 Air Shower 사양 예

Spec		Model		
		ST-12	ST-34	ST-56
Air Volume		28 m³/min	56 m³/min	84 m³/min
Dimension		1500W x 1000D x 2200H	1500W x 2000D x 2200H	1500W x 3000D x 2200H
Air Velocity		25 ~ 30m/sec		
Efficiency		0.3㎛ 99.97% (D.O.P Test)		
Zet Nozzle Q'ty		18	36	54
Fluorescent Lamp		20w x 1EA	20w x 2EA	20w x 3EA
Fan & Motor (1.5HP)		1.125 Kw	1.125 Kw x 2EA	1.125 Kw x 3EA
Filter	Pre Filter (1st)	840 x 520 x 20D (Polyester Non-Woven)		
	HEPA Filter(2nd)	610 x 610 x 150D x S.C (Glass Fiber)		
Body		Steel+분체도장 & Stainless Steel Plate		
Power Source		AC 220V / 380, 3Ø, 60Hz		
Weight(Kg)		250	500	750

3-2 Clean Room 시설의 부속 기기

1. Clean Booth

Clean Booth는 청정공간이 필요한 곳에 국부적으로 설치할 수 있으며 Fan Filter Unit를 통해 유입된 공기가 수직층류, 혹은 난류방식으로 Booth내로 취출되므로 요구되는 청정도를 얻을 수 있는 값싸고 간편한 설비이며, 청정도는 Clean 100~100,000까지 요구하는 완벽한 환경구현이 가능하며 Unit의 조합에 의하여 넓은 범위까지 청정화가 가능하여 전자정밀 기계의 무진공간과 의약품 및 식품 등의 충진, 포장과 같은 무균공간에 매우 적합한 장비이며 하부에 Caster가 장착되어 있어 이동이 가능한 클린 환경 시설이다. 이는 간이적으로 또는 회사의 임의의 위치에 설비가 필요할 경우 유효하게 사용할 수 있으며 다음의 그림에 상용화된 시설물을 볼 수 있다.

[그림 3-9] 무정전 비닐 클린부스

[그림 3-10] 무정전 아크릴 클린부스

2. Relief Damper

Clean Room은 실내압을 조정하는 것이 청정도를 유지하는데 있어 중요한 Point가 된다. 이를 위하여 사용되는 부속기기로 Relief Damper는 항상 안정된 미압차를 유지시켜 부유분진이나 미생물의 침입을 막으며 압력차에 인한 Door의 순간적인 개폐 등의 사고를 방지함과 동시 Clean Room 내의 돌발적인 압력 변화에도 민감하게 반응, 공기의 역류없이 실내의 압력을 설정된 채로 유지시켜 준다. 이와 같은 Relief Damper의 구비 조건을 나열하면 다음과 같다.

① 별도의 전기나 기타 동력원이 사용되지 않아야 한다.
② 미압차에도 안정, 정확하게 작동해야 한다.
③ 미압차에도 작동이 빠르고 역류가 없어야 한다.
④ 기구가 간단하고 단순하여 신뢰도가 높아야 한다.
⑤ 압력 조정이 매우 간단하여야 한다.
⑥ 설치가 용이하여야 한다.
⑦ 모든 벽 두께에도 대응이 가능하여야 한다.

〈표 3-4〉 Clean Booth의 상업용 사양 예

Spec		ST-40A	ST-60A	ST-90A	ST-40B	ST-60B	ST-90B	ST-40C	ST-60C	ST-90C
Cleanliness Level		Class 100			Class 1,000			Class 10,000		
Dimension	W mm	2,000	3,000	3,000	2,000	3,000	3,000	2,000	3,000	3,000
	D mm	2,000	2,000	3,000	2,000	2,000	3,000	2,000	2,000	3,000
	H mm	2,400	2,400	2,400	2,400	2,400	2,400	2,400	2,400	2,400
Body		Steel Plate+분체도장 & Stainless Steel Plate								
Wall		Anti Static Vinly Curtain(0.3t 일산)								
삼각등(32x2구)		1	1	2	1	1	2	1	1	2
Pre Filter (1st)		680x450x20D								
		1	2	2	1	1	2	1	1	2
HEPA Filter(2nd)		610x610x150D			610x915	610x762	610x762	610x610	610x915	610x915
		4	6	9	2	4	6	2	2	4
Air Volume (CMM)		68	102	153	54	88	132	34	54	108
Power Source		AC 220V, 1Ø, 60Hz								
Weight		290kg	450kg	630kg	270kg	430kg	610kg	250kg	410kg	600kg

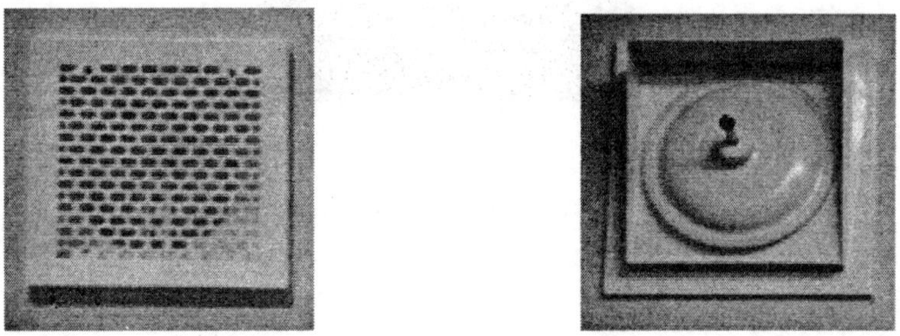

(a) 앞 면　　(b) 뒷 면

[그림 3-11] Relief Filter

3. Pass Box

Clean Room 및 Bio Clean Room에 있어서 청정도를 유지하고 먼지 및 진균 등의 유입을 방지하기 위하여는 인원이 출입과 이동을 최소한으로 억제하는 것이 중요하다. Pass Box는 청정구역과 비청정구역의 경계에 설치하여 사람이 출입하지 않고 물품이 출입을 가능케 하여 오염공기의 유입이나 청정공기의 유출을 막는 장치이다.

표준형 Pass Box는 Clean Room용으로서 제일 많이 사용되고 있으며 한쪽의 문을 열면 반대쪽의 문이 열리지 않는 Interlock 장치가 붙어 있고 살균형 Pass Box는 내측에 U.V Lamp로서 물품의 표면을 쬐어 살균하는 기능을 갖고 있다. 또한 외부와 물품의 이동 필요시는 Showering Pass Box를 설치하여야 한다. 이와 같은 시설은 별도의 완충지대가 있어 마치 운하를 통하여 배가 다른 위치로 이동하는 것과 같은 도크 장치와 같은 역할을 할 수 있도록 시설하는 것이 필요하다. [그림 3-12]는 간단한 Pass Box의 구조이다.

[그림 3-12] Pass Box

4. 항온 · 항습기

LED 및 반도체 패키징 작업 공간 및 전산실 및 정밀 제어실 등은 열팽창과 내부 응결 및 정전기 발생 등으로 인하여 Main 장비 등이 손상을 입을 수 있다. 이와 같은 시설의 손상을 방지하기 위해서 Clean Room과 같은 정밀 작업 공간은 항상 현열과 잠열을 일정하게 유지되도록 설계된 시스템이 필요하다. 이를 위해서 일반적으로 설치하는 항온 항습기의 구비 조건은 다음과 같다.

① 자동 온도 · 습도 조정 방식으로 손쉽게 Setting 가능하여야 한다.
② 항상 일정한 온도 · 습도를 유지할 수 있어야 한다.
③ 실내의 Fume, Mist, 먼지 등을 포집할 수 있어 항상 신선하고 쾌적한 상태를 유지할 수 있어야 한다.

3-3 Clean Room의 공조 시스템

1. 공기압의 발생 장치

가. 공압기기의 개요

압축기나 송풍기 등에 의해 기계적 에너지를 공기(또는 기체)의 에너지로 변환해 압축공기를 압력제어밸브, 유량제어밸브, 방향제어밸브 등에 의해 적당히 제어하여 환풍기 또는 공압모터, 송풍기 등의 액추에이터(actuater)에 공급함으로써 그 출력을 부하의 요구에 적합한 기계적 에너지로서 꺼내는 일련의 응용기기를 공압기기라 한다. 이의 공압장치를 각 부분별로 구분하면 다음과 같이 정리할 수 있다.

① 공기압원 장치 : 압축기(1.0 이상), 송풍기(블로어 : 0.1~1.0, 팬 0.1미만 = 1000mm Aq)
② 공기 청정화 장치 : 공기압 필터, 후부 냉각기, 에어 드라이어 등
③ 윤활기기 : 루브리 게이터, 사출 급유기
④ 제어밸브 : 압력, 유량, 방향제어밸브 등
⑤ 액추에이터 : 공압실린더, 요동형 액추에이터, 공기압 모터
⑥ 제어기기 : 검출기, 연산기
⑦ 기타 : 유압, 공기압을 조절한 증압기, 소음기, 배관 조인트 등

나. 압축기

압축기(air compressor)는 전동기나 내연기관 장치를 이용하여 외부의 에너지 즉 공기를 흡입하여 각종 기계적 기구의 동작을 통하여 흡입된 공기를 응용 가능한 압력까지 압축하여 적절한 기구를 통하여 토출 또는 송풍하는 기능을 가진 공기압 변환 장치이다.

다. 압축기의 종류

우리가 일반적으로 구분하는 압축기와 송풍기는 아래와 같이 구분하며 압축기는 대기압보다 훨씬 높은 압력을 발생시켜 압력에너지를 다른 일에 효율적으로 응용하기 위한 장치이며 송풍기는 LED 패키징 작업공간이나 Clean Room과 같은 쾌적환경을 위한 공조 시스템에 응용되는 장비로 이해할 수 있다.

[그림 3-13] 공기 압축기의 대표적인 왕복 피스톤 압축기

① 압축기 : 날개바퀴, 회전자의 회전운동, 피스톤의 왕복운동에 의해 기체를 압송하여 그 압력비가 2이상, 토출공기의 압력이 1kgf/㎠이상인 기계
② 송풍기 : 압력비가 1.1이상, 2.0미만, 토출공기의 압력이 1kgf/㎠미만인 기계
③ 블로어 : 0.1~1.0kgf/㎠, 팬 : 0.1미만
④ 진공펌프 : 대기압 이하에서 사용
⑤ 사용압력의 범위 : 보통 10kgf/㎠ 이하(경하중, 중하중의 작업에 적당) 1단형은 10kgf/㎠까지이며, 2단형은 30kgf/㎠까지, 송풍기의 경우 1kgf/㎠미만의 압력으로 다량의 공기 필요시 사용한다.

라. 압축기의 분류

(1) Turbo형

날개의 회전운동에 의하여 공기에 에너지를 부여하고 이 에너지를 압력으로 변환하는 방식으로 일반적으로 Clean Room과 같은 환경의 공기 순환 또는 송풍용으로 많이 사용하며 그 종류는 축류식은 공기의 흐름이 날개의 회전축과 평형이 되도록 하여 압축하는 방법과 원심식은 회전축에 대해 방사상으로 흐름이 일어나도록 하여 압축하는 방식으로 이는 대개 공조시스템을 중앙에 집중하고 건물내는 공조 덕트 시스템을 구축하여 각 실에 쾌적한 공기를 공급할 수 있도록 하는 압축기이다.

(2) 용적형

이는 일반적인 압력에너지를 얻기 위한 압축기의 형태로 외부의 에너지를 이용하여 기계적 운동을 통한 압축실의 용적 변화에 의한 공기를 압축하는 형태이다.

종류로는 왕복식은 압축실의 용적 변화를 왕복운동(피스톤과 실린더)에 의해 얻는 방식이고 회전식은 회전자의 회전운동에 의한 용적 변화에 의하여 압력에너지를 얻는 방식으로 Turbo형보다는 고압을 얻을 수 있으나 용량면에서는 Turbo형보다 다소 부족하다.

(3) 출력에 따른 분류

압축기는 발생하는 출력에 따라 다음과 같이 분류할 수 있다.

① 압력 : 저압 = 10~0kgf/㎤, 중압 = 10~15kgf/㎤, 고압 = 15kgf/㎤이상
② 소형 : 0.2~14kW, 중형 : 15~75kW, 대형 : 100kW 이상, 특수형 : 1000kW 이상

마. 압축기의 원리와 구조

(1) 왕복 피스톤 압축기

왕복 피스톤 압축기는 압축하려는 공기를 일정한 용적의 공간을 우선 대기압보다 낮은 상태로 만들어 대기의 공기를 흡입한 후 공기의 흡입장치를 단절시킨 후 기계적 작동을 통하여 압축하고 공기 탱크로 통하는 밸브를 Open시켜 압축공기를 저장하는 방식으로 다음과 같이 구분할 수 있다.

① 왕복운동을 하는 피스톤, 다이어프램에 실린더 내의 용적 증가하는 행정에서 흡입 밸브로부터 대기를 흡입
② 감소하는 행정에서 압축하여 압력이 토출 기압력에 달한 점에서 토출 밸브로 배기

③ 단동형 - 편 행정에서만 압축
④ 복동형 - 피스톤 왕복의 양 행정에서 압축
⑤ 냉각 방식

일반적으로 공기를 냉각하면 외부로부터의 에너지가 차단된 상태에서의 체적 변화가 일어나는 단열압축과 같은 효과를 나타낸다. 이때 압축된 공기는 온도가 상승하게 되는데 이는 Clean Air 생산에 절대적으로 불리한 현상으로 이를 냉각하여 줌으로써 쾌적한 공기를 얻을 수 있으며 냉각 방법으로는 공냉식은 플라이휠 풀리에 날개를 붙여 그 회전에 의해 냉각하는 방식이며 수냉식은 실린더, 실린더 헤드 등의 외주에 워터 자켓을 설치하여 차가운 물을 흘림으로써 온도를 냉각하는 방법이다.

[그림 3-14]는 별도의 냉동장치를 통하여 냉각하는 방식을 표현한 그림이다.

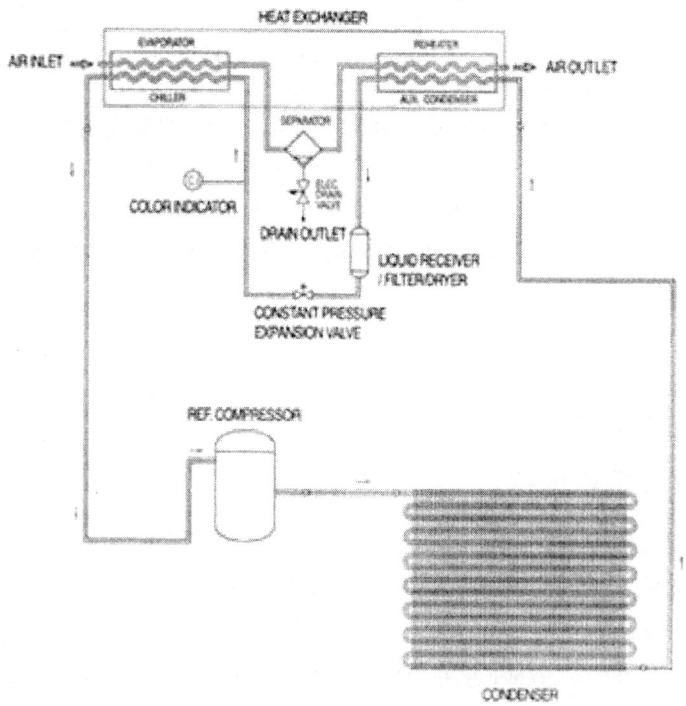

[그림 3-14] 공기 청정 방식

(2) 나사 공기 압축기

(가) 트윈 스크류형 공기 압축기

나사 압축기는 수 회전자, 암 회전자가 서로 맞물려 공간에 밀실을 형성하여 회전자의 회전으로 밀실의 용적이 감소되어 압축이 되는 현상으로 피스톤 압축기와 같은 토출공기의 맥동이 없다.

(나) 싱글 스크류형 공기 압축기

회전자 1개와 2매의 게이트 회전자로 구성된 압축기로 나사 회전자의 회전이 진행됨에 따라 회전자 홈의 틈 용적이 축소해 공기가 압축되는 원리를 이용한다.

나사 공기 압축기의 특징은 회전부가 평행되어 있기 때문에 고속 회전이 가능하고 진동이 적으며 저주파 소음이 없고 소음대책을 세우기 용이한 점과 연속적으로 압축공기가 토출되므로 맥동이 없으며 용량이 큰 탱크가 불필요하고 압축실내의 접동부가 적으므로 무급유 시방이 가능하다는 장점이 있어 최근에는 피스톤 압축방식보다 쾌적한 공조 시스템을 구성하는 데 이용이 증가하고 있는 추세이다.

(3) 베인공기 압축기

환형의 밀폐된 공간의 실린더 내에 축과 편심한 회전자 설치하여 회전자의 홈에 베인(vane)을 삽입하여 회전을 하게 되면 베인은 회전의 원심력에 의하여 게이식 외벽까지 돌출하게 되고 이 돌출된 베인은 인접한 베인간 회전과 함께 용적 변화에 의한 압축을 실시하게 된다. 이때 베인형 공기 압축기는 흡입 밸브나 토출밸브가 필요 없이 간단한 카트리지 방법으로 구성이 가능하고 일반적으로 베인의 개수는 6~12매가 보통 사용되며 스크류 압축기와 같이 토출 공기의 압력맥동이 적고 연속적으로 사용되므로 공기탱크를 사용하지 않아도 되는 특징을 가진다.

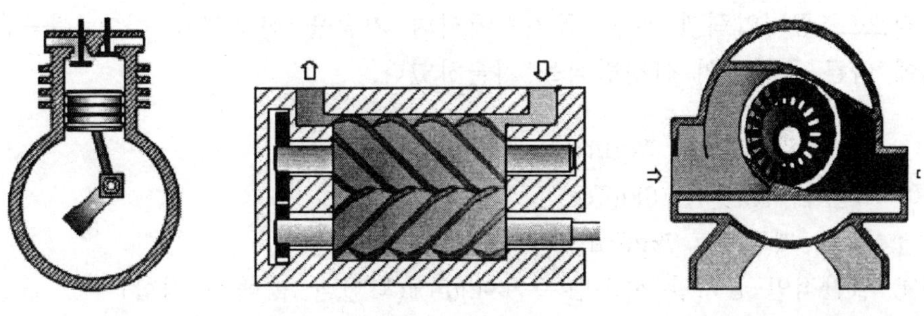

[그림 3-15] 공기 압축기의 원리(피스톤, 스크류, 베인압축기)

(4) Root blower

루트 블로어 압축기는 회전자의 2개의 날개 누에고치형 또는 고리형 모양의 회전자를 90°위상으로 설치하여 회전자를 미소한 틈을 유지하며 서로 역방향으로 회전하면서 공기를 압축하는 방식이며 접촉형이므로 무급유 소형, 고압송풍 등에 사용하고 토크 변동이 크고 소음이 큰 단점이 있다.

(5) Turbo 공기 압축기(송풍기)

일반적으로 LED 패키징 라인과 같은 작업공간은 압축된 공기는 각 공정별 장비에 응용되지만 Clean Room 공간의 쾌적한 작업환경 구성을 위해서는 그렇게 높은 압력은 필요하지 않다. 따라서 터보형 공기 압축기를 사용하여 강제 송풍으로 공기의 흐름을 구성할 수 있다.

터보형 공기 압축기는 날개 바퀴를 고속 회전시켜 기체의 운동량을 증가시켜 공기의 압력, 속도를 높이는 방법으로 축류식, 원심식(반경류) 방법이 있고 이의 특징은 아래와 같다.

① 진동이 적고 고속회전 가능하며 토출공기 압력의 맥동이 없다.
② 압축부의 윤활유를 필요치 않으므로 무급유 시방이 가능하다.
③ 각종 플랜트, 고로(高爐) 등의 대용량, 대형에 적합하다.
④ 공기압 시스템의 공기압원으로 사용되는 일은 적다.

바. 공기 압축기의 선정

(1) 공기 공급량

공기 압축기는 압축기가 단위시간당 공급할 수 있는 공기의 체적을 말하는 공급량, 즉 공기량을 기준으로 선정해야 하며 이론적으로는 계산된 체적을 말한다. 일반적으로 공기압력과 토출 공기량에서의 기종을 선정해야 하며 다음은 사용기계에 따른 공기압의 선정방식을 기술하였다.

① 프레스 기계용 : 7kgf/㎤
② 공기압 실린더 : 5kgf/㎤
③ 도장, 계장용 : 7kgf/㎤
④ 일반적인 공기압 시스템 : 7~9kgf/㎤(회전식, 왕복식 적합)

(2) 공기 압축기의 대수

공기 압축기는 대개 1대의 시설로 충분하나 정밀한 작업을 요하는 공간은 고장시 작업 중지에 의한 손해 방지를 위하여 과대한 사용으로 인한 공기압 기계의 부하 변동에 의한 대처하기 위한 방법으로, 보전과 사용 효율면에 대한 고려 등으로 일반적인 방식으로 2대가 최량의 방법이라고 말할 수 있다.

(3) 무급유식 공기 압축기의 특징

공기 압축기 중에서 의약품 식품가공 공장에서는 기름이 섞이지 않는 공기를 얻기 위한 무급유 시방 압축기를 응용할 수 있는 데 이의 특징은 다음과 같다.

① 청정한 압축공기를 얻을 수 있다.
② 고온, 고압하에서 유분이 탄화, 퇴적되는 일이 없으므로 점검기간이 길다.
③ 내부의 윤활이 필요 없다.
④ 드레인은 수분뿐이므로 자동 배수밸브가 막히는 일은 적다.
⑤ 급유식에 비해 가격이 고가이나 수명은 떨어진다.

(4) 공기 탱크

공기압 사용 에너지의 장점은 정전시에도 압축공기를 이용할 수 있는 장점이 있으며, 또한 일시적으로 다량의 압축공기가 사용되어도 공기압력의 저하를 최소한으로 멈추어 공기압 시스템의 안정에 기여할 수 있게 하기 위하여 공기 탱크를 사용한다. 이는 공기 압축기에 여유가 있을 때에는 공기 압축기의 운전 간격을 둘 수 있어 에너지 절감 효과도 있을 뿐만 아니라 위에 언급한 바와 같이 정전시에도 일정시간 공압 운전이 가능하고 토출공기 압력의 맥동을 방지할 수 있다.

(5) 소 음

공기를 이용하는 설비에서는 많은 소음이 발생한다. 특히 왕복동식 피스톤 압축기는 고압을 발생하기 위한 소음이 필수적으로 따르므로 이 소음은 법규제가 수반되므로 설치장소 선정 및 소음대책을 수립하여야 한다.

따라서 사용자는 가급적 저소음 압축기를 선정(왕복 공기 압축기는 특유의 저주파 진동 소음이 발생하나 회전공기 압축공기는 소음이 낮음)하여 사용하는 방법을 고려하여야 한다.

(6) 압축기의 환경관리

공기 압축기는 공급되는 압축공기의 최초 발생시점이라는 관점에서 오염원과 멀리 떨어지게 하거나 압축된 공기의 냉각 및 주위 환경에 영향을 받을 수 있으므로 관리가 적절히 진행되어야 한다.

(가) 압축기의 설치 조건

압축기의 설치 조건을 살펴보면 다음과 같다.

① 저온·저습 장소에 설치하여 드레인 발생을 억제할 수 있는 공간에 설치한다.
② 지반이 견고한 장소에 설치(하중 5톤이 되고 접지 설치)한다.
③ 유해 물질이 적은 곳에 설치한다.
④ 압축기 운전시 진동을 고려(방음, 방진벽을 설치)한다.
⑤ 우수 염풍, 일광의 직접 노출을 피하고 흡기필터를 부착한다.

(나) 압축기 주위의 처리

언제나 청정한 압축공기를 위한 주위의 관리조건을 열거하면 다음과 같다.

① 윤활유 산화오일 제거 필터를 부착하고 애프터 쿨러를 설치한다.
② 공기 탱크를 설치(압력 변동을 피하고 온도 안정유지)한다.
③ 수평관로의 배관은 드레인 배출을 용이하게 1/100의 구배를 부과한다.

(다) 압축기의 보수

① 공기의 흡입상태, 흡입필터를 점검한다.
② 윤활유 및 냉각수를 점검한다.
③ 정기적으로 점검하여 표를 작성, 비치한다.

2. 공기정화 시스템

가. 공기 청정화 기기의 기능

압축공기에 포함된 먼지, 유분, 수분 등의 오염물질(contaminant)을 요구정도에 기초한 기준값 이내로 제거(1㎥ 공기내에 먼지입자 1억 4천만개, 크기 1㎛이하가 80%)하는 기능을 담당하도록 청정기능이 요구된다.

이는 압축공기의 경제성, 신뢰성, 안정성, 보수, 관리 등에 목적이 있으며 공기압 시스템 내에 이물질 포함시 소음기 오염, 에어필터의 오염, 실린더 밸브의 마모를 촉진함으로써 수명을 단축시키는 원인을 미리 제거할 수 있게 하기 위함이다.

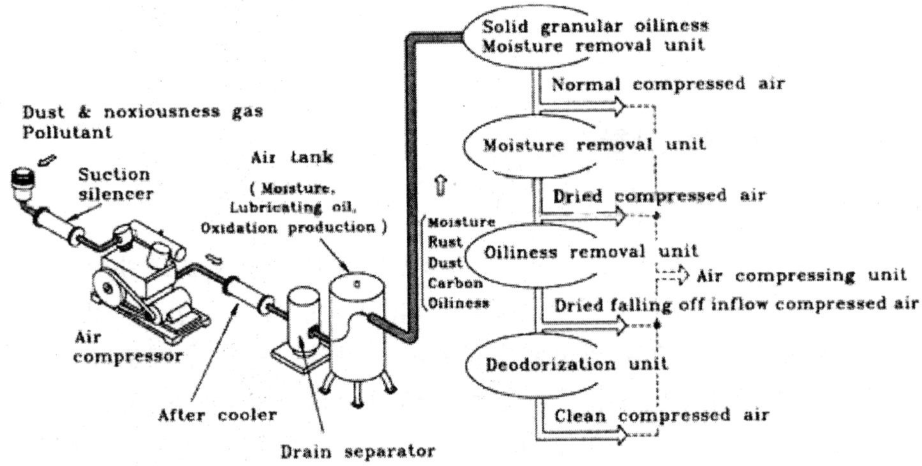

[그림 3-16] 공기 청정 시스템의 구성도

나. 오염 물질의 발생원인

압축공기 내의 오염 물질은 첫째로 시스템 외부에서 혼입하는 오염 물질로 아래에 열거한 것 등이 있다.

① 먼지(분진, 매연, 금속가루, 시멘트분, 섬유가루 등)
② 유독가스와 유해 물질(황화수소, 아황산가스, 용재가스 등)
③ 습기 및 기타 오염 물질 등

다음에는 시스템 내부에서 발생하는 오염 물질로는

① 수분(드레인) : 압축공기 속의 수증기 응축작용으로 발생, 대기속에 40~80%의 수분을 함유)
② 공기압축기의 윤활유와 산화생성물
③ 접동부에서 발생하는 금속분
④ Seal재, 파손편이 있다.

특히 압축공기를 이용한 액추에이터의 슬라이딩 부분에서는 Gumming 현상이 발생할 수 있으며 이는 윤활된 부품이 일정기간 경과 후 (주말, 공휴일) 윤활유 및 기타 이물질이 고착되어 기능이 저하되는 현상으로 압축기에서 유입되는 윤활유 및 먼지는 반드시 제거해야(먼지의 크기 : 0.01μm~0.003mm 이내) 한다.

* 공기압 필터의 여과는 ㎛로 표시한다(mesh- 1″의 칸의 수).

다. Drain의 발생의 고찰

(1) 드레인의 발생원인

압축공기는 단열압축된 공기이므로 일반적으로 대기중에 포함된 수증기도 동시에 압축되어 있는 상태일뿐만 아니라 온도가 높기 때문에 포함할 수 있는 포화수증기량도 동시에 크게 되므로 압축공기 중에는 다량의 수증기가 내포되어 있다.

이와 같은 압축공기내의 수증기는 온도 강하에 의한 포화수증기량이 저하되므로 응축현상이 생겨 작업기계에 손상을 주거나 이상 작동을 일으키는 원인이 될 수 있다.

(2) 드레인의 제거 방법과 드레인의 산출

일반적으로 공기 중에 포함되어 있는 수증기는 냉동 에어 드라이어를 사용한 강제 냉각방식을 많이 이용한다. 또한 공기 중에 포함되어 있는 수증기량을 계산하는 방법을 알아보면 다음과 같다.

(가) 드레인 산출의 계산

① 공기 중의 수증기

Law of Dalton : 여러 종류의 기체가 혼합하여 서로 화학 반응이 일어나지 않는 경우 각 기체는 서로 간섭하지 않고 단독으로 작용을 한다는 원리이다.

② 포화수증기압

수증기는 일정온도로서 일정분압(수증기압) 이상 될 수 없고 수증기인 상태로 존재하는 것은 불가능하다(이 한계의 수증기압력이 포화수증기 압력이 됨).

③ 포화수증기량

공기 중에 수분이 수증기로서 존재할 수 있는 양으로 온도의 한계를 고려해야 한다. 일반적으로 사용 공기압력에서 포화수증기 양은 사실상 변화가 아주 작기 때문에 무시한다.

④ **습도**

건조 공기, 습공기(수분 포함여부) - 습공기 중의 수분(수증기) 포함 상태표시를 습도라 하며 절대습도와 상대습도로 표현한다.

$$\circ \text{절대습도} = \frac{\text{습공기 중 수증기중량}}{\text{습공기 중 건조공기중량}} \times 100\%$$

$$\circ \text{상대습도} = \frac{\text{습공기 중 수증기의 분압}}{\text{포화수증기의 분압}} \times 100\%$$

$$= \frac{\text{습공기 중 수증기 중량}}{\text{포화수증기의 중량}} \times 100\%$$

다. 제습기(除濕機)

(1) 후부 냉각기

후부 냉각기(after cooler)는 공기 압축기에서 토출되는 공기의 온도는 120~200℃의 고온이므로 압축공기를 냉각하는 역할을 담당하는 부분으로 여기에서 압축공기 온도를 38℃로 낮추고 혼입 수증기의 63%이상을 제거하게 된다.

이의 방법으로는 공랭식과 수냉식 방법이 있으며 공랭식은 압축공기가 공급하는 다수의 배관을 팬으로 냉각하며, 수냉식은 동 파이프의 냉각관 내부에 물을 흐르게 하고 고온의 압축공기를 보내어 냉각관의 벽을 통하여 냉각수에 열이 전도되어 냉각되도록 하는 방법으로 압축공기의 압력강하는 ΔP는 0.3kg/cm^{2}정도가 된다.

(2) 에어 드라이어

에어 드라이어(air dryer)는 압축공기의 수분을 제거하여 건조한 공기를 얻기 위한 방법으로 에어 드라이어를 사용한다. 공기 중에 수분은 압축효과에 의해 발생된다.

(가) 냉동식 에어 드라이어(저온 건조기)

공기 중의 수분은 온도를 낮추게 되면 이슬로 변하게 되는 데 이와 같이 이슬점 온도를 낮추는 원리로 더운 공기는 열교환기에서 공급되는 차고 건조한 공기에 의해 냉각되고 열교환기에 응축되어 물로 제거되는 방법을 이용한 것으로 압력 노점이 0.5~38℃일 때 널리 사용된다.

냉동식 에어 드라이어는 1차 냉각시 열교환기를 통하여 차고 건조한 공기를 만들어내고 2차 냉각시 냉각기를 통하여 －1.7℃까지 냉각되며 출구측의 온도는 겨울 10℃ 이내, 여름 30℃ 이내로 사용한다.

이와 같은 냉동식 에어 드라이어 특징은 높은 신뢰성이 확보할 수 있고 보수유지비가 절감된다. [그림 3-18]은 냉동식 에어 드라이어 방식을 나타낸 것이다.

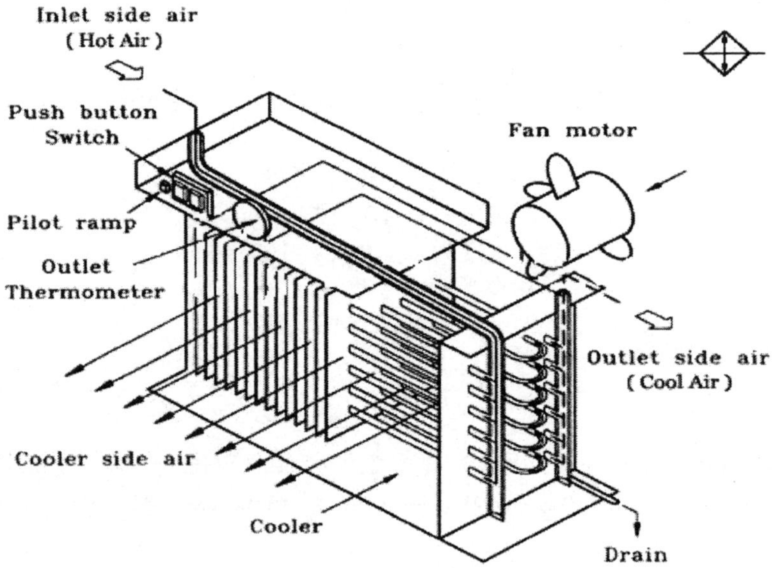

[그림 3-17] 공랭식 에어 드라이어

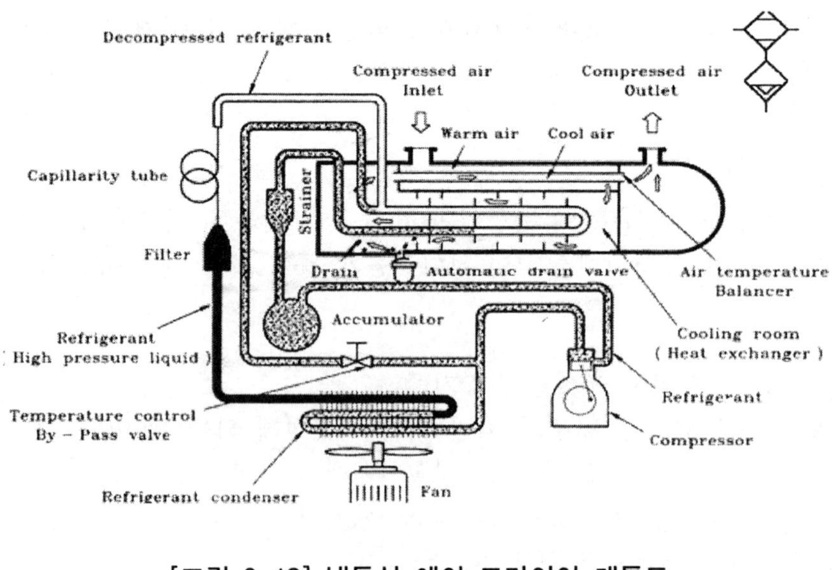

[그림 3-18] 냉동식 에어 드라이어 계통도

(나) 흡착식 에어 드라이어

흡착식 공기 건조기는 물리적인 방법을 통하여 강력한 친화력을 갖는 SiO_2, 실리카겔, 활성 알루미나와 같은 과립상태의 건조제, 고체 흡착제를 사용하여 수분을 제거하는 방법이다.

건조제는 흡수능력에 한계가 있으므로 일정하게 사용하면 흡착 능력이 떨어지게 되므로 교환해야 하나 간단하게 아래와 같은 방법으로 건조제는 재생 가능하므로 반영구적으로 사용이 가능하다.

① 압축공기에 의한 방법 (더운 공기 - Heatless type)
② 외부 또는 내부 가열기에 의한 방법 (Heat type)
③ 히트 펌프에 의한 방법 (Heat pump type)

[그림 3-19]는 흡수식 건조 방법을 표현하였다.

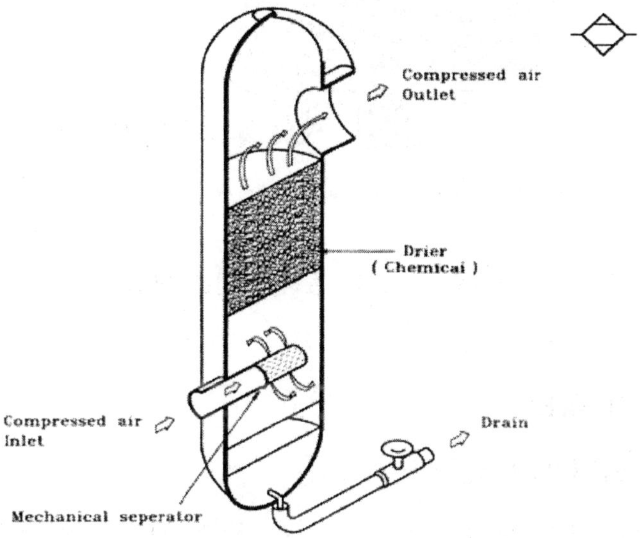

[그림 3-19] 흡착식 건조 방법

(다) 흡수식 에어 드라이어

흡수식 공기 건조기는 압축공기가 건조제를 통과하는 과정에서 물이나 증기상태에서 염화리튬, 수용액, 폴리에틸렌 등의 물질에 닿으면 화합물을 형성하여 건조제와 물이 용해됨으로써 공기 중에 포함되어 있는 수분을 제거하는 방법이다. 일반적으로 건조제는 물과 친화성이 있는 소금, 요소, 염화칼슘과 같은 화학용제를 사용하고 1년에 2~4회 주기적으로 건조제를 교환하여야 하며 이와 같은 건조 방식은 장비 설치가 간단하고 외부 에너지 공급이 불필요하며 운전비용이 고가이며 효율이 낮다는 단점이 있다.

[그림 3-20]은 흡착식 건조 방법을 표현하였다.

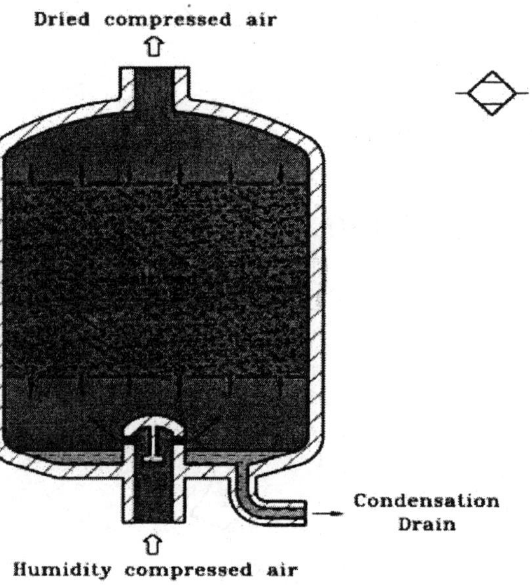

[그림 3-20] 흡착식 건조 방법

라. 압축공기 필터

(1) 공기압 필터에서 요구되는 기능

공기압 발생장치에서 보내져 오는 공기는 수분, 먼지 등이 포함되어 있다. 공기압 회로에서는 이러한 수분 먼지가 침하하는 것을 막기 위해서 입구부에 공기 필터를 설치한다. 이 필터는 압축공기를 사용하기 직전에 배치해서 먼지나 드레인이 레귤레이터나 밸브에 혼입해서 발생하는 작동 불량이나 부품의 이상마모 등의 트러블을 방지한다. 그러므로 필터는 먼지를 제거함과 동시에 압축공기 속의 물방울을 제거하는 구조로 되어 있다. 고형물인 먼지나 이물질은 필터 엘레멘트로 여과해서 통과하는 것을 막을 수 있다.

필터는 다음과 같은 기능을 수행하여 청정한 공기를 만든다.

먼저 압축공기 중의 수분을 필터 본체의 원심 분리작용으로 제거하는 역할을 하며 먼지나 미세한 고체물, 유분, 유해가스 등을 필터 엘레멘트에 걸러서 제거하고 이때 사용하는 엘레멘트는 소결 금속 엘레멘트로 스텐레스, 브론즈, 황동 등을 사용하여 미립자 소결 결합물질을 이용하거나 리본상 수지 엘레멘트로 리본상 수지를 겹쳐 감아 형성하여 이용하거나, 강 엘레멘트로 스텐레스, 니켈, 모네메탈, 황동 등의 금속형의 필터를 사용하기도 한다.

필터가 이물질을 제거하는 여과 방식에는 원심력을 이용하여 분리하는 방식으로 충돌판에 닿게 하여 분리, 흡습제를 사용하여 분리, 냉각하여 분리하는 것이 있으며 이때 여과 엘레멘트 통기 틈새와 사용기기와의 관계는 다음과 같다.

① 70~40mm : cylinder, actuater, 일반용
② 40~10μmm : 공기 터빈, 공기 모터, 고속작업용
③ 10~5μmm : 공기 마이크로미터, 정상작업용
④ 5μmm이하 : 순유황소자, 특수작업용

(2) 필터의 분류

(가) 메인 라인필터

공기 압축기에서 접속되는 주 관로 서브라인 관로에 설치되어 약 50~70μmm의 녹이나 거친 이물질 제거가 목적인 필터를 말하며 응축한 물의 제거가 용이하다.

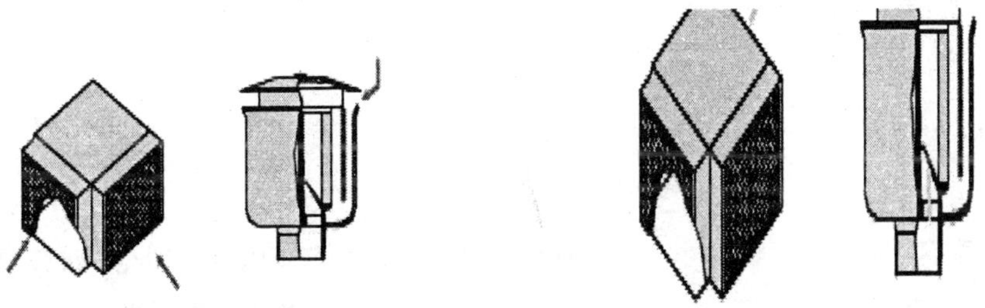

[그림 3-21] 압축기 흡입 전에 사용하는 공기압 필터

(나) 공기압 필터

압축기 공기에 포함된 분진, 관로 중의 스케일, 수분, 기름 등의 제거하는 역할을 한다.

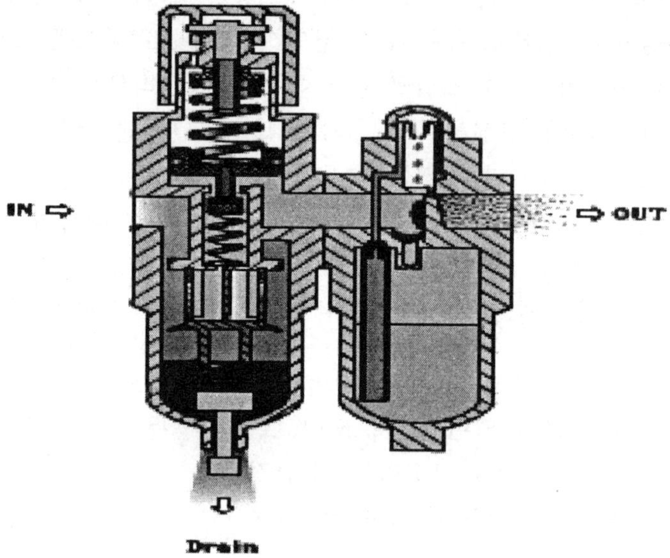

[그림 3-22] 라인 중 에어 조절 유닛(필터 포함)

(다) 공기압 필터의 성능

공기압 필터는 일단 유량의 저항이 적고 압력손실이 적으며, 통과 면적이 크고 장시간에 걸쳐 눈막힘이 적고, 압축공기 중에 수분이 제거될 수 있는 수분분리 계수가 크다.

(라) 사용할 때 주의사항

공기압 필터는 최종 작업장소의 가까운 곳에 설치하는 것이 좋으며 드레인 작업하기가 좋은 곳에 설치하여 필터 내에 남아 있는 드레인을 항상 배출할 수 있도록 하여야 한다. 또한 수분분리 효율이 좋은 최적 유량 범위에서 사용한다(저유량에서는 수분분리 효율이 나빠짐).

한편 필터에 사용되는 케이스는 유기용제에 약하므로 주의해야 하며 필터 엘레멘트는 정기적으로 점검 교환해주어야 한다.

(마) 오일 미스트 세퍼레이터

오일 분집 입자분리기는 99.9% 이상의 에어로 졸 기름입자를 포집할 목적으로 사용하며 보통 크기 0.3μmm 이상인 기름입자를 제거하기 위한 필터이다.

먼저 프레 필터 엘레멘트로 0.3μmm 이상인 고체 이물질 제거하고 주 필터 엘레멘트의 글래스 타이머층에서 미세한 기름입자를 분리하며, 마이크로 오일 미스트 세퍼레이터는 0.01μmm 이상인 기름입자를 제거한다.

오일 미스트 세퍼레이터 필터의 사용상 주의사항은 1차측에 반드시 0.3μmm 정도의 프레 필터를 사용하여 눈막힘을 방지하여야 하며 유량한계에 플라스틱 필터층에서 방울이 2차측에 비산하므로 주의해야 한다.

또한 필터 엘레멘트의 교환은 차압이 보통 0.7kg/㎠ 정도일 때에 한다.

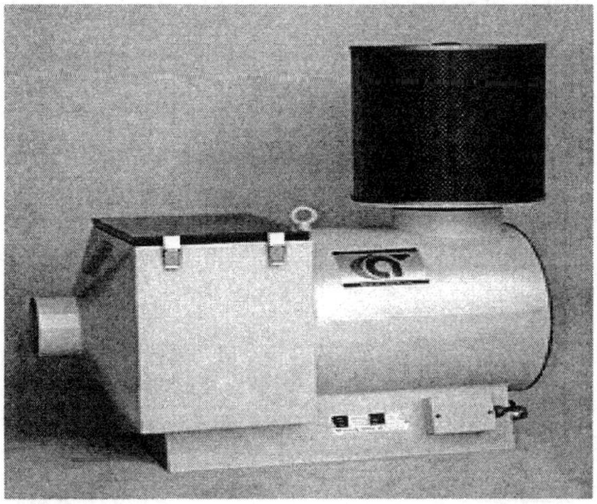

[그림 3-23] 상용 오일 미스트 세퍼레이터

(바) 유증기용 필터

공기 압축기에서 가열된 기름의 에어로 졸상의 입자와 증기화한 입자의 제거 목적으로 사용하며 증기화한 입자는 기계적 포집이 불가능하므로 활성탄 등의 흡착제를 사용하여 제거한다.

(사) 탈취용 필터

압축공기 중의 냄새를 제거할 목적으로 탈취제는 활성탄을 사용하며 일반적으로 냄새 입자의 크기는 보통 0.002~0.003μmm 정도로 알려져 있으며 대부분의 냄새는 이 탈취용 필터로 제거가 가능하다.

(아) 제균용 필터

공기 중의 잡균을 제거할 목적으로 사용하는 필터로 박테리아의 크기는 0.3~10μmm 정도의 크기이므로 0.01μmm 정도의 여과제를 사용하고 필터 엘레멘트는 사용전 증기 살균 가능한 것이 내장되어 있다.

마. 드레인 배출 방법

필터의 케이스는 내부에 드레인이 고인 상태를 간단히 볼 수 있게 용기는 투명하게 되어 있고 하단에는 드레인 배출 밸브가 붙어 있다. 내부에 고인 드레인이 압축공기의 흐름으로 거품이 일어 다시 그 공기 속에 혼입되지 않기 위해서 우산 모양의 배출 플레이트가 설치되어 있다.

드레인이 이 배출 플레이트까지 이르기 전에 배출 밸브를 열어서 케이스 내의 응축수를 배출해야 하는 데 이는 손이 닿지 않는 곳에 설치되어 있을 때는 자동식으로 배출할 수 있는 필터를 사용해야 하며 수동식은 수동으로 드레인 콕을 열어 배출하는 방법이다. 자동식의 배출 방법은 다음과 같다.

① 부구식(float ball) : 응축수가 일정량 이상 모이면 float가 작동되어 배출 밸브가 열려 배출된다.

② 차압식 : 전동기 구동식으로(일정 시간마다 밸브를 개방함) 차압으로 응축수를 개방하여 배출된다.

③ pilot식 : 공기에 의한 pilot 신호에 의해 밸브를 개방한다.

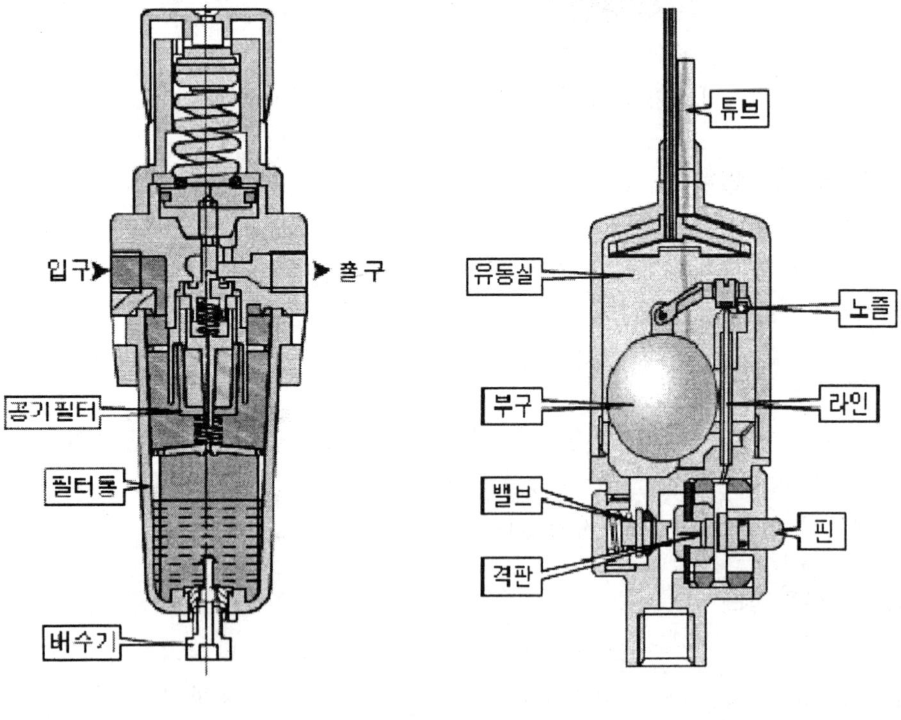

[그림 3-24] 드레인 필터의 원리

제 4 장

LED 제조장비의 자동화 요소기술

4-1 LED 제조장비 및 공정

1. LED 제조공정

LED 패키징 제조공정을 개략적으로 살펴보면 [그림 4-1]과 같은 공정을 거치며 생산된다고 할 수 있다. 이와 같은 공정은 때로는 단위기계에 복합적으로 구성되거나 단위기계에 의하여 작업공정으로 진행되며 이를 위한 내용을 살펴보면 다음과 같다.

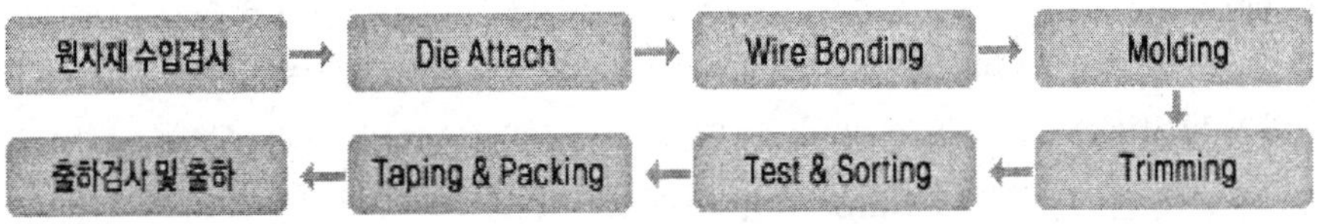

[그림 4-1] LED 패키징 제조공정의 흐름도

가. Die Bonding

Die Bonding은 칩을 리드 프레임(PCB)에 붙이는 공정으로 크게 2가지로 분류할 수 있다. 그 하나는 Epoxy Die Bond로 접착제(Epoxy)를 사용하여 칩을 리드 프레임에 접착시키는 방법으로 가장 보편화된 방식이다.

그리고 다른 방법으로는 유테틱 다이본드(Eutetic Die bond) 방식과 연납 다이본드(Soft Solder Die Bond) 방식이 있다. [그림 4-2]는 Die Bond 방식을 나타낸 것이다.

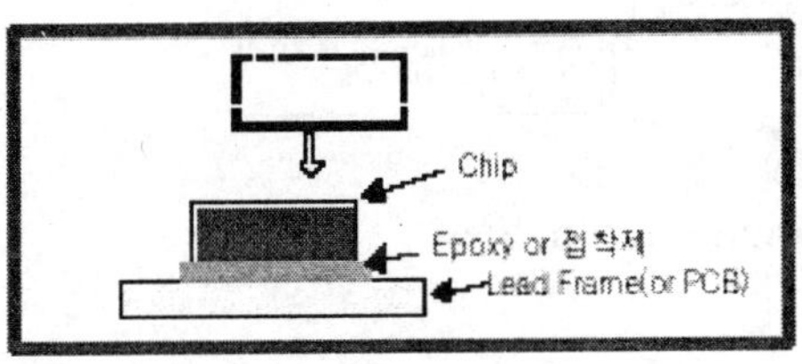

[그림 4-2] Die Bonding

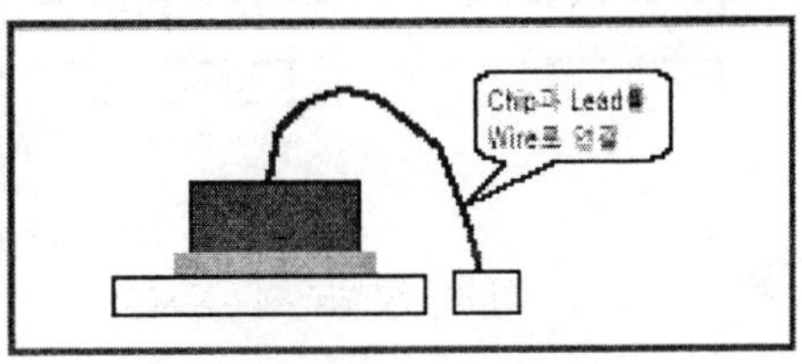

[그림 4-3] Wire Bonding

나. Wire Bonding

Die Bonding이 완료된 후 칩과 리드를 연결하는 공정으로 가장 보편적으로 세금선(Extremely Fine Gold Wire)을 사용하여 본딩하는 방법이다.

본딩하는 방법으로는

① Thermo Compression (T/C) Bonding : 가열 가압하면서 연결
② Thermo Sonic (T/S) Bonding : T/C + 음파 에너지를 이용하여 연결
③ Ultra Sonic (U/S) Bonding : 압력과 초음파 에너지로 연결

이 있다.

라. Molding

Wire Bonding이 완료된 제품의 기계적, 환경적 보호 및 User의 사용이 가능하도록 제품의 외관을 Epoxy Resin으로 Encapsulate 시키는 공정이다.

여기에서는 PKG 성형공정방법에 따라 Transfer Molding과 Casting Molding 방법으로 나누어진다. 이후 Cure 공정에서 경화성 수지를 경화시켜 PKG 성형을 완성한다.

(1) Transfer Mold 방식

Mold Press를 사용하여 충분한 압력과 열로 PKG를 형성시키는 방식이다.

[그림 4-4]는 Transfer Mold 방식을 나타낸 것이다.

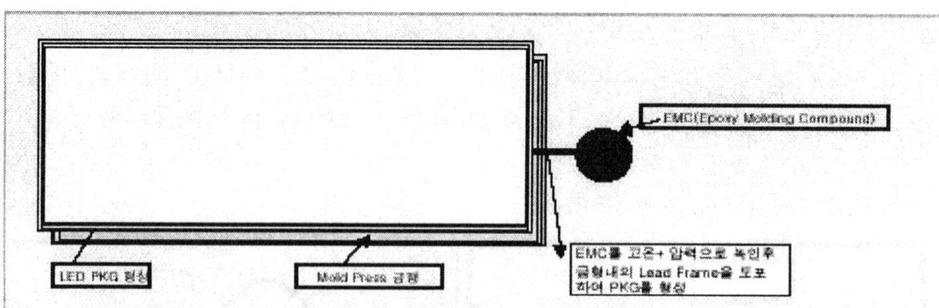

[그림 4-4] Transfer Mold 방식

(2) Casting Mold 방식

일정한 모양의 용기, 즉 Mold Cup에 경화성 수지를 부어 PKG를 형성하는 방법이다. 대부분 Lamp형의 경우 제조 방식이다.

[그림 4-5]는 Casting Mold 방식을 나타낸 것이다.

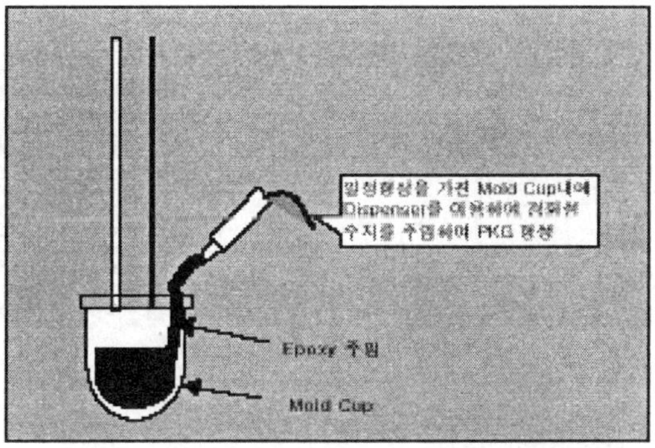

[그림 4-5] Casting Mold 방식

마. Trimming 혹은 Sawing

Trimming은 가열로를 통과하면서 경화된 LED는 리드 프레임의 type를 결정하기 위하여 일정한 모양으로 성형할 수 있으며 또한 PKG 리드를 절단하는 공정을 말한다.

한편 SMD type의 경우 다수의 PKG를 개개의 LED로 분리하는 공정을 진행하는 데 이와 같은 방법을 Sawing라고 한다.

이 때 리드 프레임은 극성에 따라 약간의 길이를 차이 둠으로써 사용자가 미리 이를 숙지하고 사용할 수 있도록 절단을 실시한다.

바. Testing

LED의 전기적, 광학적 특성을 Check하여 분류하는 공정으로 이 곳에서 부적합 판정을 하거나 광도별 제품을 선별하는 공정이다. 일반적으로 테스트 항목은 Foward Voltage, 광도, Reverse Voltage 등은 개별 테스트를 진행하고 Peak Wavelength, Half Width, Half Angle은 전수검사하지 않고 일정 샘플링 테스트를 진행한다. 이의 결과에 의하여 각 광도별 Rank에 따라 선별하고 분류하여 저장한다.

[그림 4-6]은 LED의 Trimming 및 Sawing에 관한 것이며, [그림 4-7]은 LED 리드 프레임의 형상과 [그림 4-8]은 SMD형의 LED를 나타낸 것이다.

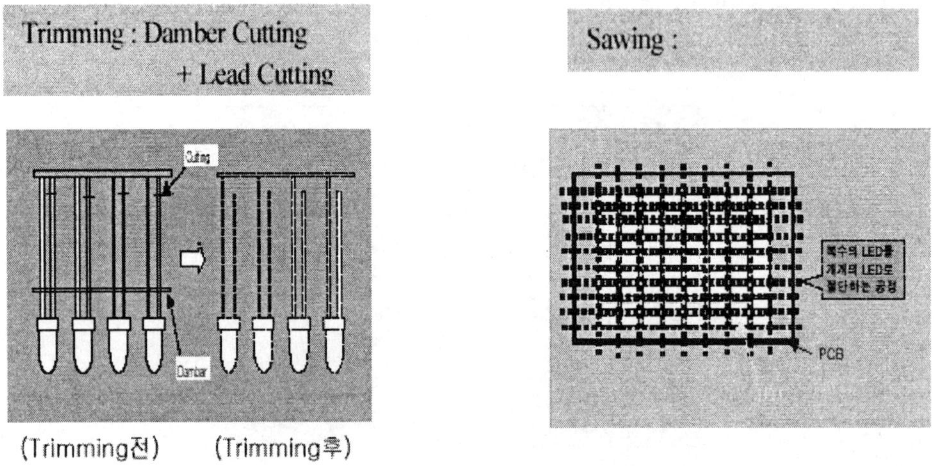

[그림 4-6] LED의 Trimming 및 Sawing

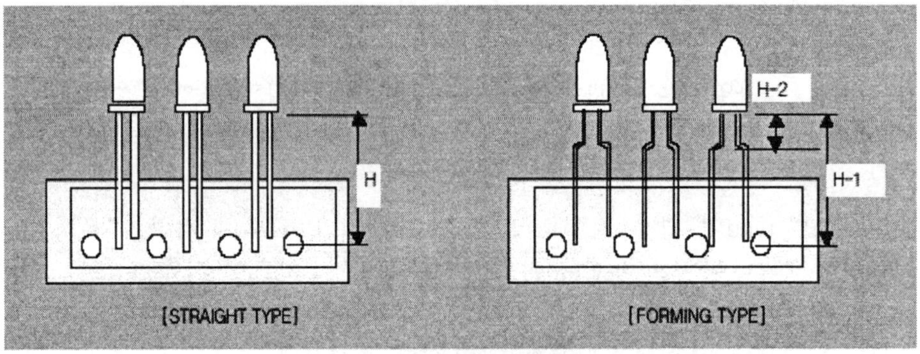

[그림 4-7] LED의 리드 프레임 형상

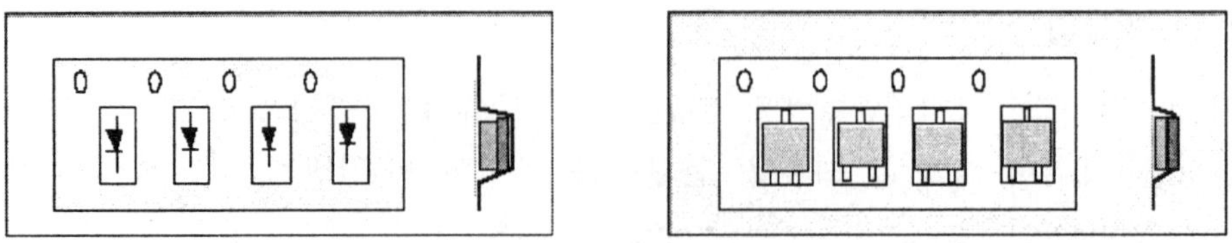

[그림 4-8] SMD형의 LED

사. Taping 공정

LED Ass'y의 Auto Mounting을 위하여 일정 간격으로 배열하여 테이프에 고정하는 공정을 말한다.

2. LED 패키징 장비

가. Die Bonder

Die Bonder는 칩을 리드 프레임에 정확하게 위치시키는 작업을 위하여 크게 Auto Handler를 가지며 이는 Wafer로부터 칩을 Mounting하는 장비이며 또한 Position 제어를 위하여 Vision System을 가지고 있다. 이와 같은 완벽한 동작을 위하여 각 모듈별 상호 동작을 제어하는 PLC 제어반과 동작상황을 컨트롤하기 위한 제어장치가 구비되어 있다.

[그림 4-9] 리드 프레임 Die bonder

나. Epoxy Molding Machine

Die Bonding M/C에서 마무리된 LED에 Epoxy Resin을 성형한 후 열경화시키는 장비로 Lamp형의 경우 최초로 20개를 1개의 조로 편성되어 슈트로부터 자동공급되어 오는 LED 그룹을 Epoxy Die에 얹는 작업을 진행한다. 이때 LED 및 Die에는 용융체의 Epoxy를 사전에 도포하게 되는데 이것은 Mold Die에 Epoxy

주입시 기포가 발생함으로써 경화내면에 남아 있어 이로 인해 발생하는 불량품을 제거하기 위함이다. 이와 같이 함께 올려진 20개는 핸들러에 의하여 적절한 깊이로 Mold Die에 삽입되고 [그림 4-11]과 같이 용융된 Epoxy가 균일한 압력에 의하여 주입되게 된다.

[그림 4-10] Wire Bonder Handler

Epoxy 주입이 완료된 후에 다시 한번 일정한 높이를 위하여 Air Cylinder에 의해 압력을 가하게 되고 용융상태이므로 리드 프레임이 완전히 고정되도록 열경화로에 자동으로 공급되도록 되어 있다. [그림 4-10]은 Auto Molding Line 중의 Epoxy 주입 부분의 그림이다.

다. Auto Testing Machine

Auto Testing Machine은 Mold 성형 완료된 LED의 광도의 성능 검사 및 부적격 판정을 전수검사와 Peak Wavelength와 같은 Sampling 검사를 하는 장비이다. 본 장비는 생산된 LED를 볼 호퍼 피더에 저장한 후 진동과 이송을 주면서 자동으로 테스트 공정이 진행되는 곳으로 이동하게 한다.

테스트는 리드 프레임 전극에 전원을 공급하여 양품과 불량품을 검사하고 전류를 조절하여 광도를 측정한다. 이때 각 Test 공정은 Step을 이루어 공급되는 방식을 이용하므로 이의 제어를 위한 테스트 제어 기법이 응용되고 각종 부품 정렬장치가 이 장비의 주요성능을 좌우하므로 추후에 이와 같은 부품 정렬 방법에 대하여 자세히 살펴보기로 한다.

[그림 4-11] Lamp형 LED의 Epoxy 주입 Machine

[그림 4-11]은 램프형 LED의 자동 Testing Machine로 성능별 Sorting까지 동시에 이 기계에서 이루어진다.

[그림 4-12] Lamp형 LED의 Auto Testing Machine

라. LED Auto Taping Machine

Lamp형 LED의 마지막 생산공정으로 성능별로 분류된 제품을 포장하여야 한다. 이는 제품이 아무리 훌륭하게 잘 만들어졌어도 사용자의 편리한 관리가 가능한 형태로 만들어져야 할 것이다. 따라서 대부분의 LED 패키징 회사는 이의 마지막 공정으로 접착제가 있는 종이 테이프를 이용하여 LED의 다리 부분을 일정한 간격으로 Taping 처리를 한다.

이는 생산된 LED의 수량이 반드시 자동화하여 처리해야 할 정도의 속도를 가지므로 이 부분에 대한 자동화 장치는 당연한 것이다.

우리는 여기서 Auto Taping M/C의 일반적인 구조를 살펴보고 관련된 지식을 익혀보기로 한다.

3. Auto Taping M/C의 주요구성부

가. 부품 자동 공급 시스템을 위한 피더부

(1) 부품 자동 공급법의 선정법

일반적으로 부품의 종류에 따라 자동 공급장치의 기술도 다양한 방법을 응용할 수 있다. 그렇지만 현실적으로 한 공장에서 반드시 그처럼 많은 종류의 자동 공급장치가 쓰여지고 있지는 않다. 이것은 자동조립 제품은 매우 대량 생산이고 부품의 형상 치수도 유사한 것이나 장치의 관리운용의 관점에서 많은 종류의 장치가 있는 것은 바람직하지 않다는 등의 이유이다.

그러나 Lamp형 LED의 경우 볼 호퍼형 진동 피더를 사용하고 일반적인 리니어 이송 피더를 조합 적용시키는 경우가 많으므로 여기서는 이의 이론적 고찰을 진행하기로 한다. 여기서 일반적으로 진동형 피더의 경우 진동발생을 위한 발진장치의 소음 및 부품과 볼의 손상, 정렬미스 등의 트러블이 일어나고 있음을 간과할 수 없는 일이다. 그러나 아주 고도의 자동화를 실시하고 있는 공장에서 진동피더를 전혀 사용하지 않는 회사도 있다.

이것에는 2개의 유형이 있고 제 1 형은 부품의 형상치수가 진동 피더에 부적당하고, 다른 방법으로 좋은 결과가 얻어지는 것같은 경우도 있다.

제 2 형은 진동 피더에 대한 인식부족 또는 오해에 의한 것으로 예를 들어 진동은 싫다든가, 굉음이 크기 때문이라는 이유도 있다.

어쨌든 지나침은 부족함만 못하는 경우가 있으므로 올바른 선택이 중요하다.

(2) 부품 자동 공급법

부품 자동 공급법의 선택은 우선 다음 3종류의 공급법 중 어느 것이 적당하느냐의 검토에서 시작되어야 한다.

(가) 제조 공급 방식

부품을 제조하는 것과 동시에 조립공정에 공급하는 방법은 다음과 같다.

제조된 부품은 일정 자세로 배출되기 때문에 정렬, 급송의 문제가 없지만 조립기계와 공작기계를 직결하지 않으면 안되기 때문에 문제는 생긴다. 기계제조기술의 아주 초기의 단계에 있어서는 부품 공급은 제조공급이라 할 수 있을 것이다. 물론 자동은 아니고 부품을 조정하면서 조립하는 기능이 요구되었다.

다음 단계로 흩어져 쌓여 있는 부품의 정렬 공급이 곤란할 경우에는 제조 공급이 쓰여진다. 대표적인 예로는 스프링의 제조 공급을 들 수 있지만 그러나 현저하게 얇은 부품, 가는 부품, 휘감기 쉬운 부품 등에 적용 예가 많다.

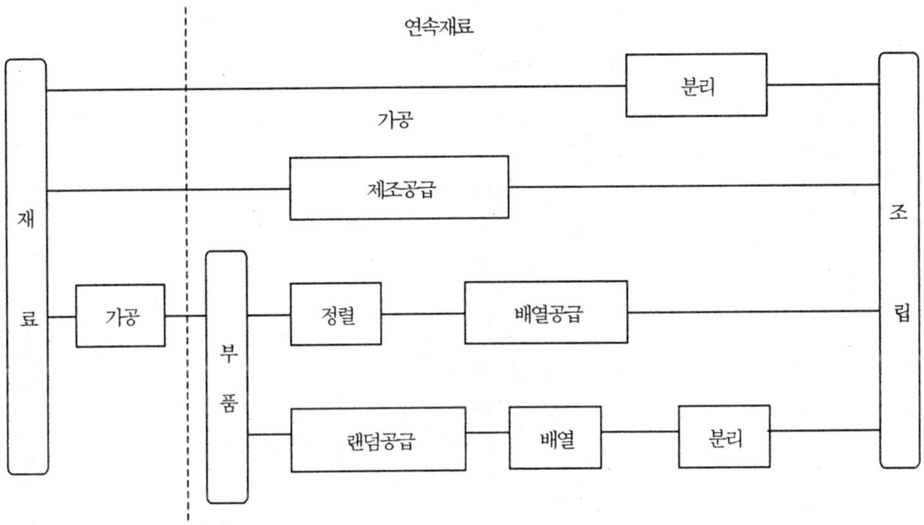

[그림 4-13] 자동화 부품의 공급 방법

(나) 공급 방식

부품을 미리 매거진이나 벨트에 배열해 놓는 방법이다. 이 배열을 위해 사람 손을 쓰는 것도 있지만 예를 들어, 타발 프레스에 의한 벨트상 반제품 그대로, 코일상으로 감긴 후프식 공급법 등도 잘 쓰여진다. 이 경우 프레스와 조립기의 능력차가 버퍼로 되고 프레스는 금형만은 교환해서 사용되기 때문에 유리하다.

이 공급법은 전항의 제조공급법과 같이 다음 항의 적재 공급법을 선택하기 전에 충분히 검토할 가치가 있다. 또 부품 메이커와 의논해서 제품 제조시에 매거진 장입을 행하는 것으로 문제를 해결할 수 있다.

(다) 적재 공급 방식

무질서하게 쌓인 부품을 정렬, 공급하는 방법이며 이를 위해 사용되는 장치는 <표 4-1>과 같다.

〈표 4-1〉 부품 자동 공급에 이용되는 힘

힘의 종류	요 점
기계력	캠이나 플레이트, 피스톤 등에 의한 강제력
중 력	물체의 낙하, 위치 에너지가 필요
원심력	회전체의 중심에서 외측으로 작용 회전수의 제곱에 비례
마찰력	물체운동을 방해하는 방향으로 작용, 비선형적이다. 공급을 도와주기도 방해하기도 한다
진 동	작은 변위, 반복성, 가속도가 크다. 진동의 방향에 주의
전자력	부품의 재료에 따라 자력, 정전력 등으로 구분되어 사용된다. 잔류자기에 주의 필요
액체제트	부품의 손상이 적으며 오일 제트 후에 진동 피더를 사용하지 않는다.

(라) 부품 자동공급 방식 선택의 5가지 조건

수많은 부품 자동공급 방식 중에서 당면한 목적에 가장 적당한 장치를 선택하는 데에는 최종적으로 각각의 경우에 해당하는 방법을 찾아 문제를 해결해야 한다. 그러나 일반적인 고려 대상은 다음과 같이 설명할 수 있다.

① 장치의 규모

장치의 크기, 가격, 동력원, 설치 등

② 공급 속도

단위시간당의 이송거리 또는 수량, 그리고 조립의 용이성 등

③ 정렬기능

정렬효율의 대소, 부품의 제약, 분리, 분배, 저장기능 등

④ 적용의 격렬함

부품에 작용하는 힘, 부품의 손상, 자화 부품에 의한 괴음발생 등

나. Lamp형 LED 공급을 위한 비진동식 호퍼 피더

(1) 호퍼 피더의 구조와 분류

용도와 목적에 따라 여러 가지 원리와 구조의 호퍼 피더가 이용될 수 있지만 여기서는 진동을 이용하지 않는 비진동식 호퍼 피더에 대하여 알아보기로 한다. 비진동방식의 호퍼는 그 기구의 운동형태에 따라 아래와 같이 분류할 수 있다.

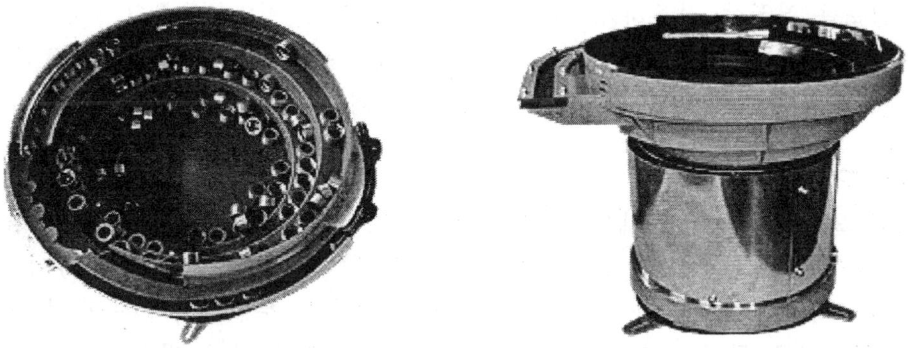

[그림 4-14] 회전식 호퍼 볼

(2) 회전식 호퍼 피더

일반적으로 LED 소자와 같은 작은 부품을 정렬하고자 할 경우 회전하는 원판이나 벨트위에서 부품을 전송하는 방식을 이용하게 되는 데 이를 회전식 호퍼피더라 하고 종류와 기능이 여러 가지이다.

(3) 배럴식 호퍼 피더

Lamp형 LED나 리벳, 나사처럼 머리달린 부품이나 슈트에 올라가기 쉬운 부품의 공급에 잘 이용된다. 이 호퍼는 텀블링 효과라는 것으로 부품의 손상이 염려되므로 그렇게 큰 부품에는 어울리지 않는다. 또 부품의 양이 적으면 효율이 저하되고 또 부품이 많으면 호퍼 내 체류시간이 길게 되어 손상이 발생한다.

(4) 핀 호퍼 피더

외측 게이트 드럼 호퍼의 일종으로 핀을 가진 원판이 회전하여 부품의 자세를 선별, 정렬해서 공급한다. 공급 속도는 300개/분의 처리 능력을 갖는다.

(5) 회전 원판 피더

회전 원판에 슬롯을 붙여 슬롯에 들어간 부품은 100% 슈트로 보내지도록 되어 있고 배럴 호퍼 피더 보다 작용이 부드럽다.

단 핀 호퍼 대신에 슬롯을 썼다고 생각해도 된다.

(6) 수평 원추원판 호퍼 피더

원심력을 부품에 작용하게 하여 부드럽고 소음도 적다. 원판이 회전하지 않고 후크가 회전하여 부품을 중심의 슈트로 유도하는 방식도 가능하지만 와이퍼의 역할을 하는 후크의 경사에 주의하지 않으면 쐐기작용에 의해 자결이 발생한다.

(가) 드럼 호퍼 피더

회전 드럼 내측을 몇 개의 날개로 구분하여 드럼의 회전에 따라서 부품이 끌려 올라가서 고정 슈트의 위에 낙하한다. 그 중 몇 개는 슈트 위에 놓이고 나머지는 다시 회전해서 같은 작업을 진행한다. 자세가 부적절하면 슈트에 놓인 부분은 클리어를 통하여 장치로부터 제거된다. 이때 클리어 장치는 날개바퀴 및 진동이나 에어를 사용할 수 있다. 진동을 보조적으로 가하여 슈트에서의 이송속도를 높이기도 한다. 이 호퍼는 레일 위에 부품이 잘 들어가도록 가이드 등에 약간의 연구가 필요한 것 외에는 특히 설계한 곤란은 없지만 교반 효과가 있기 때문에 부품이 손상될 문제가 있다.

부품이 많으면 호퍼 속에 정류하는 평균시간이 길게 되어서 손상이 많게 되고 반면, 부품의 양이 적으면 레일 위에 놓이는 효율이 저하하기 때문에 이 두 요인을 고려하여 호퍼내의 부품 양을 제어하지 않으면 안 된다. 작은 부품보다 큰 부품일 때 손상의 정도가 크게 된다.

[그림 4-15] 벌크 호퍼의 상업용 보기

(나) 외측 게이트식 드럼 호퍼 피더

이 방식의 호퍼는 게이트가 외측 하부에 있고 부품의 진동이 비교적 적기 때문에 배럴 호퍼보다 작용이 부드럽고 리벳이나 나사 같은 부품의 공급에 가장 적합하다.

호퍼 속의 부품은 교반되어 구르면서 회전 드럼에 설치된 슬롯 속으로 들어간다. 슬롯 속으로 들어간 부품은 당분간 그대로 회전하지만 최하점보다 약 45° 위쪽에 있는 게이트에 도달하였을 때 슈트로 떨어져 들어간다.

슈트의 구멍의 크기와 슬롯의 크기가 비슷한 경우 드럼의 회전 속도가 너무 빠르면 슈트 속에서 떨어져 들어가는 것이 어렵고, 갉아 먹음이 생기므로 주의를 요한다. 게이트 위쪽 부분에서는 대부분의 부품이 슬롯을 통과하여 슈트의 위쪽에 축적된다.

다시 이보다 과잉한 부품은 위쪽의 공극에서 드럼의 내측으로 다시 복귀시키는 통로로 들어간다. 캡상 드럼은 주물로 만들지만 작은 것은 기계가공만으로 만든다. 이 호퍼는 드럼의 지름이 150~300mm의 것이 보통이고 50rpm이하로 사용되며 지름 6mm, 길이 50mm의 육각머리 볼트를 분당 200개 정도 공급한다.

(다) 핀 호퍼 피더

드럼 호퍼 피더는 드럼이나 슬롯의 형상을 연구하면 여러 가지 응용이 가능하다. 부품의 형상에 따라서 주축을 경사시키는 대신에 드럼을 원추 대상으로 한 형의 것이 있고 또 슬롯을 날개처럼 해도 좋다. 드럼 대신에 원판을 사용하고 이것에 핀을 끼워 슬롯의 역할을 시킨 것도 있고, 핀을 끼운 쪽을 연구하여 정렬시키는 것도 가능하다.

(라) 회전 원판식 호퍼 피더

배럴 호퍼에서 발전한 것으로 부품이 슈트에 확실하게 놓이도록 연구한 것이다. 배럴 호퍼에서는 확률적으로 슈트에 놓이기 때문에 효율이 높다.

(마) 원심 호퍼

비교적 파괴되기 쉬운 부품의 공급에 적합하도록 연구되어 사용되는 호퍼로 회전원판의 움직임이 비교적 적은 중심부에 부품을 놓고, 고정된 와권상의 곡면 날개판을 따라서 차츰 외측으로 보내도록 되어 있다. 이 장치에서는 원심력을 직접 이용하고 있는 것이 아니고 원심판의 회전이 너무 빠르면 도리어 불안정하게 되고 공급 속도가 감소한다. 깨지기 쉬운 부품이나 알약, 단순한 링크상의 부품에 적합하다. 이에 비해 중앙부를 높이고 회전시켜 경사면을 미끄러져 떨어지게 하여 원주 상에 정렬시키는 방식의 호퍼도 있다. 이런 형태의 실례로서 지름 1~5mm, 길이 9.5mm의 부품에 대해서 200mm내경의 호퍼가 사용되고 있다. 원판의 회전 속도는 약 25rpm이다. 이와 같은 부품의 경우 공급 속도는 대개 500개/분이 얻어진다.

(7) 요동식 호퍼 피더

(가) 중판 요동 호퍼(centerboard hopper)

부채꼴의 판이 상하로 요동하여 무질서하게 쌓여진 부품을 호퍼에서 밀어 올려 슈트에 급송하도록 되어 있다. 호퍼 속에 부채꼴의 요동판이 있고 부채의 허리부분을 회전 중심으로 하여 상하로 왕복한다. 판의 위쪽에는 홈이 설치되어 부품의 슈트의 일부를 구성하고 있어 판이 상사점에 도달될 때 외부 슈트와 일직선으로 연결되도록 되어 있다. 판의 위에 적절한 자세로 올라앉지 않은 부분을 제거하기 위한 장치로 클리어런스 휠 브러시, 에어분사, 왕복 슬라이더 등이 사용된다. 진동을 가하는 것도 있으며 이 호퍼는 간단한 형상의 부품, 환봉이나 머리달린 부품, 볼 등이 적합하다.

(8) 벨트식 호퍼 피더

(가) 엘리베이터 호퍼 피더(elevator hopper feeder)

이 호퍼는 원리적으로는 중판식 호퍼와 마찬가지이지만 중판이 왕복하지 않고 벨트에 의해 무한히 이동한다. 벨트로서 신축 벨트를 사용하기도 하지만 트러블이 생기기 쉽다. 슈트는 직접 엘리베이터의 위쪽에 설치하지 않고 좌우에 설치하는 편이 좋다. 이 방식의 최대 이점은 저장용량이 큰 것과 높은 위치로 부품을 운반할 수 있는 것이다. 한편 간단한 형상의 것만 보낸다는 것, 슈트에서 조립기로는 중력만이 작용한다는 등의 단점도 있다.

다. 진동 피더

진동 피더(vibratory feeder)라는 것은 진동 수송의 원리에 의해서 부품을 급송하는 기기의 총칭으로서 여러 가지의 기능과 구조를 갖고 있는 것이 사용되고 있다.

(1) 볼 피더

가장 일반적으로 사용되고 있는 것은 볼형 호퍼를 갖는 볼 피더이다. 볼(bowl)이라는 것은 반구상의 용기이며 ball은 아니다. 호퍼는 깔때기상의 부품 저장 용기이며 부품 공급 장치의 것을 호퍼라 한다. 파츠 피더(Parts Feeder)라는 것은 최초로 볼 피더를 개발한 Syntron사의 상품명이며, 진동 호퍼 피더는 모두 파츠 피더라고 생각할 정도로 보급이 많이 되어 있다.

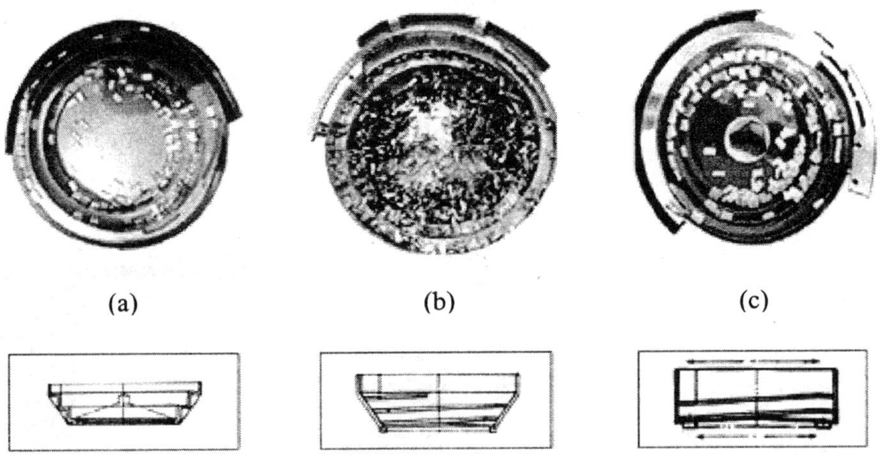

(a) (b) (c)

[그림 4-16] 볼 피더 및 볼 피더의 모델

볼은 베이스에 경사하여 부착된 판 스프링의 전자 진동에 의하여 진동된다. 이 진동은 나선상의 진동이지만 진폭이 작아서 근사적으로 원호상의 직선운동으로 간주할 수 있다. 그 진동 성분은 수평방향과 수직방향의 성분으로 분해된다. 베이스는 방진용의 코일 스프링이나 고무 쿠션 위에 놓여져 사용되기 때문에 자유도 진동계를 구성하고 공진 진동수의 이동 등 복잡한 특성을 나타내기에 주의를 요한다. 소형 피더에는 조립기에 직접 부착하는 것도 있다.

스프링은 급송을 위해서 조금 기울어지게 부착되어 있으므로 평면도에서는 그림 (b)처럼 보인다. 이 스프링의 볼에 대한 부착위치에 따라 상수가 변화한다. 또한, 부착각도 γ에 따라 부품의 진동수송 속도와 도약의 정도가 현저하게 영향을 받는다. 스프링의 부착 각도가 작은 편이 부품의 급송 속도는 크나 부품의 도약이 격렬해져서 최근의 자동조립을 위한 부품정렬의 목적을 가진 진동 피더에는 이 스프링 부착각도는 75°~85°로 수직에 가깝다.

만약 진폭이 같은 파츠 피더의 경우 스프링의 설치각이 작을수록 부품의 급송 속도가 커지지만 설치각이 커지면 진폭이 크게 되어도 부품이 도약하지 않고 미끄럼 운동을 주체로 하여 수송이 행해지므로 정밀한 작업에 적합하다. 부품의 도약이 적으면 소음의 가장 큰 원인인 부품 상호간 또는 부품과 볼간의 충돌도 감소한다. 볼의 형상은 원주상의 것이 가장 많으며 볼이 내측에 나선상의 홈을 설치하여 부품을 정렬하면서 급송하도록 되어 있다. 보올의 형에는 원추상에 트랙을 나선상으로 설치한 것이나 주변부만 진동하도록 제작할 수 있다.

(2) 리니어 피더

볼 대신에 직진형 트러프(trough, 직진형 테이블)를 갖는 것이 리니어형 진동 피더이다. 부품의 취출이나 연결을 위해서 슈트를 사용하는 것이 많았지만 최근에는 호퍼를 조합하여 볼 피더와 함께 정렬 급송에 사용하는 것이 많다. 매우 작은 부품에는 호퍼를 별도로 설치하는 것으로 트랙 상에 호퍼에 상당하는 홈을 설치하여 부품을 저장하기도 한다.

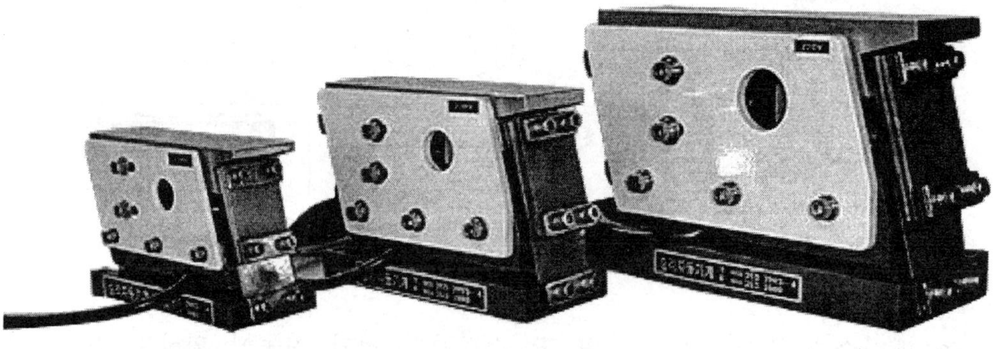

[그림 4-17] 상업용 직선 피더(Lamp형 LED Feeding에 응용)

직진형에서 정렬 급송을 행할 경우 가장 문제가 되는 것은 볼형과 같은 부품의 순환 기능이 부족한 것이다.

이 피더는 평형형의 진동체를 쓰고 있지만, 일반 리니어 피더를 병렬로 사용하면 상호 간섭 때문에 성공하기에는 한도가 있다. 단순한 형상의 부품은 전수 정렬이 되도록 조정을 행한다. 순환용 트랙이 불필요하다면 하강 행정만으로도 좋고 도약이 없는 안정된 조건에서 진동수송을 행하는 것이 가능하다. 또한 직선적인 트랙에 조정을 하므로 정밀한 가공이 가능하다. 이 원인은 트러프의 강성부족이나 표면상태의 불균일 등 여러 가지가 있으나 일반적인 트러블 원인은 리니어트랙의 종방향 피칭(요동)진동에 기인한 것이 많다. 이 요동의 원인은 스프링이 경사지게 부착되어 있기 때문에 트러프와 베이스의 중심을 연결하는 직선과 진동방향이 일치하지 않는 데 기인한다.

(3) 진동 피더의 설치

진동 피더의 설치는 이론적으로는 충분히 큰 강성기초에 완전히 고정하는 것이 최고의 방법이다. 그러나 취급은 간편하나 방진의 문제 장치의 조정의 필요상에서 고무다리와 같은 간이 방진장치를 사용하여 적당히 설치하는 것이 많다. 그러나 이와 같이 설치해도 피더의 진동특성, 즉 고유 진동수나 진폭에는 양향이 없다고 하지만 사실은 그 영향은 매우 크다. 따라서 이와 같은 경우뿐만 아니라 기초를 부상시킨 부동형의 수지 볼 피더 등도 포함하여 설치 문제를 검토할 수 있다.

(4) 여러 가지 진동 피더

진동 피더에는 여러 가지 연구를 한 것이 많지만 자동조립용으로서 실용화된 것은 그리 많지 않다. 이들 중에 특징이 있는 것을 살펴보기로 한다.

(가) 자려 진동 피더

이 피더는 보통의 피더와 같이 교류를 공급하는 것이 아니고 직류전원을 공급하고 진동센서의 출력을 정귀환시켜 자려발진시키는 원리의 것이다. 이 때문에 볼 호퍼부를 교환하여도 항상 기계계의 고유진동수를 자동적으로 추종하여 공진진동이 될 수 있으므로 다품종 소량생산의 자동 조립 시스템에 있어서 품종의 변경이 용이한 부품 공급법으로서 유력한 것 중의 하나이다.

(나) 에어식 진동 피더

전자적 여진 방법을 대신하여 공기압을 이용할 수도 있다. 공기압원은 본래 직류적 성질이 있으므로 에어식 피더의 여진원리는 전항과 같은 자려 진동 또는 그에 준하는 것이 된다. 따라서 자려진동식의 장점을 갖는 외에 동력비가 낮아서 중형, 대형의 피더에 유리하다.

단 전자식만큼 취급이 간편하지 않다는 것은 어쩔 수 없다. 자동조립에 이용되는 에어피더는 외국제의 것이 몇 개 있으나 국산은 아직 시판되지 않는다.

(다) 타원 진동 피더

진동의 수평방향과 수직방향의 성분을 독립시켜 구동하는 방식이며 양자의 위상관계를 적당히 조절하면 타원진동이나 직선진동을 발생시키게 된다. 진동수송의 이론에서 말하면 타원진동을 이용하는 편이 직선진동의 경우보다 수배 효율이 좋으며 운전 중에 미조절되며 역진시키는 것도 가능하다는 등 원리적으로는 우수하다. 한편 기계적 구조가 상하방향과 수평방향의 2개의 독립한 진동계를 필요로 하는 것 등, 진기 · 기계의 양면에 걸쳐서 문제가 많다.

(5) 평형형 진동계

평형형 진동계를 갖는 진동 피더를 평형형 진동 피더라 한다. 종래의 보통형 진동 피더가 단일 진동계에 의한 1자유도의 모델로 나타내지는 데 비하여 평행형 진동 피더는 진동적으로 평형된 진동계를 갖고 일반적으로 평형진동판과 내부 진동판 사이에는 연성 스프링으로 구성된다. 이때의 자유도는 2자유도가 된다. 또한 기초 부분을 쌍진 스프링으로 지지하는 경우는 3자유도의 진동계로 된다.

평형형 진동 피더에서 2개의 진동질량 상호간에 가진력을 적용시키는 것과 기초에서 2개의 상호 독립한 가진력을 작용시키는 것이 있지만 후자는 단일 진동계에 의한 진동 피더를 동일한 기초위에 병렬로 배치한 것에 불과하다.

평형형 진동계를 갖는 진동 피더는 형태적으로 다음과 같이 분류할 수 있다.

① 내측과 외측에서 동축으로 구성되는 코어액셜(동축)형
② 거의 같은 형의 볼 또는 트러프를 상하 또는 수평으로 대칭되게 배치하는 트윈형
③ 호퍼용 볼을 1개로 하고 원판등을 균형추로 하여 평형시티는 다미형 또한 리니어 피더에서는 진동 트러프와 기초의 위치 관계에 따라 병렬식, 상하식, 횡부착식으로 분류하기도 한다.

(6) 평형형 진동 볼 피더의 응용

(가) 조립 로봇을 위한 다단식, 다중식 진동 볼 피더

종래의 자동조립 시스템의 대부분은 본질적으로 1스테이션에서 1부품을 조립시키도록 되어 있다. 그러나 조립용 로봇이 급속히 발달되어 이것을 프로그래머블한 고기능의 조립공구로 해서 자동조립라인에 설치하기 위해서는 로봇의 고기능에 필적하는 플렉서블한 부품 자동 공급 장치의 개발이 필요하다. 로봇을 이용하기 위해서 특별한 부품자동 공급 장치로서 로터리 매거진이나 오픈식의 평면 파츠 트레이 등이 있지만 다단식, 다중식 진동 볼 피더도 대안이 될 수 있다.

(나) 다단식 진동 볼 호퍼 피더

한 개의 진동체에 다수의 볼 호퍼를 부착한 것을 다단 볼 피더라 한다. 현재 실용화되고 있는 것 가운데 최다단의 것은 7단으로 구성된 것도 있는데 평형형 진동계에는 기초가 진동적으로 절연되어 있으며 최대 지름 680mm의 거대한 볼

군을 안정되고 고능률로 비교적 정숙하게 구동할 수가 있다.

(다) 다중식 진동 볼 호퍼 피더

다중식 볼 피더는 진동 스프링을 방사상으로 부착하여 평형형 진동유닛에 의해 구동되는 박형 피더를 적층한 것이며 개개의 유닛은 서로 독립하여 구동할 수 있다. 이론적으로 어떤 단으로도 적층할 수 있지만 현재는 지름 700mm의 볼을 5단까지 적층한 것이 실용되고 있다.

(7) 평형형 리니어 피더

리니어 피더도 평형형으로 구성할 수 있다. 멀티트랙으로 구성한 평형형 리니어 피더의 모델을 나타낸다. 일반적으로 리니어 피더는 형상이 직선적이기 때문에 구조는 간결하지만 진동 공학적으로는 볼 피더보다도 복잡한 거동을 나타내기 때문에 설치를 포함하여 조정이 곤란하다.

다음은 평형형 리니어 피더의 응용 사례이다.

(가) 횡부착식 리니어 피더

보통형의 리니어 피더는 조금 경사시켜 상하방향으로 설치된 평행 스프링의 위에 부품을 급송하는 송로가 되는 트러프가 설치된다. 따라서 이것을 적층하는 데는 스탠드와 같은 것에 유지할 수밖에 없지만 이 유지부가 진동 공학적으로는 탄성체로서 작용하고 상호 간섭하여 트러블의 원인이 된다. 따라서 횡부착식 피더는 벽면에 부착되어 있는 평행스프링을 수평으로 배치하고 진동방향을 조정한 것이다. 진동적인 기초와 절연되어 있기에 다중식으로 적층되며 다단식, 다중식 피더와 조합하여 이용할 수가 있다.

(나) 순환식 리니어 피더

일반적으로 리니어 피더는 그 구조상 볼 피더처럼 부품의 저장기능이나 순환기능을 갖도록 하는 것은 어렵다. 그러나 LED 등의 전자부품처럼 매우 소형 부품이라면 리니어 피더의 트러프 위에 약간의 호퍼기능을 갖게 할 수 있어서 리니어 피더를 2대 조합시켜 서로 역방향으로 배치하면 순환기능을 갖게 하는 것이 가능하다.

4. LED Auto Taping M/C의 관리유지

가. Feeder 부

(1) Hopper

호퍼부는 많은 양의 LED를 보관하고 있다가 Part's Feeder에 일정한 양만큼 공급하는 곳으로 위에서 언급한 여러 진동방식의 볼 호퍼로 구성되어 있다. 따라서 공급량 조절은 Part's Feeder의 조정 바로 조정 및 controller의 가변저항 조절 스위치로 진동량을 조절함으로서 가능하다.

나. Part's Feeder

LED를 회전시키면서 이송하여 일렬로 정렬하는 곳으로 리니어 전동기로 구성되어 있다. 이때 Part's Feeder의 공급량의 조절은 결국 슈터에 들어가는 LED의 양을 조정하고 뒷부분의 갭을 조정하여 이송량을 조절한다. 또한 호퍼와 마찬가지로 직진형 피더의 진동량을 조절하여 양을 조절할 수 있다.

LED의 지름 3mm 혹은 5mm의 규격에 따라 Part's Feeder의 갭을 조정하여 원활한 이송이 되도록 하여야 한다. 진동량이 크면 LED가 중간에서 떨어지게 되는 것이 많으므로 적당하게 조정해야 한다.

Part's Feeder라 함은 인서트 성형의 자동화 시스템에서 워크를 로봇이 취급할 수 있도록 일정의 방향, 자세를 갖도록 워크 정렬 공급 장치의 일종으로 진동식 피더이다.

진동식 Part's Feeder에는 볼형, 원형의 진동 피더와 직진형 진동 피더 2종류가 있다. 일반적으로는 볼형과 직진형의 조합으로 되어 있는 것이 많다. 먼저 볼형 피더로 방향과 자세를 잡고, 다음에 직진 피더로 로봇 등이 잡기 쉬운 위치까지 워크를 정렬하여 이송한다.

방향, 자세의 판별방법은 외형이나 워크의 중심 차이를 이용한 기계적인 방법과 각종 센서로 현상의 판별을 하는 방법이 있다. 종래 개별 워크에 맞추어 볼의 형상, 센서의 배치 등이 고정되어 워크의 변경시 장치 전체를 다시 제작할 필요가 있지만 최근에는 화상처리 방식 및 각종 산업용 로봇의 보급으로 크기 및 현상이 유사한 워크는 프로그램 전환(부품 변경 없이)으로 대응 가능한 시스템도 개발되어 있다.

[그림 4-18] LED 부품 정렬용 Part's Feeder

다. Linear Feeder

Part's Feeder에서 일렬로 정렬된 제품을 저장하는 곳이며 역시 진동기로 구성되어 있다. 이송의 속도 조정은 Controller의 가변 조정기를 통하여 진동량을 조정한다. Linear Rail의 갭은 각각의 LED에 맞게 LED가 좌·우로 흔들리거나 떨어지지 않게 조절한다.

리니어 피더는 Throw와 Chute상의 재료를 안정된 상태에서 이름 그대로 직진 수송하는 전자식 드라이브 유닛이다. 유닛 본체의 전후에 판스프링이 있고, 이판스프링과 전자석에 의해 Throw와 Chute에 직진진동을 부여하게 된다. 특히 판스프링의 설치각도를 조정할 수 있기 때문에 진폭, 진동 각도 등 진동특성을 자유롭게 변화시킬 수 있고, 진동이 Throw 전장에 걸쳐 전달된다.

이로 인해 재료의 성상에 최상인 진동으로 무리없는 수송, 공급이 최대의 장점이다. 미분, 세분에서부터 미소부품, 정밀 부품 등에 걸쳐, 공급 및 분할 배출에 폭 넓게 사용 가능하고 직렬접속으로 장거리 수송에도 적합하다.

(1) LED 공급 장치인 리니어 피더의 조정방법

LED 지름 3mm일 때와 5mm일 때 LED 머리 Guide의 갭을 조정해야 한다. 우선은 4mm 볼트를 풀고 LED를 양쪽 끝단 쪽으로 넣고 뒤쪽은 여유를 많이 주고 앞단은 LED가 진행할 수 있을 정도의 갭으로 Setting한다.

LED의 Stopping 위치조정은 스토퍼로 조정하거나 리니어 피더를 전체 움직여서 Clamp 위치에 맞게 조정한다.

[그림 4-19] Throw 사용 례(Chute, Throw 치수, Over Hang)

(2) 진동 상태 점검 및 조치 상황

① 상판과 E코어판 간의 간격이 0.5~1.5m/m 정도가 적당한데 장기간 사용 시 상·하 코일 간격이 좁아지는 경우가 발생했을 때 진동은 있으나 슈트의 제품이 전진을 하지 않는 경우가 발생할 수 있다.

② 볼트의 미세한 유동에 의한 풀림으로 진동의 힘이 약화되는 현상이 발생하여 슈트의 제품이 전진이 미약하여 그 자리에서 돌거나 튀는 현상이 발생할 수 있다.

③ E코어판을 지지하는 볼트로서 진동을 MAX 상태로 장기간 사용시 미세한 풀림으로 1과 동일한 현상이 발생할 수 있다.

④ 직선 피더 슈트가 좌·우에 타 기계와 접촉되어 있는지 확인한다.

⑤ 판스프링 재질은 스틸재질로서 진동을 전진운동으로 바꾸는 장치로서 '스프링'이라고 한다. 장기간 사용시 기름이나 물 등의 유입으로 스프링의 힘이 저하될 수 있다.

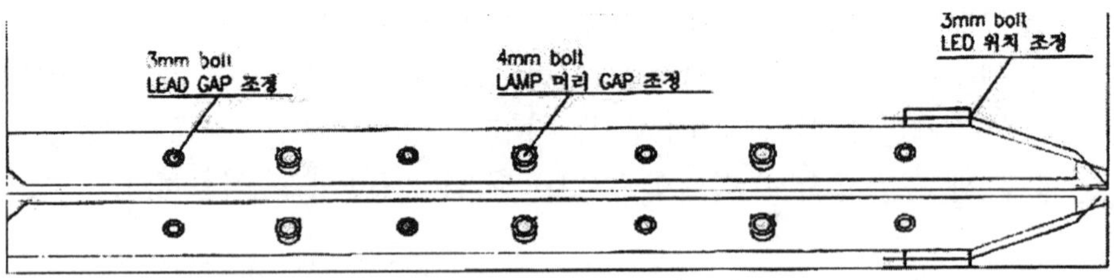

[그림 4-20] 직선 피더의 조정용 볼트

[그림 4-21] 진동 발생 조절 장치

라. Feeding 부

(1) 1차 Clamp

Linear Feeder상에 LED의 머리를 물어서 Feeding Rail에 옮겨주는 구간으로 Cam과 Air 실린더로 구성되어 있으며 실린더의 동작은 Mechanical 밸브에 의하여 정해진 Timing으로 일정한 간격을 유지시키며 cam으로 동작된다.

또한 위치 조정은 LED가 위치 조정 Regulator에 의해 이송척의 중앙에 위치하게 된다. Clamp Holder의 조립은 LED를 물었을 때 LED가 Rail의 센터에 위치하게 조립한다.

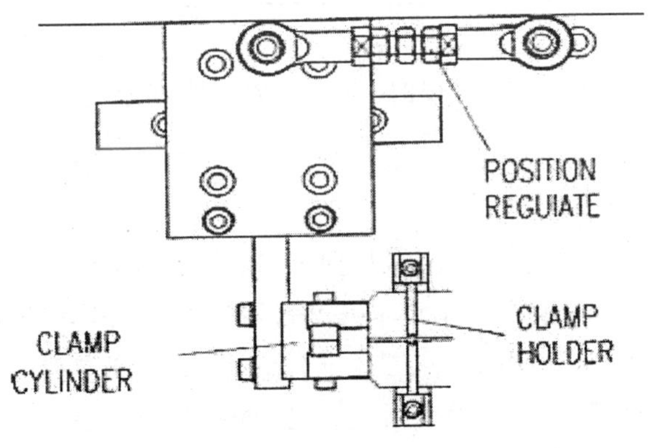

[그림 4-22] 1차 Clamping 장치

(2) Pitch 이송

1차 Clamp에서 이송한 LED를 일정한 Pitch 이송하여 구간별로 작업을 하고 분류 Drum에 삽입하는 구간으로 Cam과 Air 실린더로 구성되어 있다.

실린더의 동작은 1차 Clamp의 밸브와 같이 사용하므로 동일한 스텝으로 동작된다. 테이프에 LED를 배열하는 기준이 되는 Pitch를 정하고 각각의 실린더의 작업 Pitch를 설정한다. 대개는 이의 거리를 35mm 정도로 구성한다.

좌·우 이동위치는 실린더가 우측에 있을 때 Rotary Post의 센터에 위치한다. 또한 전·후 동작은 Rail Center에서 전·후로 5mm씩 움직이게 한다.

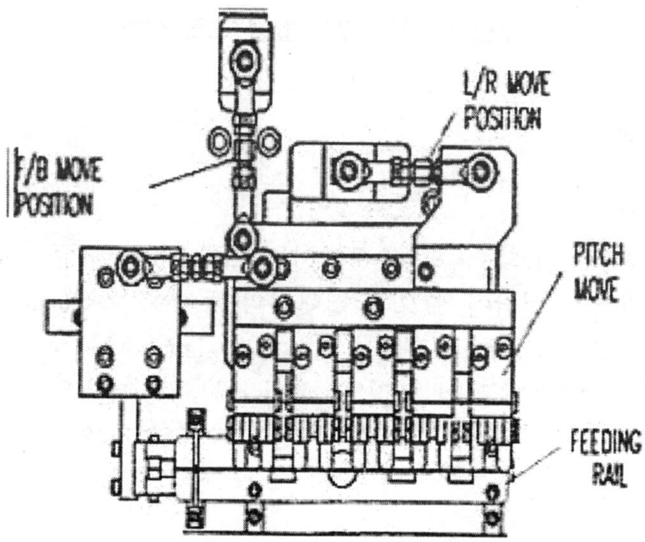

[그림 4-23] Pitch 기구의 도면화

(3) Contact 구간

Cam에 의하여 전·후 동작을 하며 LED 리드를 Holding하고 방향을 확인하여 일정 방향으로 Feeding하는 구간이다. 블록 전·후 조정은 Lot-End 베어링 볼트로 조정하고 좌·우 상단 Base 볼트 4개소를 풀어 조정한다.

여기서는 LED의 전압을 인가하여 Check Board에서 방향을 확인한 다음 로터리 구간에 알려 주는 부분과 이의 신호를 해석하여 로터리 구간에서는 LED의 방향을 일정하도록 위치시켜 주는 구간으로 매우 빠르게 동작하는 실린더로 구성한다.

한편 Contact-2 구간에서는 LED를 체크하여 양·부를 판정하여 양품은 Pass하고 불량은 다음 구간에서 배출하도록 한다.

작업은 Ejector에 의하여 불량제품을 빼내는 구간으로 실린더 2개로 구성되어 양쪽으로 개폐하는 방식이다.

Contact은 프로브 핀으로 LED의 리드를 Contact하는 방식이므로 LED 리드와 프로브 핀의 센터가 반드시 일치해야 전원을 통한 검사가 정확하게 이루어질 수 있음을 명심해야 한다. 이의 동작이 정확하지 않을 경우 LED Taping은 양품과 불량품이 함께 포장되는 경우가 발생한다.

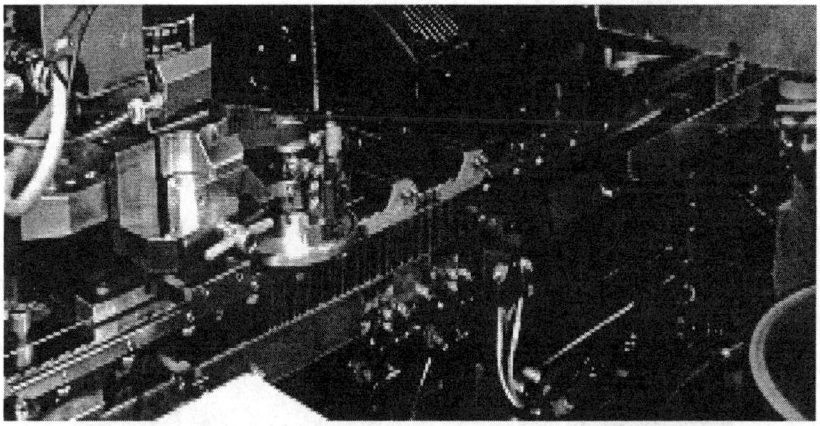

[그림 4-24] LED의 Contact Testing이 수행되고 있는 공정

마. Taping

양품으로 Feeding된 제품을 대지 테이프 위에 열접착 테이프로 붙이는 구간으로 Cam에 의하여 Taping되는 구간이다.

일단 LED가 테이프에 부착이 되면 테이프를 일정한 간격으로 천공을 하는 과정을 거치게 되는데 Taping Block에 묶여서 같이 동작한다.

Taping된 제품을 센서로 체크하여 에러를 띄우는 구간이 있는데 이를 F-Check라 한다.

다음은 카운트 체크 구간으로 Taping된 제품의 실제 수량을 카운터하기 위하여 센서로 제품을 체크하는 구간이 있다. 이때 센서에 의한 검사가 진행되지 않으면 연속적으로 생산되는 LED의 수량은 계산되지 않게 된다.

센서에 의한 카운트 후에는 Auto Packing을 하기 위한 적당한 간격으로 접기 방식(Folding)을 진행하여야 한다. 이의 구간은 일반적으로 25Pitch마다 테이프를 Auto Knife로 테이프를 찍어주며 이는 역시 Air Cylinder를 이용한다.

이때 주의 사항으로는 Taping시 가열 히터 온도가 높으면 테이프가 타고 또한

Taping 금형에 끈끈이가 많이 붙고, 낮으면 Taping이 잘 안되므로 설정시 테스트해서 알맞은 온도를 설정해야 한다.

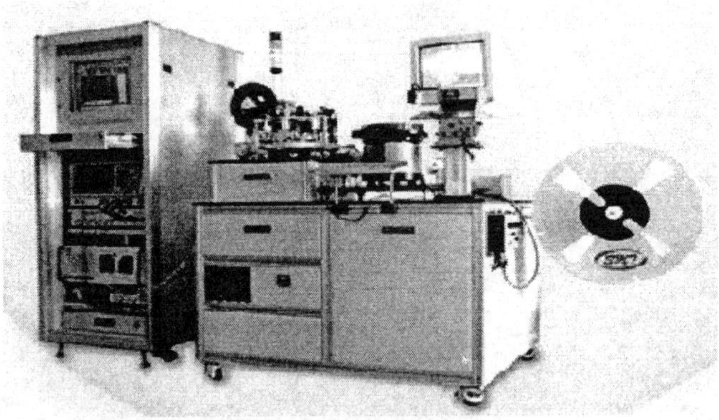

[그림 4-25] Testing and Sorting M/C

[그림 4-26] LED 수평형 Auto Taping 장치

또한 Hole Punch 구간은 구멍을 뚫고 난 뒤에 칩이 가끔 떨어지지 못하고 테이프에 끼는 경우가 발생하므로 Hole Check Error가 발생할 수 있으므로 반드시 확인해야 한다. Auto Knife구간 역시 테이프를 실린더로 찍어 접이하는 구간이므로 반대편 Block홈에 찌꺼기가 끼는 경우가 있음을 주의해야 한다.

바. Auto Packing

Taping된 제품을 Box에 포장하기 위하여 25Pitch마다 Knife로 찍은 부분을 양쪽으로 번갈아 가면서 접어 정렬하는 구간이다.

이때 Auto Cylinder 동작 Timing 설정은 장비를 가동하면서 Knife로 찍은 Point가 양쪽 끝에 위치하고 Auto Cylinder가 전진시 접히고 남는 부분이 많거나 적으면 안 된다. Auto Set S/W가 Off일 때 Manual S/W는 동작한다.

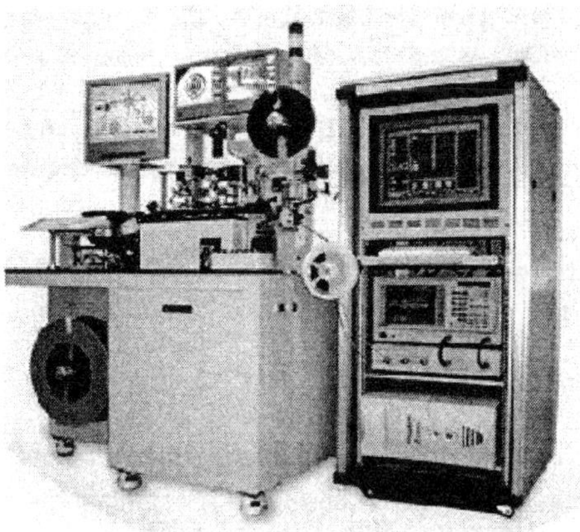

[그림 4-27] LED Taping M/C

사. LED Bulk Test Handler

(1) LED 테스트 장비 취급

LED 소자에 에폭시 몰딩을 끝내면 일단은 LED 패키징 공정의 마지막 단계로 완성된 제품의 전수검사를 통하여 적절한 성능 검사가 필요하다. 이와 같은 성능 검사는 생산된 제품을 볼 호퍼에 로딩한 후 리니어 피터에 이송을 주어 자동으로 성능을 체크한 후 유사 그룹은 분류하는 동작이 필요하게 된다.

이와 같은 작업은 전자에 언급한 Feeding부에서 1차 Clamp 및 Pitch 이송을 통하여 테스트 구간에 들어오게 된다. 아래에서 테스트 구간의 역할을 살펴보기로 한다.

Cam에 의하여 전 · 후 동작을 하며 LED 리드를 Holding하고, 방향을 확인하여 일정방향으로 테스트를 하게 된다.

Block 전 · 후조정은 Lot-End Bearing의 볼트로 조정하고 좌 · 우는 상단 Base Bolt 4개소를 풀러 조정한다.

[그림 4-28] Test and Marking, Auto Taping Work Line

여기서 극성 체크하기 위해서 LED에 전압을 인가하여 Check Board에서 방향을 확인한 다음 로터리 구간에 알려주게 되면 다음 공정의 로터리 구간에서 LED의 방향을 일정하게 들려주는 구간으로 실린더로 구성된다.

그리고 Test 1, 2 동작구간에서 LED의 전기적 특성 및 광량을 Tester에서 측정하여 Bin 데이터를 각각의 LED에 부여한다.

여기는 Detector는 LED의 광량을 측정하는 센서이다. LED의 상단 센터와 일치하여 위치를 조정하고 상・하 조정 볼트로 높이를 가변하여 최적에 값이 되면 측면에 있는 Knob 볼트로 고정한다.

테스터는 프로브 핀으로 LED의 리드를 Contact하는 방식이므로 LED 리드와 프로브 핀 센터가 일치해야 Contact Miss가 줄어든다.

(2) Bin의 분류

테스트된 LED에 부여된 각각의 Bin 데이터 별로 해당 Bin Box에 Eject하는 구간으로 Index에 의하여 일정한 Pitch로 이동하며 Air Cylinder로 구성된다.

Air Cylinder의 Speed Controller로 공기의 유입되는 유량을 조절하여 실린더의 동작 속도를 조절할 때 제품이 튀지 않게 조정한다.

디바이스 체크 센서는 LED 유・무를 확인하는 구간이다. LED가 없을 때 또는 Bin 데이터가 없을 때는 1번 Bin 데이터가 Set된다.

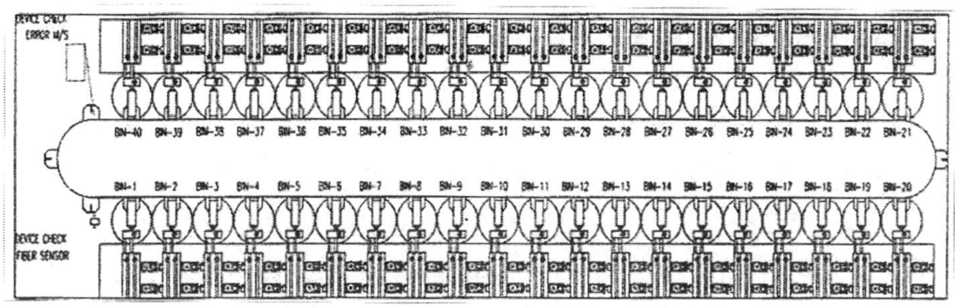

[그림 4-29] 테스트 후 광도 성능별 Sorting Device

Bin Ejector는 실린더 동작 방식이며 각각의 해당 Bin별로 40개가 구성되어 있다. 그러므로 Bin Box의 배치는 1~20번 Bin은 전면 상단에 배치되고, 21~40번 Bin은 전면하단에 회전방향의 순서대로 배치되어 있다.

여기서 디바이스 체크 에러는 Drum상에 모든 디바이스를 체크한 후 이상이 있을 때 에러를 감지하여 Micro S/W의 Wire Lever에 제품이 감지되면 에러가 발생된다.

(3) Signal Cam의 배치

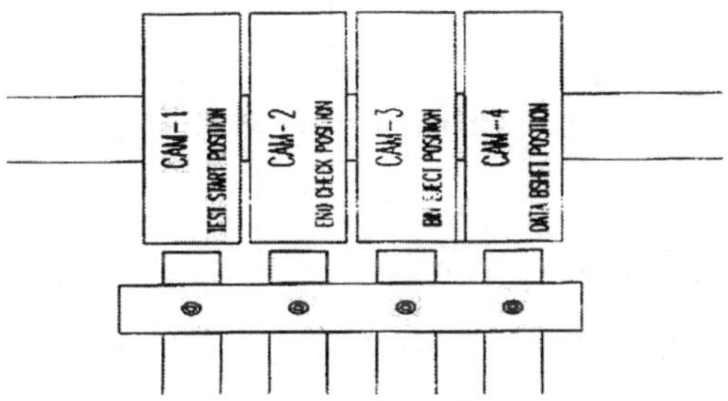

[그림 4-30] Signal Cam Device

Cam-1 : 센서가 Off 될 때 Test Start Signal을 테스터로 보낸다.

Cam-2 : 센서가 Off 될 때 Test End Signal을 체크하여 End Signal이 안 나올 경우 Error를 띄운다.

Cam-3 : 센서가 Off 될 때 Bin Eject Cylinder가 동작한다.

Cam-4 : 센서가 Off 될 때 Bin Data를 Shift시킨다.

5. 부품의 정렬, 선별 시스템의 설계의 기초

가. 부품의 배출 자세

부품의 배출자세에 따라서 툴링 기법을 선택하지 않으면 안된다. 예를 들어 캡상의 부품을 정렬하는 데는 파상돌기(Scallope)라 부르는 툴링 기법이 잘 쓰여지고 신뢰성이 높은 방법이지만 이 기법은 제외 정렬이며 파상돌기를 통과하는 부품은 구멍이 위쪽으로 된다. 구멍이 아래로 된 부품을 취출하고자 할 때는 다시 비틀림 슈트 등의 자세변환의 기능을 가진 툴링을 추가해 주지 않으면 안된다. 이와 같은 경우에는 에어로 위로 향한 부품을 제외하는 기법쪽이 오히려 현명하다. 배출자세에 대해서만 아니라 몇 개의 유사한 기능을 갖는 툴링 기법에서는 각 특징이 있으므로 그 성질을 잘 알아서 적당한 것을 선택하지 않으면 안된다.

나. 부품 선별 후의 전락 자세

부품을 정렬할 때 2개의 자세 중 옳은 자세는 통과시키고, 다른 자세는 통과할 수 없고 전락시킬 경우 이때 전락되는 부품의 자세는 옳은 자세로 변환되도록 주의해서 설계해야 정렬 효율이 좋아질 것이다. 어떤 부품을 전락시켰을 때 그 높이와 부품의 치수와 관련하여 반전하는 경우와 반전하지 않는 경우가 있다. 전락 자세는 또 진동강도에도 지배되기 때문에 주의를 필요로 한다.

(1) 부품의 양과 급송속도 불균일의 문제와 그 대책

볼 호퍼내의 부품의 양이 많은 경우와 적은 경우에 급송속도가 다르게 되는 것이 있다. 이와 같은 증상에는 2개의 원인이 있다.

그 하나는 툴링부분에 기울기나 단면형상의 급격한 변화나 트랙면의 요철에 의한 걸림 등이 있고 더욱더 부품이 많이 있으면, 말하자면 '밀리고 밀리고'의 작용으로 평균화되어서 어떤 문제가 생기지 않지만 부품의 양이 감소하여 1개씩 통과하게 되면 보내는 속도가 정체하기 쉽고 이 때문에 전체의 보내는 속도가 저하된다.

이와 같은 원인에는 급송속도에 변화를 일으키지 않는 툴링을 채용하거나 또는 부품을 혼합해서 '밀리고 밀리고'의 작용을 언제나 이용할 수 있도록 연구하지 않으면 안된다. 물론 더미의 부품은 형상선별이 쉬운 부품을 택하여서 순환시킨다.

앞에서 논한 원인이 없을 때 부품이 감소하는데 따라서 급송속도가 저하하는 것은 다음 제2의 원인 즉 공간의 어긋남, 다시 말하면 피더의 고유진동수가 너무 높은 것에 기인하는 것이다. 부품이 많이 있을 때는 볼에 대한 부하효과 때문에 고유진동수가 저하되고 공진점 부근에서 동작하지만 부품이 감소하는 데 따라서 가동부 질량이 작게 되고 공진점에서 점차 멀어지고 따라서 진폭이 감소하고 급송속도도 작게 되고 마는 것이다.

이를 체크하는 데는 부품의 양과 볼의 진폭과의 관계를 조사해보면 곧 알 수 있다. 볼의 중량에 비해서 부품의 중량이 비교적 많은 경우나 볼의 중량에 대해서 기초의 중량이 그다지 크지 않는 경우는 특히 이 영향이 현저하다. 또 역으로 부품의 양이 감소하면 도리어 급송속도가 커지는 것은 고유진동수가 더욱 낮기 때문이다.

(2) 볼과 슈트의 접속

볼과 슈트를 직접결합해서는 안된다. 직진 피더를 슈트로 해서 이용하는 경우도 마찬가지이고 진동의 위상을 같이 하지 않으면 이음매에서 문제가 생긴다. 또 슈트와의 이음매는 될 수 있는 한 하향구배로 하는 것이 필요하다. 슈트와의 이음매의 틈새가 특히 문제로 되는 경우는 볼측과 슈트를 서로 비스듬히 맞물리게 하거나 부드러운 스폰지성의 재료로 접속하면 좋다.

(3) 핸들링이 곤란한 부품

구상의 부품은 지동피더에서는 급송되지 않기 때문에 다른 장치를 이용해야 할 것이다. 그러나 아무래도 볼 피더를 이용하고자 할 때는 다른 종류의 부품과 혼합해서 급송하면 좋다. 물론 혼합할 부품은 선별하기 쉬운 형상의 것을 선택, 제외 정렬에 의해서 선별하여 순환되도록 한다.

다. 부품의 정렬 선별 기구에 있어서 문제의 분류

부품 처리에 있어서 문제는 부품 쪽에 원인이 있는 경우와 볼 피더에 원인이 있는 경우로 구별되며 <표 4-2>에 급송이 곤란한 부품 10가지를 열거하였다. 그러나 여기에도 원인이 해당되지 않으면 피더쪽에 원인이 있음을 체크하여 보는 것이 문제해결의 순서이다.

〈표 4-2〉 부품의 자동공급이 곤란한 경우

번호	부품의 종류	주 기
1	오염 부품	기름, 그리스, 먼지 절삭 칩, 모래 등이 부착된 것
2	치수정도 불량 형상 불규칙 부품	치수의 분산이 많은 부품, 특히 기능에 지장이 없는 것도 포함, 리드선이 불규칙한 굽힘 발생의 경우
3	형상이 복잡해서 엉키거나 겹치기 쉬운 부품	코일 스프링, 절곡한 박판, 쐐기 상으로 엉키는 부품, 같은 치수의 구멍과 축을 갖는 부품
4	배출자세의 자유도가 많은 불안정한 부품	배출자세의 자유도가 많아 정렬효율이 나쁜 부품으로 곡면이 많은 부품
5	특징이 적은 부품	툴링의 실마리가 질적, 양적으로 적은 부품, 고의로 슬릿이나 돌기를 붙이거나 대칭되게 설계를 함
6	유연한 부품	비닐선, 섬유제품, 종이, 가죽, 고무, 플라스틱제품, 소세지, 필라멘트 등
7	부서지기 쉬운 부품	렌즈 등의 유리제품, 비규칙적인 식품 약품, 송로에 특수한 처리를 달아줌
8	극소 극박의 부품	IC, 전자부품, 필름 등
9	정전기가 발생하는 부품	플라스틱제품, 보석 등, 송로 볼의 도전성을 좋게 한다.
10	고속 급속 다종 부품 혼합공급	고능률 호퍼 피더, 다단 피더 등의 채용, 점차 수요가 증대
기타	소음이 발생하는 부품	대형 부품은 소음 문제, 호퍼 피더의 적정한 선정이 고려되어야 하며, 소음 차단 장치를 이용할 수 있음

라. 툴링 기법의 발전과 합리화 방법

최근의 툴링 기법은 직감과 경험에 의존하는 면이 강하고 자동조립기술이라는 정밀공업의 진수를 집적한 기술 분야에 있어서 현저하게 전 근대적 체질을 가진 이질적인 부분으로 남겨져 있다.

일부의 예를 제외하고 볼 피더의 툴링 도면은 제출되지 않는 것이 보통이고 메이커 자신에 있어서도 정확한 치수가 들어간 도면이 아니고 사진, 탁본, 형판 등에 의존하고 있는 것이 많다. 이와 같은 툴링 기술의 비공개는 툴링 기술의 합리화와 발전을 위하여는 장애가 되지만 특별히 부품별 개발자가 노하우를 가지고 개발하는 비근대적인 관행보다는 표준화되고 누구라도 설계 제작이 가능하도록 합리적인 여러 가지 방법을 시행하는 것이 바람직하다.

(1) 툴링 기법의 이론적 해석

어떤 형상의 부품에 대한 툴링 기법에 있어서의 이론적 필연성을 명백히 하는 것이 필요하며, 그 때문에 여러 종류의 다른 부품에 대한 툴링 및 동일 부품의 치수변화에 대한 툴링의 과학적 근거를 명백히 하는 것이 시도되고 있다.

〈표 4-3〉 피더측에 원인이 있는 툴링의 트러블

번호	원 인	트 러 블				
		막힘 걸림	부분적인 급송 불균형	시간적인 급송 불균형	정렬의 불확실	이송 속도 부족
1	송로면의 요철, 손상, 불균일, 변형, 마모	○	◎	△	○	△
2	툴링 부속기구의 정도불량, 강성부족	◎	◎	△	◎	△
3	송로의 구배가 부분적으로 과대	○	◎	△		△
4	송로의 단면형상이나 마찰계수가 부분적으로 다름	○	◎	△		△
5	피더의 고유진동수 조정의 부적정			△		△
6	부품의 도약 과대, 진동의 강도 과대				◎	
7	볼의 균형 불량		◎		○	
8	피더의 설치 부적정			○△		◎△
9	피더의 스프링 클램프, 나사 등의 이완			○	○	
10	리니어 피더 설치의 부적정		◎			○
11	슈트의 설치 접속 부적정		◎			○
12	전원의 변동			○		

4-2 제조장비에서 센서의 응용

부품의 정렬 기법에는 기계적 수법으로 더구나 자세의 검출과 제어의 기구가 일체화하고 있는 것이 많고 간단하고 교묘한 기법이 연구되어서 널리 쓰여지고 있다. 그러나 교체가 쉬운 시스템이나 다품종 소량생산의 자동조립 등, 프로그래머블로서 유연한 자동조립 시스템의 개발이 요구되면 센서를 이용해서 부품의 형상자세를 판별하고 따라서 별도의 기구에 의해서 자세를 정렬하고 선별하는 방법을 택해야 한다. 센서를 이용한 정렬 기법에는 센서부와 정렬부가 별개로 분리된 기구로 되어 대개 복잡하게 되고 공간도 많이 차지하지만 한편 사양의 변경이나 품종의 교체에 대응하기 쉽다는 장점이 있다.

2종 자세의 부품이 호퍼 내에 있을 때 센서로 자세를 판별하고 제어기구로 정렬 선별하는 예는 우리 일상 자동화 시스템 분야에서 흔히 볼 수 있는 일이다. 우리는 여기서 LED 패키징 제조 라인에서 응용되는 센서에 대하여 정리하고 알아보기로 한다.

1. 센 서

가. 센서의 개요

센서란 측정 대상물로부터 해당정보를 감지 또는 측정하여 그 측정량을 전기적인 신호로 변환하는 장치로 온도, 압력, 조도, 자기, 유량, 가스의 농도, PH 등과 같은 물리량이나 화학량의 절대값이나 변화 또는 소리나 전파의 강도를 검지하여 유용한 신호로 변환하거나, 물리량의 절대값 또는 변화를 감지하여 이를 사용 가능한 전기신호로 변환하는 장치로 종합적인 정의를 할 수 있다.

이와 같은 센서는 흔히 인간의 오감(시각, 청각, 후각, 미각, 촉각)과 비교하여 말하기도 하는 데, 오히려 센서는 인간이 오감으로 느낄 수 없는 무색, 무취의 가스의 양이나 농도, 자기의 세기, 적외선, 전자파 등을 검출할 수 있음을 우리는 알아야 한다.

이와 같은 센서 기술은 부분품, 조합품, 유닛, 시스템으로 체계화시켜 적용되고 있으며 일반적으로 여러 가지 장치 시스템에서 외부에 직접 노출되므로 항상 가혹한 환경에서도 장시간 일정하게 동작해야 하는 것이 요구되고 우리는 효율적인 센서의 사용을 위해 아래와 같은 점들을 센서 선정시 고려해야 한다.

① 정확성
② 감지거리
③ 신뢰성과 내구성
④ 단위시간당 스위칭 사이클
⑤ 반응속도
⑥ 선명도

(1) 센서의 사용목적

(가) 정보의 수집

일반적으로 센서를 사용하는 목적은 여러 가지 있으나 대체로 아래와 같은 정보를 수집하는 방법으로 구분한다.

① 계량계측 : 과학연구에 있어서 계측 관측이나 제조 또는 상거래에 필요한 계량의 측정에 의한 정확한 수치정보를 제공한다.
② 탐지·탐사 : 특정의 목적을 위해서 측정 대상물의 유무상태를 탐지하여 정보화하는 데는 대부분의 경우 원격계측방법이다.
③ 감시·경보·보호 : 시스템이나 장치에 대한 상태를 감시하여 이상의 검출, 위험의 예고, 이상이나 위험시의 경보신호 및 보호 장치를 가동시키기 위한 신호를 발생하게 함으로써 안전관리를 가능하게 한다.
④ 검사·진단 : 생산된 제품에 대한 특성의 적격성 여부, 인체의 이상정도 등의 판정에 필요한 계측을 실시하도록 한다.

(나) 정보의 변환

센서는 수집된 정보를 일정한 방식으로 변환하여 기록매체에 저장하거나 다른 가능한 수단으로 정보를 변환하는 기능을 가진다.

① 문자·기호·코드 등의 형식으로 종이나 필름 등에 기록된 정보를 컴퓨터, 팩시밀리 등에 이용할 수 있는 신호로 변환된다.
② 각종의 정보매체에 기록된 정보를 해독할 수 있도록 자기디스크, 광디스크 등의 장치를 이용하여 변환된다.

(다) 제어정보의 취급

다른 감지장치로부터 전달되어 온 정보를 처리하여 새로운 제어를 가능하도록 취급하는 역할을 할 수도 있다.

① 제어 대상 장치, 제어장치 등이 놓여 있는 환경의 상태를 검출하여 제어정보로 활용함으로써 이들 장치의 상태를 안전하게 제어하거나 목표값에 접근하도록 한다.

② 센서의 성능 : 측정범위, 감도, 응답속도, 정밀도가 자동화 시스템의 성능의 가치를 좌우하게 되며 센서의 신뢰성에 강하게 의존하게 된다.

(2) 센서의 종류

(가) 검출량의 성질에 의한 분류

센서를 분류하는 방법에는 여러 가지가 있으나 우선 이용하는 검출량의 성질에 따라 아래와 같이 나눌 수 있다.

① 화학센서 : 효소센서, 미생물센서, 면역센서, 가스센서, 습도센서, 매연센서, 이온센서 등

② 물리센서 : 온도센서, 방사선센서, 광센서, 컬러센서, 전기센서, 자기센서 등

③ 역학센서 : 길이센서, 변위센서, 압력센서, 진공센서, 속도·가속도센서, 진동센서, 하중센서

(나) 정보획득 방법에 의한 분류

일반적으로 능동형 센서는 외부로부터 에너지를 공급해야 하는 형태로 측정하고자 하는 대상물에 에너지를 제공하고 대상물에서 정보를 감지하거나 외부로부터 제공된 에너지가 측정 대상물에서 다른 에너지로 변환되고 변환되는 에너지를 정보로 검출하는 기기로서 레이저센서나 일반적인 광센서 등이 있으며, 외부로부터 별도의 전원이 필요하지 않는 형태로 측정하고자 하는 대상물에서 나오는 정보를 그대로 정보로 받아들이는 기기로 초전센서와 적외선센서 등은 수동형 센서라고 말한다.

2. 자동화 기계에서 신호 처리 및 신호의 분류

센서는 측정 대상물로부터 물리량의 절대값이나 그 변화량을 검출하여 이들의 제어 시스템에 정보로 제공하기 위해 필요한 신호로 그 측정량에 대응한 값들로 변환시키는 과정을 가지게 되는데, 예를 들면 전기히터의 온도감지의 경우 전열기의 온도를 우선 바이메탈의 팽창 혹은 수축이라는 금속재료의 물리적 변화를 이용하여 전기 접점을 단락시킴으로써 이 신호는 다시 또 다른 신호감지로 램프를 점등하여 외부에서 전열기의 상태를 알 수 있게 하는 일종의 변환 처리를 한다.

이와 같은 센서의 신호는 다른 기기에서 사용하거나 또는 전송이 용이한 신호로의 변환, 정보의 전송, 지시, 기록과 미약한 신호의 검출은 그 신호를 확대, 증폭 등을 포함하여 변환 처리하는 과정을 처리한다.

(1) 아날로그 신호

자연계에 존재하는 대부분의 변화에 대한 신호는 이와 같은 아날로그 신호(analog signal) 인데 연속시간 신호라고 하는데 정보의 정의역이 어느 구간에서 모든 점으로 표시되는 신호로 시간과 정보가 모두 연속적인 신호를 말한다. 사람의 목소리, 시냇물이 흐르는 소리, 온도의 변화, 속도의 변화 등은 모두 여기에 해당된다.

(2) 연속 신호(contineous signal)

시간은 연속이나 정보량은 불연속적인 신호로 정보의 정의역은 기준 단위의 정수배로 표현된다. 여기서 우리는 지붕의 낙숫물 떨어지는 소리를 연상할 수 있다. 낙숫물은 시간에 관계없이 일정한 양이 모일 때 떨어지거나 멈춤을 불규칙적으로 반복한다.

(3) 이산시간 신호(discrete-time signal)

아날로그 신호를 일정한 간격의 표본화(sampling)를 통하여 얻을 수 있는 정보로 시간은 불연속이고 정보는 연속적인 신호로 자연계에 존재하는 모든 신호는 아날로그적이지만, 이를 제어시스템에 정확히 처리하기에는 많은 저장 공간이 필요하고 처리 속도 또한 자연과 같은 속도로 재현하기에는 어려우므로 경제적이고 효율적으로 처리하기 위해 이용되는 극히 작은 시간 단위로 미분하여 가능한 한 자연현상 그대로 재현할 수 있는 방법으로 연구할 수 있는 처리 방법이다.

오늘날에는 DSP(Digital Signal Processing) 기술의 발달로 음향기기, 통신, 제어 계측 등에 많이 이용되어 정확한 음원 재현을 실현할 수 있도록 노력하고 있다.

(4) 디지털 신호

시간과 정보가 모두 불연속적인 신호로 아날로그 신호를 일정한 샘플링 주기로 표본화하고 기준 단위의 정수재로서 그 정보량을 표시한 것으로 유한한 정보로 표현하기 위해 몇 개의 2진 신호(Binary Signal)가 이용되며 컴퓨터의 메모리, 레지스터 등은 대표적인 디지털 신호이다.

(5) 2진 신호

신호의 형태를 오직 2가지 형태로만 나타낼 수 있는데 이는 단순화 처리에서 많이 이용될 수 있다. 어떤 값의 기준값 이상의 신호는 on, 기준값 이하의 신호는 off를 나타내는 신호로, 신호의 유무, 1과 0, on-off, 실린더의 전진과 후진, 위와 아래 등, 높은 레벨과 낮은 레벨의 경계지점(threshold)에서의 효율적인 처리를 위하여 전기적인 신호를 발생하는 센서에서는 히스테리시스를 두어 분명한 두 상태를 유지시키고 있다.

3. 물체감지 및 검출 센서

자동화 시스템에서 어떤 동작의 완료 여부를 판정하는 방법으로 시간에 의하여 판정하거나, 동작 완료여부를 신호로 발생토록 하여 그 신호의 유무에 따라서 다음 동작을 진행시키거나 프로세서에 의한 동작 제어를 할 수 있도록 한다. 이때 대부분 신호발생 요소로는 센서를 사용하는데 이의 구분은 아래와 같다.

(가) 접촉식 센서

물체의 동작이 해당 센서에 실제 접촉하여 기계적 변화를 가함으로써 가공물의 존재여부 또는 그리퍼의 개폐, 실린더의 전진과 후진위치 등을 간단히 감지할 수 있는 센서를 접촉식 센서(limit switch)라 한다.

① 전기 리밋 스위치

자동화 시스템의 동작 완료 여부를 마이크로 스위치의 가동으로 감지할 수 있는데 이와 같은 신호는 연결 방법에 따라 a접점은 누름 버튼이 눌려지고 있을 때만 스위칭 요소가 두 접점부를 연결하여 전기신호를 발생하는 신호요소를 말하고, b접점은 버튼이 눌려지지 않았을 때 전기신호를 발생하고 버튼이 눌려지면 전기신호를 차단하는 신호요소의 동작을 말한다.

실제로는 한 개의 기기에 2가지의 용도를 겸하게 하는 c접점을 갖고 있어 결선의 방법에 따라 2가지 용도로 적용 가능하게 공통 단자(com)를 두어 사용하고 있다. 이와 같은 리밋 스위치는 기계 작동부에 누름버튼(작동기구)의 동작을 두어 롤러레버나 플런저 등에 의하여 구동되도록 제작되어 있다.

② 공압 리밋 스위치

전기와 같이 에너지를 공기를 사용할 뿐 역할은 동일하다. 공압 시스템의 공기흐름을 플런저나 롤러에 의하여 개폐하거나 방향을 전환하는 역할을 하는 스위치를 말한다.

③ 공압 근접센서

에어제트가 감지 대상물에 작동하여 신호를 발생시키는 원리를 이용하여 작동되는 센서로 압력의 변화를 측정하여 증폭기를 사용하여 제어기를 동작시켜서 물체의 접근 여부를 감지한다.

배압노즐(back pressure switch)은 공급받은 압축공기를 노즐(nozzle) 내부의 관로를 통해 외부로 공기를 분출하여 대기 중에 방출하다가 접근되는 물체에 의하여 공기의 흐름이 차단되었을 때 배압을 이용하여 감지를 하는 센서로 감지거리는 0~0.5mm 정도이다.

반향노즐(reflect sensor)은 송신노즐을 통해 일정하게 공기를 분출하고 접근되는 물체에 의해 분출되는 에어제트가 접근되는 물체에 의해 방해를 받음으로써 수신노즐측에 배압신호를 형성하는 센서로 감지거리는 2~15mm 정도를 감지할 수 있다.

또한 에어 배리어(air barrier) 2개의 에어제트를 마주 보게 하고 공기를 분출하여 감지대상 물체가 송수신 노즐 사이에 에어제트를 가로막으면 수신노즐측의 배압신호가 없어지는 점을 이용하는 방법의 센서이다.

나. 유도형 센서(inductive sensor)

물체가 접근하면 진폭이 감소하는 고주파 L, C발진기(100~1000kHz)에 의해 센서 표면에 전자계를 형성하고 감지거리 이내의 금속물체에 의한 변화에 따라 출력을 내보냄으로써 금속성 물체가 감지거리 이내에 들어오면 발진 코일로부터의 전자계의 영향을 받아 유도에 의한 와전류(eddy current)가 금속체 내부에 발생하여 에너지를 빼앗아 발진 진폭의 감쇠를 가져오는 변화를 신호로 출력하게 된다. 여기서 와전류(eddy current)는 자성체 중에서 자속이 변화하면 기전력이 발생하고 이 기전력에 의해 자성체 중에 소용돌이 모양의 전류가 흐르는 현상을 말하는 것이며, 유도형 센서는 감지물체나 감지거리에 따라 비례적으로 발진진폭의 감쇠를 가져올 수 있으나 일반 물체 감지용 센서는 감쇠가 정해진 값 이하로 내려가면 슈미트 트리거와 같은 파형 정형회로 등의 스위칭 동작으로 출력(on/off)이 발생한다.

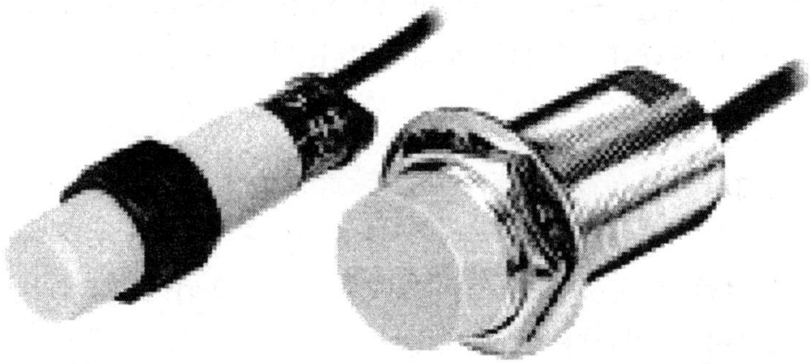

[그림 4-31] 상용 유도형 센서

유도형 센서 발진방법은 커패시티에 충전된 전압이 코일을 통해 방전하며 주기적으로 전류의 세기와 전압이 바뀌는 형태로 전계에너지가 자계에너지로 계속하여 서로 반복적으로 변화하는 것으로 발생한다.

Arago's disk는 와전류 형성에 관한 실험을 행할 수 있는 원판으로 전류의 흐름은 자석의 진행방향에 의해서 생기는 와전류의 합성방향으로 생기며 전동차의 브레이크 및 급제동시 이용할 수 있다.

유도형 센서는 다음과 같은 특징을 가진다.

① 매우 높은 스위칭 주파수(1000Hz)를 가지므로 신호의 변환이 빠르다.
② 비접촉식으로 마모가 거의 없어 수명이 길다.
③ 먼지나 진동의 외부 영향에 대해서도 민감하지 않으므로 나쁜 환경에서도 이용이 가능하다.
④ 적은 전력으로 이용가능하다.
⑤ HF필드이므로 간섭이 없다.
⑥ 감지물체 안의 온도상승은 없다.

⑦ 히스테리시스의 폭보다 진동이 큰 콘베이어 벨트상 물체검출은 유의하여야 한다.

⑧ 자석의 효과는 없다.

⑨ 코일 성분에 의한 전자계를 형성하는 것이므로 소형화가 곤란하다.

또한 유도형 센서의 감지거리는 물체의 전기전도성에 의존하며 고주파일수록 낮은 전도성을 가지며 물체의 강자성체는 검출할 수 없으며 강(steel)의 경우 4~5 mm로 짧으며 특히 쉴드형이 비쉴드형보다 3배 정도 짧다.

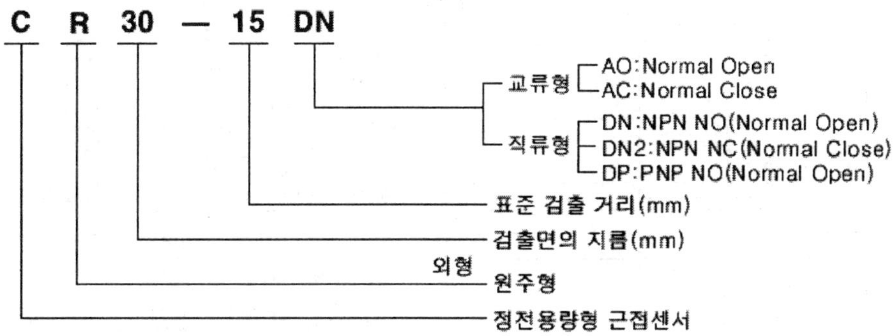

[그림 4-32] 상용 근접센서의 표기 예

유도형 센서의 출력형태는 트랜지스터의 종류에 따라 p-n-p형, n-p-n형으로 구분하며 물체의 검출시 출력이 p-n-p인 경우 +전압으로 출력되므로 공통 단자를 −전압으로 연결하여야 한다.

다. 용량형 센서

용량형 센서는 전극판에서 고주파전계를 발생시켜 물체의 접근에 따라 물체 표면과 검출 전극판 표면에서 분극현상이 일어나 정전용량이 증가되어 발진조건이 향상되고 진폭이 증가하면서 출력이 나오는 원리를 이용한 것으로, 물체의 분극현상을 이용하므로 액체 및 비금속 물질도 검출이 가능하고 먼지나 습기와 같은 주변조건의 변화에 오동작을 할 경우도 있으므로 설치시 특히 주의를 필요로 한다.

또한 용량형 센서는 검출 전극판을 분리하지 못하므로 모두 일체형으로 되어 있으며 평행판의 한쪽은 감지물체가 되며 검출 전극판과 감지물체 사이의 정전용량은 평행판 콘덴서의 경우와 같이 $C=\frac{\varepsilon S}{d}$ 로 표시하며 여기서, S : 센서의 표면적, d : 감지거리, ε(유전율) : $\varepsilon_0, \varepsilon_s$이다.

용량형 센서의 물체 감지는 유전율이 클수록 쉽고 유전율이 작은 플라스틱이나 스티로폴은 상당한 두께를 형성하였을 때 짧은 거리에서 검출될 수 있으며, 물의 경우 유전율이 높으므로 아날로그 센서로 물체의 수분 함유율을 검출하거나 보이지 않는 곳의 물의 용량검출도 가능하며 감지거리는 8~20mm 정도이다.

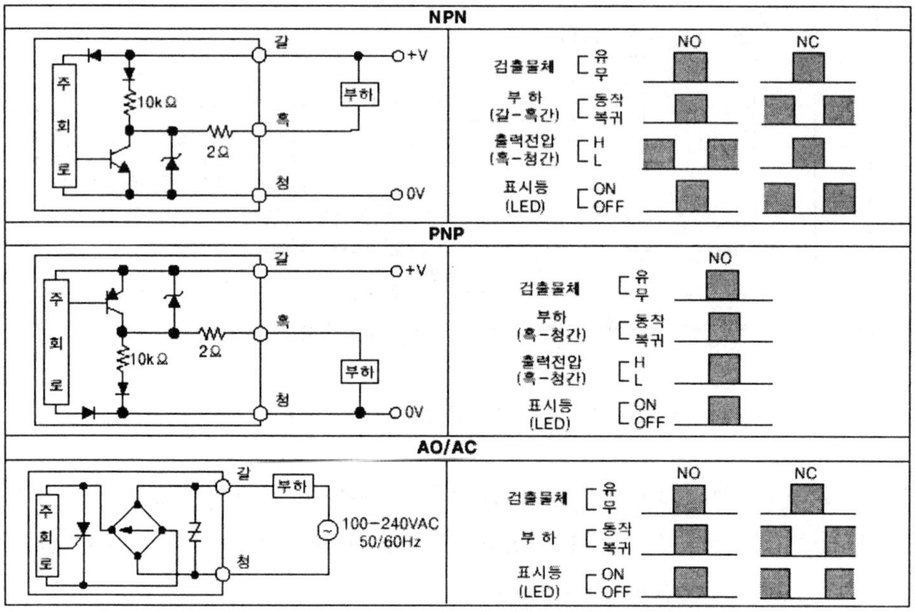

[그림 4-33] npn/pnp 센서의 결선 방법

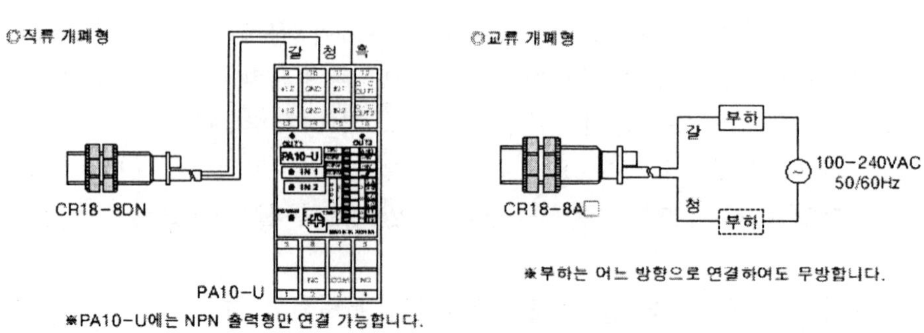

[그림 4-34] 용량형 센서의 연결도

라. 광센서

일반적으로 센서 중 우리 주변에서 물체의 감지 여부를 위해 가장 많이 볼 수 있는 광센서는 빛을 이용하여 물체의 유무를 검출하거나 속도, 위치의 결정에 응용되기도 하며, 레벨 검출, 특정표시의 식별 등을 하는 곳에 이용되고 있으며 포토 센서(phto sensor), 광학적 센서(optical sensor)라고도 한다.

광센서에 이용하는 물리적 현상 및 효과는 광기전력 효과로, 광전효과의 일종으로 반도체의 접합면에 빛이 입사했을 때 기전력이 발생하는 현상을 이용하는 것으로 포토다이오드, 포토트랜지스터가 있다. 또한 광도전 효과는 반도체에 빛을 조사하면 캐리어 밀도가 증가하여 광량에 비례한 도전율이 증가하는 현상을 이용한 것이다. 광전자 방출효과는 금속이나 금속산화물 등에 빛이 닿았을 때 전자가 표면에서 튀어나오는 효과이다.

(1) 분리형(투과형 : through beam)

투광부와 수광부가 서로 마주한 상태에서 광축을 맞추어 놓고 이 사이를 물체가 통과함에 따라 빛의 차단과 전달이 이루어지게 하여 출력신호를 만들어내는 센서로 투명한 물체의 검출은 곤란하며 여러 개의 센서를 상하에 수직적으로 배치되어 사용할 때는 빛의 확산에 의한 오류를 가져올 수 있으므로 유의하여야 한다.

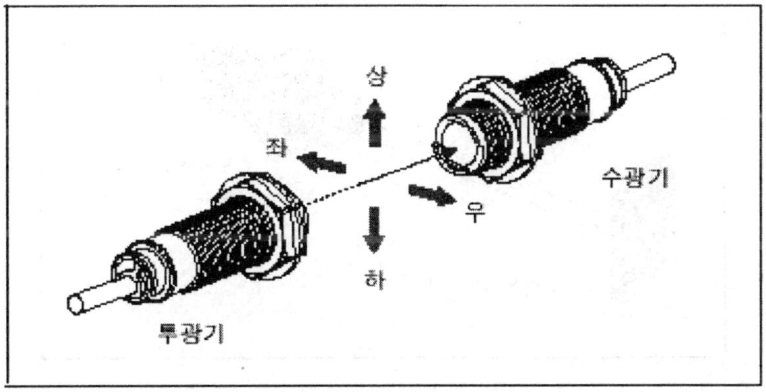

[그림 4-35] 투과형 센서의 동작 선도

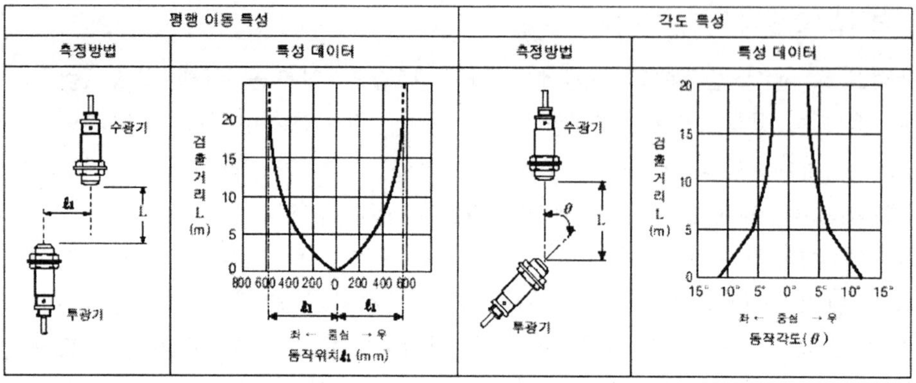

[그림 4-36] 투과형 센서의 동작 특성

(2) 직접 반사형(확산형 : diffusion)

투광부와 수광부가 한 몸체에 들어 있는 형태의 센서로 이것은 한 방향으로만 검출거리가 결정되는 특징이 있으며 투광부에서 나온 빛이 대상물체 표면에서 반사되어 수광부에 전달됨으로써 물체의 유무를 검출해내는 방식(라이트 온(light on)형태)의 센서를 말한다. 그러므로 직접 반사형의 감지는 대상물체가 흑색인 경우는 검출할 수 없으므로 유의하여야 한다.

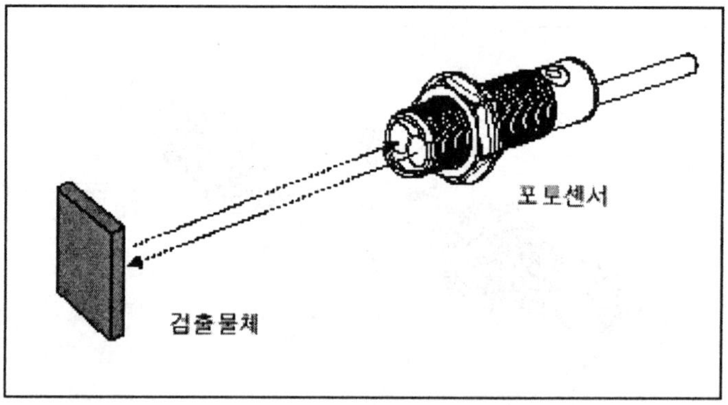

[그림 4-37] 직접 반사형의 동작 선도

●BR100-DDT(-P), BRP100-DDT(-P) ●BR400-DDT(-P), BRP400-DDT(-P)

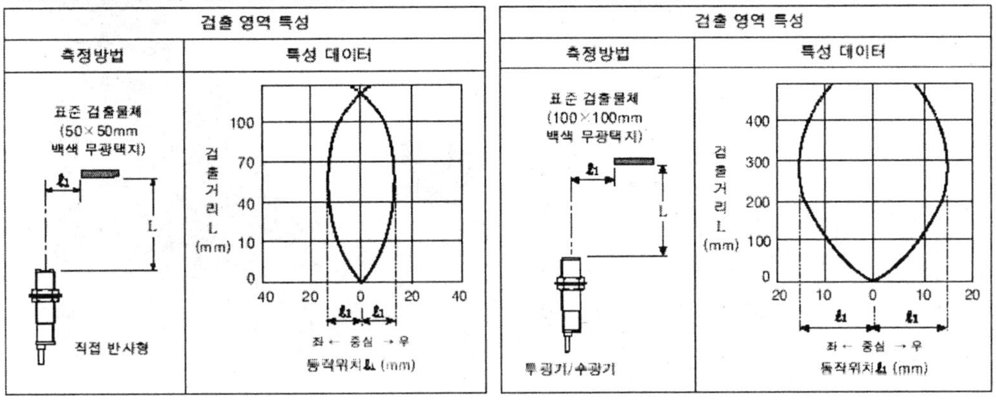

[그림 4-38] 직접 반사형 센서의 검출 특성

(3) 거울 반사형(retro-reflection)

거울 반사형 센서 역시 투·수광부가 하나의 몸체에 있는 일체형 센서로 투광부로부터 방사되는 빛을 수광부로 되돌리기 위한 거울과 일정한 거리 내에 위치한 센서사이에 대상물체의 존재여부에 따라 출력을 내보내는 센서를 말한다.

물체를 검출하는데 투광부 즉, 광원이 없이 수광부만으로 동작하는 수동형 센서인 초전 센서도 광센서의 영역인 물체에서 발열되는 적외선을 검출하는 것으로 광센서로 분류할 수 있다.

마. 포토커플러(phto-coupler)

광센서를 응용한 것으로 발광 다이오드(LED : Lighted Emitting Diode)를 발광부에 사용하고 수광부에 포토다이오드를 사용한 일명 복합형 광센서이다.

바. 포토인터럽터(phto-interrupter)

투과형 센서처럼 발광부와 수광부가 서로 마주보고 배치되어 있어 이 사이에 물체가 들어가면 빛이 차단되어 수광부의 광전류가 차단되도록 하여 출력을 내보내는 센서로 광원은 적외선이 일반적이며 회전속도의 제어, 위치제어, 계수 등에 응용하고 있으며 고속 동작, 소형화, 경량화의 용이, 높은 정밀도 및 우수성, 신뢰성 등을 꼽을 수 있다.

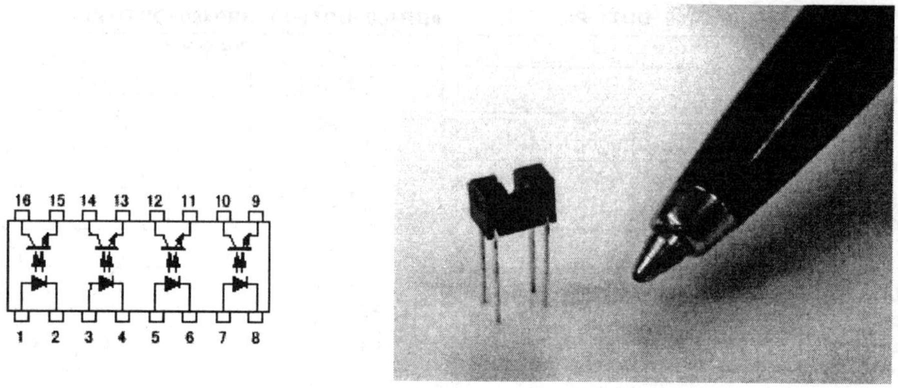

[그림 4-39] 포토커플러 회로 실물

사. 포토아이솔레이터(phto-isolator)

발광부와 수광부의 사이를 투명한 수지로 채우고 그 주변부를 불투명 수지로 감싼 구조를 한 형태로 출력신호를 크게 요구할 경우에는 달링턴 접속의 포토트랜지스터를 사용한다.

이와 같은 광센서의 특성으로는 비접촉성으로 거의 모든 물체를 먼 거리에서도 빠른 응답속도로 검출할 수 있으며, 진동 또는 자기영향이 적을 뿐만 아니라, 광파이버 이용시 접근하기 어려운 위치나 미세한 물체도 분해능이 높게 검출할 수 있다.

그러나 발광부나 수광부 등에 유리나 렌즈가 오염되어 표면이 10%만 흐려도 감도가 1/3로 떨어질 수 있으며 강한 외부로부터 광에 의하여 오동작하는 경우도 있다.

아. 리드 스위치

백금, 금, 로듐 등의 귀금속의 접점도금을 한 자성체 리드편을 적당히 접점간격을 유지하도록 하고 유리관 중에 질소와 수소 혼합가스와 같은 불활성 가스와 함께 봉입한 구조의 스위치로 자석의 접근으로 스위치를 단락할 수 있게 한 스위치로 일반적으로 측정 대상으로부터 물리량의 변화를 전기적으로 변환하거나 비접촉식으로 물체의 유무를 검출하는 센서로 근접 스위치라고도 한다.

이와 같은 리드 스위치의 특성은 다음과 같다.

① 접점부가 완전히 밀폐되어 있으므로 가스나 액체 중 고온·고습환경에서 안정된 동작을 한다.
② 스위칭 시간이 짧다(1ms이내).
③ 반복 정밀도가 높다(±0.2mm).
④ 사용온도 범위가 넓다(－270~150℃).
⑤ 내전압 특성이 우수하다(10kV이상).
⑥ 동작 수명이 길다.
⑦ 소형, 경량, 저가격이다.
⑧ 회로 구성이 간단하다.

한편 리드 스위치는 자석과 조합하여 사용되므로 퀴리 포인트가 자석의 계열에 따라 다르므로 어떠한 자석을 사용하는지 충분히 검토하여야 한다.

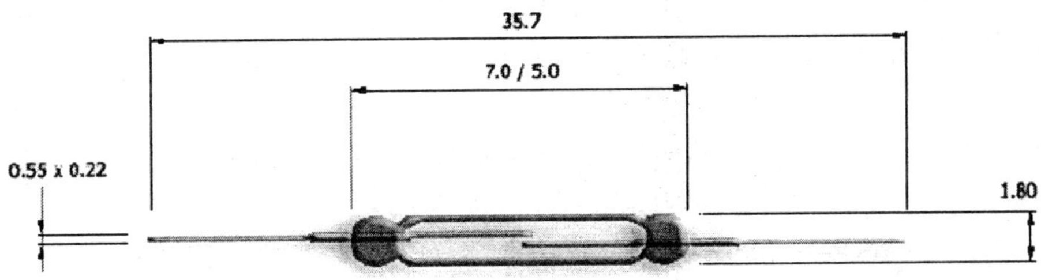

[그림 4-40] 리드 스위치

한편 이와 같은 리드 스위치를 사용할 때 고려해야 할 사항으로는 유리관을 사용하므로 강한 외부 응력 및 과도한 충격을 피하여야 하며, 부하가 저항성으로 과도한 전류가 흐를 수 있는 경우는 전류제한 저항을 달아주거나 용량성 부하라면 접점부의 불꽃 방지회로를 구성해야 한다.

4-3 제어 시스템

1. 센서 기술

센서 기술은 복잡한 항공 우주 분야에서 일반 가정의 가전제품에 이르기까지 넓은 분야에 적용되고 있다. 특히 최근의 이 기술은 소형 경량화되고 저가격 및 고성능의 마이크로프로세서의 개발에 따른 컴퓨터의 빠른 진보와 통신 및 네트워크기술의 고도화, 신소재 및 미세가공 기술 개발에 의한 센서의 고성능화, 각종 소프트웨어 및 정보처리기술의 비약적 발전과 더불어 급속하게 진보하고 있다.

센싱 기술은 각종 센서와 신호의 입출력, 저장 및 제어장치 등의 하드웨어와 얻어진 신호데이터를 처리하는 알고리즘 등의 소프트웨어로 이루어지는 시스템을 말한다.

최근의 센싱 기술은 센서 디바이스 단독으로는 실현할 수 없는 기능을 센서의 시스템화로 실현하여 그 성능 및 기능을 고도화시키고 있는 것이 많다.

예를 들면 컴퓨터 등의 신호처리 기능을 센서 디바이스와 유기적으로 결합하여 보다 고도의 센싱 시스템을 만들고 있다. 또 필드 버스로 센서 네트워크를 형성하여 센서의 출력을 디지털 신호로 끄집어내어 상위의 컨트롤러와 쌍방향 제어를 하는 시스템도 실현되고 있다.

가. 센서 네트워크 계측기술

전력・공업・공공 등의 설비 및 플랜트에서는 센서와 컨트롤러간은 1대 1의 아날로그 전송으로 묶어 컨트롤러에서 집중적으로 처리하는 것이 많았다. 그러나 이와 같은 집중처리 시스템은 케이블 총연장의 증대와 컨트롤러 처리량의 증대를 초래하게 되어 결과적으로 코스트 증가와 신뢰성의 저하로 이어지는 일이 있었다. 그래서 센서에 처리기능을 부여한 분산처리 시스템이 주목되어 왔다.

분산처리 시스템에서의 센서는 디지털화되어 CPU를 가지고 내부에서 보정연산 등을 하게 된다. 또한 센서와 컨트롤러를 네트워크로 접속함으로써 쌍방향 통신이 가능하게 되어 센서가 계측값을 컨트롤러에 전송할 뿐만 아니라 컨트롤러로부터 센서에 레인지 변경 등의 지령을 줄 수가 있다. 또 센서가 자기진단기능을 갖추고, 이상시에는 컨트롤러에 경보를 보내는 것도 가능하게 된다.

이와 같이 센서의 고도화는 네트워크와 밀접한 관련이 있다. 오픈한 네트워크로는 CC-Link, FOUNDATION Fieldbus, LON WORKS, Profibus, Devicenet 등이 있으며 적용분야, 요구 성능, 요구 코스 등에 따라 구분 사용되고 있다.

〈표 4-4〉 센싱을 위한 요소 기술과 주요 제품

요소기술	주 요 제 품
반도체	압력센서, 가속도센서, 인공망막칩, 포토다이오드
적외선	적외선카메라, 관측위성탑재용 센서
광·레이저	차간거리계, 레이저토플러 진동계, 동판형상검사장치, 레이저식 변위계, 광엔코더
전자파	합성개구 레이더, 기상관측 레이더, 레이더식 속도계
방사선	원자력발전소용 방사선 모니터, 의료용선량계
초음파	초음파탐상기, 초음파두께계
전자기	전자식전력량계, 인텔리전트 전자유량계
화상처리	교통류계측장치, 투입감시장치, 지문조회장치, 로봇비전, 차간거리센서
시스템	송변전기기용 고장진단시스템, 수배전 변전기기감시장치, 플랜트감시제어장치

나. 비전 센싱 기술

화상의 계측, 인식기술은 FA에 있어서의 부품의 위치결정, 문자읽기 및 외관검사 등 인간의 작업을 대체하는 시스템을 기초로 발전하여 왔다. 최근에는 개인인증, 자동차의 무인운전, 멀티미디어관련, 감시시스템 등에서 화상처리와 관련되는 분야가 급속히 폭을 넓혀가고 있다.

기술동향으로서는 처리프로세서의 비약적인 발달에 따라 고속화·소형화가 키워드로 되어 있다. 연속영상 속에서 '움직임' 정보를 해석하는 기술을 응용한 '교통흐름' 계측 등의 도로 감시시스템, 전용 하드웨어를 사용하지 않고 범용 CPU를 사용한 FA용 고속 비전시스템이 제품화되어 있다. 멀티미디어 사회의 도래에 따라 인간의 얼굴과 동작의 인식 등 휴먼 인터페이스의 개발이 진전됨과 동시에 개인인증 분야에서는 퍼스컴에 접속 가능한 All-in-one형의 소형 지문조

회장치가 제품화되었다.

또 종래의 2차원적 화상에서 대상물을 입체적으로 인식하는 3차원 계측기술과 특히 화상과 레이더 데이터 등의 이종 정보와의 융합기술이 실용 레벨에 이르고 있다. 산업용 로봇을 위한 시각 시스템과 ITS 프로젝트의 일환으로서 차간 거리 센서가 3차원 계측의 응용제품이다.

다. 광·적외선·전자응용 센싱 기술

반도체레이저, 고체촬영소자, 광파이버라고 하는 광디바이스의 기술진보에 의하여 광센서의 소형화와 고성능화가 진전되고 있다. 이에 의하여 동사에서의 광·적외선·전자응용 센싱 기술의 응용 분야도 광범위하게 확산되고 있다.

FA기기 분야의 NC나 로봇에서의 서보시스템에서는 회전 각도를 센싱하는 광엔코더가 사용되고 있다. 동사에서는 100만펄스/회전이라고 하는 고분해능의 광엔코더가 저가격으로 서보에 탑재되어 있으며, 서보제어의 고정도화를 실현하고 있다.

빌딩시스템에 있어서의 한 예로는 승객을 비접촉 검출하여 닫히고 있는 도어를 반전시켜 열리게 하는 적외선 멀티빔 도어 센서 등이 있다.

2. 비전 시스템

가. 비전 시스템의 정의

비접촉 방식의 인간의 눈을 이용한 검사와 비슷한 역할의 장치로서 카메라를 이용하여 물체의 화상 데이터를 입력받아 검사, 제어하는 방법을 말한다.

2차원 화상 자료로 부터 여러 가지 유용한 정보들을 얻는 것으로서 의료분야에서의 CT 단층촬영, 이동로봇에서의 스테레오 비전, 위상 자료에 대한 기상 예측 등에서 사용된다. 그 외에도 공장 자동화의 검사와 조립 라인, 형상 및 결함 검사, 비파괴 검사, 산업용 로봇 등 최근 들어 광범위하게 사용되고 있다.

① 비전(Vision) 기술의 목표

화상처리를 근거로 하여 인간의 시각 능력에 유사한 지적기계를 만들어가고자 한다.

② 비전 기술

컴퓨터 비전, 화상처리, 머신 비전, 로봇비전 등이다.

③ 컴퓨터 비전

일반적으로 컴퓨터에 의하여 많은 계산을 하여 화상처리를 활용하고자 하는 분야이다.

④ 화상처리

기존의 1차원적인 전기적 신호처리에 대비하여 2차원적인 정보에 대한 다양한 컴퓨터 또는 회로적 처리를 수행하는 기술분야를 총칭한다.

⑤ 머신 비전

기계에 시각을 부여하고자 하는 분야로 컴퓨터 계산에 의존하기 보다는 현장에 자동기계를 투입하는 목적으로 진행되고 있으므로 신속한 결과를 내기 위한 비전 분야이다.

기계를 사용하고자 하는 공장 내의 공정에 대한 이해와 대상이 되는 부품이나 제품에 대한 이해를 바탕으로 하여 영상처리기술을 응용하여 원하는 자동기계의 목적을 달성하고자 하는 기술이다.

나. 비전 시스템의 구성

① Optics

조명 및 렌즈, 물체를 빛신호로 바꾼다.

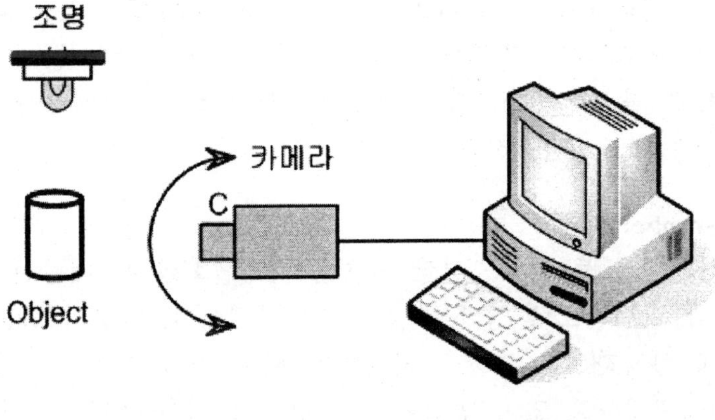

[그림 4-41] 비전 시스템의 구성

② 조 명

화상을 입력받기 위해 검사하고자 하는 부분의 화상을 선명하게 얻기 위하여 검사부분이 명확하게 들어날 수 있도록 조명을 만들어 주는 역할을 한다. 형광등 조명, 할로겐 조명, LED 조명 등이 있으며, 투사 위치에 따라서 전위 조명, black light, 동축 조명 등이 있다.

③ 렌 즈

카메라의 센서 부분에 빛을 모아주는 장치로서 대상물의 크기, 거리와 관계가 있다. 카메라의 종류에는 F-mount, C-mount, Close-up Lens, Macro Lens, Tele-centric Lens 등이 있다.

④ 카메라

이미지를 촬영하는 부분(Image Acquisition Unit)과 비디오 신호를 출력하는 부분(Image Output Unit)으로 나눌 수 있다. Image Acquisition Unit은 CCD(Chage Coupled Device) 소자로 구성되는데, 이것은 픽셀(Pixel)이라 불리는 개별의 빛에 감응하는 센서들로 이루어져 있다.

CCD는 빛을 부하로 변화시키고 읽는 주기일 때 전압으로 바꾸어 출력하게 된다. CCD 소자 자체는 색상에 따라 응답하는 특성이 없으므로 컬러 카메라는 빛을 필터와 프리즘을 이용하여 적녹청(Red, Green, Blue)의 삼요소로 분리한다.

컬리 카메라는 보통 2가지 방법을 사용하여 색상을 구분한다.

하나는 흔히 우리가 3CCD 카메라라 부르는 것으로 먼저 프리즘으로 빛을 분리하여 각 색상별 필터를 통해 각각의 CCD로 인가하는 것으로, 3개의 monochrome 카메라와 필터, 프리즘 그리고 DSP를 사용하여 컬러화한다. 이 방법은 고해상도를 자랑하지만 특수한 렌즈를 사용해야 하고 가격도 비싸다.

다른 하나는 하나의 CCD에 하나의 필터를 사용한다. 모자이크 필터라고 부르는 이 컬러 필터는 CCD의 각 픽셀에 1:1로 설계되어 사람의 눈에 있는 색세포와 유사한 형태로 볼 수 있다. 이 카메라는 위의 3CCD 카메라에 비해 가격은 낮은 편이지만 해상도는 떨어진다.

⑤ Frame Grabber

영상 입력 장치에서 들어오는 영상 신호를 디지털화한 후 내장된 메모리에 영상을 기억하거나 실시간으로 영상을 출력하는 장치이다. 영상의 입출력 기능, 메모리 기능 외에 실시간으로 영상을 처리하기 위한 몇 가지의 기능을 가진 마이크로프로세서를 내재하고 있어 연산기능을 갖추고 있다. 비영상 신호를 디지털화할 수 있는 Frame Grabber도 등장하였다.

영상의 공간 분해능인 화소 분해능은 화소에 주사한 선의 디지털화에 의존하며 영상의 강도 분해능인 명암값 분해능은 주사선을 분할한 전압크기의 양자화에 의존한다. 영상 처리를 위한 프로세서는 특정의 영상 처리를 영상 취입, 영상 저장, 저급 영상 처리, 영상 디스플레이와 같은 4가지 기본 기능을 수행한다.

다. 비전 시스템의 응용

① 산업용 로봇의 눈
② Bolt 조립용 로봇, 용접 로봇
③ Transistor, IC Wire Bonding, Rapping 자동화
④ 변위, 왜곡 계측, 거치 측정
⑤ 물체 인식, 부품 조립, 각인 문자 인식, 다면체 자세 계측
⑥ Biometrics
⑦ 농업용
⑧ 의료용

의료 영상은 주로 일련의 연속된 2차원 영상들로 얻어지며, 진단 영상들로부터 신체 기관을 재구성하여 3차원 가시화 작업을 통해 인체 내부를 직접 보는 효과를 낼 수 있다. 최근에 활발히 연구되고 있는 영상 유도 수술 시스템은 2차원 의료영상을 이용하여 3차원 영상 데이터로 구현하고, 실제 수술 시스템에 누워 있는 환자와 기 구축된 3차원 데이터의 맵핑을 통하여 수술시 일어날 수 있는 상황을 컴퓨터를 통해 사전에 검토할 수 있도록 지원할 수 있는 시스템이다. 그 밖에 인터넷 통신망을 이용한 원격 진료 시스템이 있다.

라. 산업용 영상처리(머신 비전)의 산업에의 응용 분야

① 제 어

로봇의 동작을 지시하고 조정하는데 사용되는 분야로서 무인반송차(AGV: Automated Guiding Vehicle)의 위치를 보정하는 작업, 용접용 로봇이 들고 있는 용접봉의 용접위치를 변경하는 작업, 페인팅로봇에게 페인팅할 위치를 지정하여 주는 작업 등이다.

② 계 측

물체의 길이를 측정한다거나, 구멍의 지름을 측정하는 것, 그리고 IC 리드사이

의 피치를 측정하는 것 등이다.

③ 검 사

가장 광범위하게 활용되는 분야로 구멍의 존재여부를 감별하는 단순 검사로부터 wafer 표면의 흠집유무의 판단, 이물의 검사, 라벨이 원하는 위치에 부착되어 있는지의 감별, 그리고 제품의 색깔상태의 확인작업 등이다.

④ 인식 및 자료입력

바코드 인식이나 wafer ID의 인식 등과 같은 인식용 비전 시스템이 이에 속한다. 또한, 가공된 물체의 3차원 형상 측정이나 CAD도면을 읽어서 상당하는 회로도를 만들어내는 작업 등이다.

3. 터치스크린

컴퓨터의 마우스나 키보드를 대신하여 입력 pen이나 손가락 등 신체 일부분을 스크린에 접촉시켜 접촉에 의해 발생된 위치 신호를 정보로 인식하여 대화식으로 입력할 수 있는 입력 장치로서 산업현장, 의료분야, 통신기기, 가전, 멀티미디어 기기 등 다양한 분야에서 널리 사용되고 있다.

가. 터치스크린의 장점

① 터치스크린은 누구나 어떠한 훈련을 받지 않더라도 컴퓨터를 사용할 수 있다는 점

② 터치스크린은 사용자가 명확히 한정된 메뉴에서 선정하므로 사용자의 오류를 사실상 제거한다는 점

③ 터치스크린은 많은 분야에서 비실용적이고, 많은 사람이 사용하기 거추장스러워하는 키보드와 마우스를 제거할 수 있다는 점

④ 터치스크린은 키보드와 마우스가 종종 고장나는 험한 작업환경에서도 사용 가능하다는 점

⑤ 터치스크린은 어떤 타입의 디지털 미디어와도 접속 가능하다는 점

⑥ 터치스크린은 모니터에 입력장치가 완전히 통합되어 있으므로 공간을 차지하지 않고 책상위 또는 아무 곳이나 설치 가능하다는 점

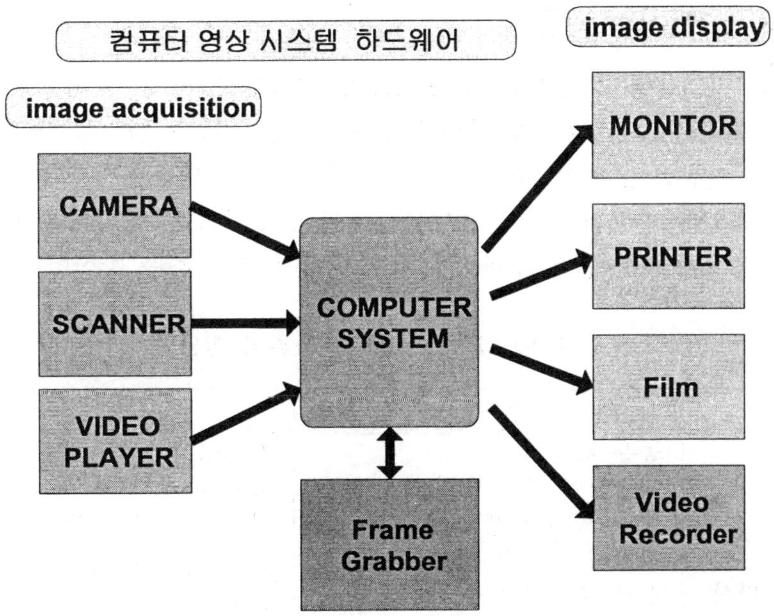

[그림 4-42] 산업용 영상처리(머신 비전) 시스템 처리과정

나. 구성 요소

① Touch Panel

투명 전도막(ITO막)이 증착된 Glass(하판)와 Film(상판)으로 구성되어 터치한 지점의 상・하판이 접촉되어 전기적인 아날로그 X, Y신호가 Touch Controller로 전송된다.

② Touch Controller

패널로부터 전송된 전기적인 아날로그 신호가 Touch Controller의 A/D Converter에 의해 디지털 신호로 수치화되어 각 운영 시스템의 컨트롤 드라이버로 전송된다.

③ Touch Driver

Touch Controller에서 들어오는 디지털 신호를 받아 Touch Panel이 각 운영시스템(OS)에 맞게 구현하도록 최적화된 소프트웨어이다.

다. 터치스크린의 종류

① 접촉식 정전용량 방식(Capacitive Overlay Technology)

터치화면을 구성하는 유리의 양면에 얇고 투명한 특수 전도성 금속물질을 발라 일정량의 전류를 표면에 흐르게 하고 사용자가 스크린 표면을 터치하면 사용자의 몸을 통하여 방출된 전류가 터치된 부분의 전류값을 변화시키면 센서는 전류의 양이 변화된 부분을 인식하여 터치된 부분을 확인하는 방식이다.

〈표 4-5〉 터치스크린의 종류와 장단점

종 류	장 점	단 점
접촉식 정전용량 방식	높은 해상도 내구성이 좋음(충격에 강함) 응답 속도가 빠름	전도성 물체만 가능 장착이 어려움 광 투과율이 낮음
저항막 방식	장착이 용이함 응답 속도가 빠름 높은 해상도	광 투과율이 낮음 파손 위험이 큼
표면 초음파 전도 방식	높은 광 투과율 높은 내구성 응답 속도가 빠름	액체에 약함 센서의 오염에 주의
장력 측정 방식	높은 광 투과율 높은 내구성	해상도가 낮음 진동에 약함 응답 속도가 느림
적외선 광 방식	내구성이 좋음 광 투과율이 높음	부피가 커서 장착이 어려움 응답 속도가 느림 곡면 제작이 불가능

② 표면 초음파 전도방식(SAW : Surface Acoustic Wave)

유리판에 부착된 초음파 발생소자 (Transducer)가 표면파를 보내면 반대편의 리시버(Receiver)가 이를 받는 구조를 하고 있다. 전달되는 표면파는 일정하기 때문에 특정 부분에 압력이 가해지면 압력이 가해진 부분의 표면파가 약화되며 화면 제어기에서 터치 부분의 X, Y좌표를 읽어 위치를 감지하게 된다. 여기에 화면 제어기는 Z축 방향의 좌표값을 읽어 표면파의 흡수 정도를 인식하여 입력의 정확성을 확인할 수 있다.

③ 압전 방식

장력 측정 방식은 모니터의 네 모서리에 장력을 측정할 수 있는 센서를 부착하여 모니터 화면에 가해지는 힘의 정도에 따라 센서의 저항이 변하게 되고 이를 감지하여 터치된 점의 좌표를 읽는 방식이다.

④ **적외선 광 방식**(Infrared Beam Technology)

적외선 광 방식은 적외선이 직진성을 가지고 있어서 장애물이 있으면 차단되어 진행하지 못하는 속성을 활용한 것이다. Touch된 부분은 가로와 세로방향 LED에서 나오는 적외선을 차단하게 되며, 이를 X, Y좌표를 읽어 감지하는 방식이다.

적외선 광 방식은 적외선이 직진성을 가지고 있어서 장애물이 있으면 차단되어 진행하지 못하는 속성을 활용한다. 압력을 받은 부분은 가로와 세로방향에서 나오는 적외선을 차단하게 되며, 차단된 부분의 X, Y좌표를 읽어 감지하는 방식이다.

적외선 광 방식은 터치화면 앞면에 있는 적외선 주사 광선의 차단에 의해 터치된 위치를 확인하는 것이다. 보이지 않는 적외선 격자를 만들기 위해 X, Y축 각각 한쪽 면에서는 적외선이 방사되고 반대쪽 면에서는 방사된 적외선을 수신하여 적외선 격자를 형성한다. 손가락과 같은 뾰족한 것이 격자로 들어오면 빛이 차단되며, 적외선 감지기가 빛이 전달되지 않는 곳의 X, Y좌표를 읽어 터치된 부분을 감지한다. 적외선 터치화면은 오버레이를 사용하지 않으므로 광투과율이 높고, 모니터가 외부 충격이나 긁힘에 대한 내구성이 강하다. 그러나 적외선 터치화면은 정확하지 않은 터치를 식별하기 어려운 단점이 있다. 이것은 적외선 광선이 모니터 표면에서 약간 높은 위치에 위로 방사되기 때문이다. 어떤 경우 모니터에서 1인치 정도 높게 방사된다. 따라서 사용자의 손가락이 모니터에 직접적인 접촉이 없더라도 모니터 표면위의 빛을 차단하게 되며, 결과적으로 사용자가 원하지 않은 부분이 적외선 감지기에 인식되는 경우가 발생한다. 또한 이물질이나 먼지 등이 모니터 위에 있을 경우 적외선 감지기에서 터치된 것으로 잘못 인식하는 문제가 발생할 수 있다.

라. 응용 분야

① POS 솔루션 : 식당, 패스트푸드점, 접객업, 숙박업, 자동판매기, 일반 소매점, 식품/편의점

② 산업용 솔루션 : 프로세스 제어, 통제실, 연구기자재, 산업용 PC, 기계 제어, 사무자동화 장비

③ 휴대용 단말기 솔루션 : 웹폰, 전자수첩, 전자북, PDA

4. Field Bus

가. 출현 배경

규모가 크고 복잡한 시스템들을 실시간으로 운용 관리하는데 있어서 가장 중요한 것 중의 하나는 방대한 양의 제어관련 데이터들을 빠르게 수집하여 적절하게 가공한 후 이를 적시, 적소에 분배해 줄 수 있는 데이터 처리 기술을 구축하는 것이다. 이러한 문제를 해결하기 위한 방안으로 최근에 와서 대형의 복잡한 시스템을 여러 개의 분산된 부시스템으로 모듈화하고, 각각의 부시스템들의 제어기능을 수행하는 컴퓨터들을 네트워크로 연결하는 컴퓨터 통신망의 사용이 확산되고 있다.

1980년대 초반부터 생산자동화 환경에서 이기종의 자동화 장비들간의 통신을 위한 표준화된 네트워킹 시스템으로 MAP(Manufacturing Automation Protocol)이 개발되었다. MAP은 공장자동화 환경에서 매우 다양한 통신기능을 제공하는 네트워크 시스템이다. 그러나 MAP은 구조상 OSI(Open Systems Interconnection) reference model에서 제시하고 있는 7계층을 모두 가지고 있어 생산현장의 필드에 설치된 각종 필드 장비들간의 실시간 통신을 지원하기에는 적합하지 않은 시스템으로 인식되고 있다.

1980년대 후반부터는 생산현장의 필드에 설치된 각종 제어 및 자동화 관련 장비들에서 생성되는 데이터들의 실시간 통신을 지원하며 가격이 저렴한 네트워크 시스템의 필요성이 제기되었으며, 이러한 목적을 위하여 개발된 네트워크 시스템이 필드버스이다. 필드버스는 필드에 설치된 각종 센서, 단일 루프제어기, 소형 PLC, 모터, 밸브, 로봇, CNC 등의 공작기계를 비롯하여 이러한 장비들을 제어하는 다중루프제어기, 중대형 PLC 등의 자동화 기기에서 생성되는 데이터를 실시간으로 처리하며, 따라서 첨단의 생산자동화 및 분산제어 시스템의 네트워크 구조상 가장 기본이 되는 네트워크이다.

계측 시스템이 공정에 도입되기 시작한 약 50여 년 전에는 3~15psi의 공압 신호가 계측 신호의 표준으로 지정되었으며, 그 후 4~20mA의 아날로그 전기 신호가 계측 신호의 표준으로 도입되었다. 1970년대부터 제어 및 자동화 시스템에 디지털 컴퓨터가 도입되기 시작하면서 아날로그 및 디지털 계측제어 신호의 전송에 대한 요구가 증대되기 시작하였다. 초기의 디지털 제어 시스템에서는 필드에 설치된 센서의 계측 신호가 1 : 1(point-to-point) 통신방식으로 중앙의 제어 컴퓨터에 전달되었으며, 제어 컴퓨터에서 생성되는 제어 신호도 역시 1 : 1 통신방식을 통하여 구동기로 전달되었다.

1980년대부터 마이크로프로세서 기술의 급속한 발전과 더불어 분산 제어 기술이 도입되기 시작하면서 중앙컴퓨터에 의하여 수행되던 제어 기능이 여러 대의 컴퓨터들로 분산되었다. 분산제어 시스템에서는 시스템의 제어와 자동화 기능은 물론 각종 설비와 기기의 상태에 대한 모니터링 기능, 필드에서 발생할 수 있는 각종 사건에 대한 처리 기능, 자동화 설비 관련 데이터의 저장 기능 및 각종 데이터의 분석 및 보고 기능들을 제공하며, 이러한 기능들이 추가되면서 필드 기기들과 제어 컴퓨터들간에 더 많은 통신 기능이 필요하게 되었다. 최근에 와서는 스마트 센서와 PC를 기반으로 하면서 하는 제어 시스템 기술의 연구와 개발이 활발히 추진되고 있으며, 따라서 앞으로는 기존의 4~20mA의 아날로그 신호를 대신하는 디지털 신호를 통한 계측 기기와 제어 및 자동화 장비들간의 통신에 대한 필요성은 더욱 증대될 것으로 예상된다. 필드버스 기술이 도입되기 시작한 초기 단계에서는 필드버스로부터 얻을 수 있는 가장 큰 장점은 배선의 절감이라고 생각되었다. 실제로 필드버스를 도입하는 경우에 배선에 소요되는 비용은 기존의 방식에 비하여 5 : 1 정도까지의 비용 절감이 가능한 것으로 보고되고 있으며, 이것은 엄청난 초기 투자비용의 절감이다. 그러나 기술 선진국에서 필드버스를 도입한 사례에 대한 보고서에 의하면 필드버스의 도입 효과가 배선에 의한 비용절감 효과보다는 필드에 설치된 센서들의 계측 기능의 향상에 의한 간접비용의 절감 효과가 더욱 큰 것으로 알려지고 있으며 이를 요약하면 다음과 같다.

① 단일 전송 매체를 사용함으로써 기존의 1 : 1 통신 방식에 비하여 배선에 소요되는 비용을 크게 절감할 수 있다.

② 디지털 신호를 사용함으로써 기존의 아날로그 신호에 비하여 노이즈에 강하다.

③ 기존의 방식에서 주어진 계측 대상에서 여러 신호를 전송하기 위하여 여러 개의 신호선을 사용할 수밖에 없는데 비하여 필드버스를 사용하는 경우에는 같은 계측 대상에 대하여 동일한 배선으로 여러 개의 중복 신호를 동시에 전송할 수 있다.

④ 기존의 방식이 단방향 통신 기능만을 제동하는데 비하여 필드버스는 제어 기기들과 필드 기기들의 상태를 모니터링할 수 있을 뿐만 아니라 센서의 주기적 보정(calibration)과 같은 조치를 네트워크를 통하여 자동으로 수행할 수 있어 시스템의 운용 및 유지 보수에 소요되는 비용을 크게 절감할 수 있다.

⑤ 필드버스는 스마트 센서의 도입을 가능하게 한다. 즉, 기존의 방식에서는 센서에서 측정된 raw data가 제어기에 도착하면 제어기에서 filtering, linearization, A/D 변환, engineering unit 변환 등의 계측신호에 대한 전처리 과정을

필요로 하였으나, 필드버스를 사용하는 경우에는 이전 처리 과정이 스마트 센서 내에서 모두 이루어질 수 있으며, engineering unit의 측정값으로 모든 기기들에 대한 제어가 가능해져 전체적인 제어 성능을 향상시킬 수 있다.

⑥ 시스템은 복잡해질수록 오류발생 가능성이 증가할 뿐만 아니라 시스템의 유지 보수에 많은 노력과 비용을 필요로 한다. 필드버스를 사용하는 경우에는 필드 기기들을 단순한 구조의 네트워크에 접속시킴으로써 원하는 시스템을 구축할 수 있으며, 따라서 시스템의 신뢰도가 증가되고 필드 장비들간의 통신을 위한 하드웨어 및 소프트웨어 인터페이스에 대한 비용과 노력을 절감할 수 있다.

⑦ 제어 및 자동화 시스템에 필요한 경우에 새로운 기능을 추가하거나 또는 불필요한 기능을 삭제하는 등의 시스템의 변형이 용이해짐으로써 시스템의 유연성과 확장성이 증가된다.

⑧ 차세대 제어 기술인 PC를 기반으로 하는 개방형 제어 기기의 구축을 위한 기반 기술이다.

나. 이점 및 적용효과

현재 필드버스 기술을 이용한 센서나 구동 기기(actuator) 등의 인터페이스 장치를 계측 및 제어에 적용할 경우 이에 따른 효과는 다음과 같다. 필드버스는 초기비용 감소, 유지비용 감소, 시스템 성능 개선비용 감소 등의 많은 이점을 가지고 있다. 이 중 가장 큰 이점은 투자비용을 절감할 수 있다는 것이다.

① 기기간 상호 호환성(Device Interoperability)

현장 기기의 교체시 같은 필드버스 네트워크상에 있는 다른 기기들의 운전에 영향을 주지 않으면서 기능이 더 좋거나 유사한 다른 제조업체의 기기로 교체하는 것이 가능하다. 이러한 기능은 이용자들이 현장 기기들과 상위 제어 시스템의 제조업체와는 무관하게 구매 설치가 가능하다는 것이다.

또한 각 현장 필드버스 기기는 여러 가지 다양한 정보를 주고받을 수 있으며 common 필드버스를 통하여 직접 다른 기기들과의 통신 및 실제 운전에 간섭을 일으키지 않으면서 필드버스에 새로운 기기의 설치를 가능하게 한다.

Foundation 필드버스를 적용한 기기를 공급하는 제조업체가 Foundation 필드버스 인증서를 받은 경우 기기의 제조업체와 관계없이 모든 필드버스 기기들이 서로 호환성 있게 함께 동작한다는 것을 보장하는 것으로 공급자에게 선택의 폭을 넓혀준다는 것을 의미한다.

② 강화된 공정 자료(Enhanced Process Data)

필드버스 기술의 적용은 상당히 많은 운전상의 이점을 준다. 필드버스는 현장 기기로부터 측정된 여러 가지 다양한 값들은 보관, 경향 분석, 공정 최적화 study 또는 보고서 생성을 위해 공장 제어 시스템으로 전달된다.

디지털 통신의 고분해 능력과 왜곡현상이 없는 특성들은 제어 계통을 위해 데이터의 신뢰성을 더욱더 높여 준다. 현장 기기에 제어 기능이 장착됨에 따라 기존의 분산제어 시스템(DCS : Distributed Control System)의 제어시 보다도 훨씬 더 적은 기능 저하의 요인을 갖는다. 이것은 더 향상된 루프 기능, 더 적은 데이터의 소멸성 그리고 대폭 향상된 제어를 의미한다.

그리고 현장에서의 더 낮은 제어 비용으로 인하여 과거에 기존의 4~20mA 제어 환경에서 비용으로 인하여 하지 못하였던 제어 루프들을 쉽게 저렴한 비용으로 설치할 수 있게 된다. 즉 과거에 제어할 수 있었던 중요한 포인트들의 일부분만이 아니라 전반적인 프로세스에 걸쳐 제어를 증가시킬 수 있다는 것을 의미한다.

③ 확장된 공정 감시 능력

강력한 마이크로프로세서 기반의 최신 필드버스 기기들의 통신 능력은 공정 에러를 신속하고 확실하게 인지하도록 하여 준다. 따라서 오퍼레이터가 비정상 운전 상태 또는 유지 보수 예방의 필요성, 그리고 더 좋은 제품 생산을 하기 위한 결정을 할 수 있도록 알려 준다. 또한 운전 효율이 떨어지는 문제점들을 신속하게 정정하고 재료비와 일상적인 문제점들은 감소하는 반면에 생산 수율은 올라간다.

④ 향상된 공장 안정성

필드버스 기술은 점점 더 엄격해지는 안전 요구 사항에 대응한 공장 건설에 도움을 줄 것이다. 오퍼레이터에게 현재 또는 앞으로 발생할지도 모를 위험한 상황을 미리 통보 및 경고함으로써 비정기 Shutdown 전에 필요한 조치를 취할 수 있다. 강화된 공장 자기 진단 능력은 오퍼레이터가 위험한 지역을 빈번히 접근해야 하는 필요성도 감소시켜 주어 현장 오퍼레이터들에 대한 위험 요소를 최소화시켜 준다.

따라서 필드버스 기술은 플랜트의 다운 타임을 줄여주고 플랜트의 안전을 대폭 향상시키는 데에 크게 기여할 것이다.

⑤ 쉽고 예측 가능한 유지 보수(Easier Predictive Maintenance)

필드버스 기기의 사용은 플랜트의 유지 보수 업무에 혁명을, 대변혁을 가져다 줄 것이다. 마이크로프로세서 기반의 필드버스 기기들의 강화된 자기 진단 능력은 현장 기기들의 상태 즉 Control Valve Trim 마모상태, Transmitter의 교정 상태 등을 기기들이 설치된 상태에서 원격으로 감시하고 기록하는 것을 가능하게 하였다. 따라서 기기들의 유지 보수를 공장의 정기 Shutdown까지 기다릴 필요없이 원하는 때 수행할 수 있게 됨으로써 Shutdown 기간을 줄이거나 아예 피할 수 있게 되었다. 또한 현장 기기에 문제가 있다고 생각할 때 그 기기를 검사(조사)하기 위하여 기기가 설치되어 있는 현장에 설비 보수 기술자를 더 이상 보낼 필요가 없다. 필드버스 기기의 자기 진단 기능이 언제 무슨 문제가 어떻게 발생했는지를 알려 주기 때문이다.

⑥ Wiring, 설치 및 시운전비 감소
(Reduced Cost for Wiring, Installation & Start-up)

필드버스는 많은 기기를 한 쌍의 전선상에 연결시킬 수 있도록 해준다. 이것은 더 적은 전선, 더 적은 수의 본질 안전 배리어(instrinsically safety barrier) 그리고 더 적은 수의 Marshalling Panel를 사용한다는 것을 의미한다. 따라서 제어 시스템의 설치비용을 대폭 절감할 수 있다. 또한 단일 필드버스에 여러 개의 현장 기기를 연결한다는 것은 요구되는 I/O 카드 파일, 캐비넷 및 전원 공급 장치를 포함하여 I/O 및 컨트롤 장비를 줄일 수 있다는 것을 의미한다. 필드버스의 Function Block은 완벽한 제어 전략을 전체적인 현장 기기 수준에서 빠르고 쉽게 구축하고 연결할 수 있기 때문에 설계와 시운전 비용 또한 상당히 줄일 수 있다. 또한 Function Block의 일관된 Block 지향의 설계로 각기 다른 제조업체로부터 공급되는 현장 기기들을 통합된 형식으로 기능 분산을 시킨다.

위에 언급한 여러 가지 이점 중에서 ①번부터 ⑤번까지의 이점이 공장을 운영할 업체에 있다고 보면 EPC/S Turn-Key Project를 수행하는 업체의 입장에서는 ⑥번 'Wiring, 설치 및 시운전비 감소'에 주목할 필요가 있다.

다. 필드버스의 구조

필드버스에 접속되는 각종 제어 및 자동화 관련 기기들에서 생성되는 데이터들은 크게 실시간 데이터와 비실시간 데이터로 나누어지며, 이러한 실시간 및 비실시간 데이터가 하나의 네트워크 미디엄을 공유하게 된다.

컴퓨터 통신망이 완전한 기능을 수행하기 위하여서는 OSI(Open System Interconnection)의 7계층 구조를 모두 갖추어야 하나, 필드버스는 앞서 언급한 실시간 동작에 대한 요구사항을 만족시키기 위하여 [그림 4-43]에 나타난 바와 같이 물리 계층(physical layer)과 데이터 링크 계층(data link layer) 위에 바로 응용 계층(application layer)이 위치하고, 그 위에 사용자 계층(user layer)이 위치하는 4 계층의 구조를 가진다.

필드버스의 물리 계층은 전선, 광섬유 또는 무선과 같은 미디어에 의해 전달될 데이터를 코딩하는 기능을 수행한다. 즉, 데이터 링크 계층으로부터 전달된 데이터를 받아서 이를 전기 또는 광신호로 변환하여 버스를 통하여 전송하며, 또한 버스를 통하여 수신된 신호를 데이터로 변환하여 데이터 링크 계층으로 넘겨준다. 데이터 링크 계층에서는 매체 접속 제어(medium access control) 기능을 제공한다.

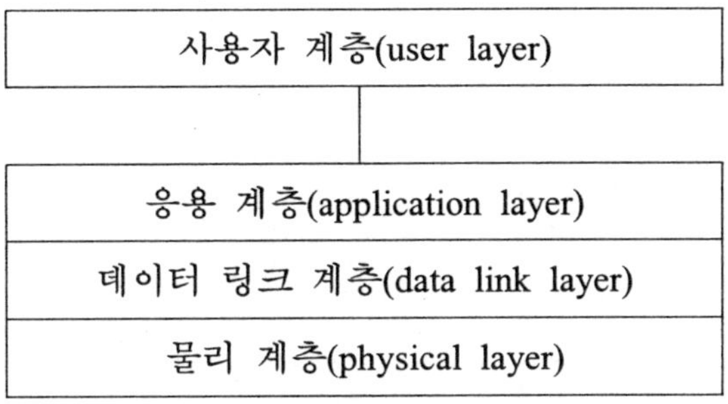

[그림 4-43] 필드버스의 계층 구조

매체 접속 제어 기능은 여러 개의 노드들이 하나의 네트워크 미디엄을 공유하는데 있어서 데이터간의 충돌을 방지하기 위하여 각각의 노드에 데이터를 전송하는 권한을 부여하는 기능을 말하며, 논리 링크 제어 기능은 통신을 하려는 노드들간에 논리적 링크를 설정 및 해제하는 기능을 비롯하여 노드들간의 통신 과정에서 발생할 수 있는 각종 오류를 처리함으로써 노드들간에 신뢰할 만한 데이터 전송이 이루어지도록 하는 기능을 수행한다. 응용 계층은 원격변수 입출력, 프로그램 및 데이터 파일 전송, 프로그램 원격관리 및 각종 사건 처리 등과 같이 공정 제어와 공장 자동화 환경에서 요구되는 각종 응용 서비스를 제공한다.

응용 계층 위에 사용자 계층을 추가하여 이를 표준화함으로써 필드버스가 단순히 통신을 위한 네트워크 시스템 이상의 기능을 제공하도록 하고 있다. 필드버스의 사용자는 바로 필드 장비들이다. 필드버스의 사용자 계층을 표준화한다는 것은 바로 이러한 필드 장비의 기능을 표준화하는 것이다. 다시 말하자면, 필드버스의 표준화는 더 이상 통신 규격에 대한 표준화가 아니라, 개방되고 집적화된 계측 및 제어 시스템으로서 공정 제어 및 자동화의 전 영역에 대한 표준화를 포함하려고 하고 있다. 사용자 계층 표준안은 기능블록의 알고리즘과 데이터베이스들을 표준화함으로써 필드 장비 공급자는 미리 정해진 알고리즘에 따라 기능 블록을 구현하여 필드 장비를 생산하고, 사용자는 필드 장비의 각각의 기능 블록에 대하여 표준화된 데이터베이스만을 구축함으로써 바로 기기를 구동할 수 있도록 하여 필드버스를 공장자동화 및 공정 제어시스템에 활용될 수 있는 폭을 넓히도록 하고 있다. 이러한 사용자 계층에 대한 표준화가 이루어진다면 필드 장비들은 진정한 개방화 환경에서 상호 접속성과 상호 운용성(interoperability)이 보장될 수 있을 것이다.

제 5 장

종합물류 제어 환경 구성

5-1 종합물류 제어 장비의 구성 개요

LED를 응용하여 자동으로 조립라인을 형성하여 라이트 스틱이라는 LED 응용 부품을 만드는 종합조립 및 물류가공 시스템으로 Part's Feeder로 공급되는 Main Body, Battery, R-팽이를 각각의 Escapement로 분리하여 공급되어진 각각의 부품을 Pick and Place를 이용해 Shuttle 방식으로 이송되는 Jig Pallet 상에서 조립하는 장치이다.

1. 주요기구부의 명칭

가. 주요기구 명칭

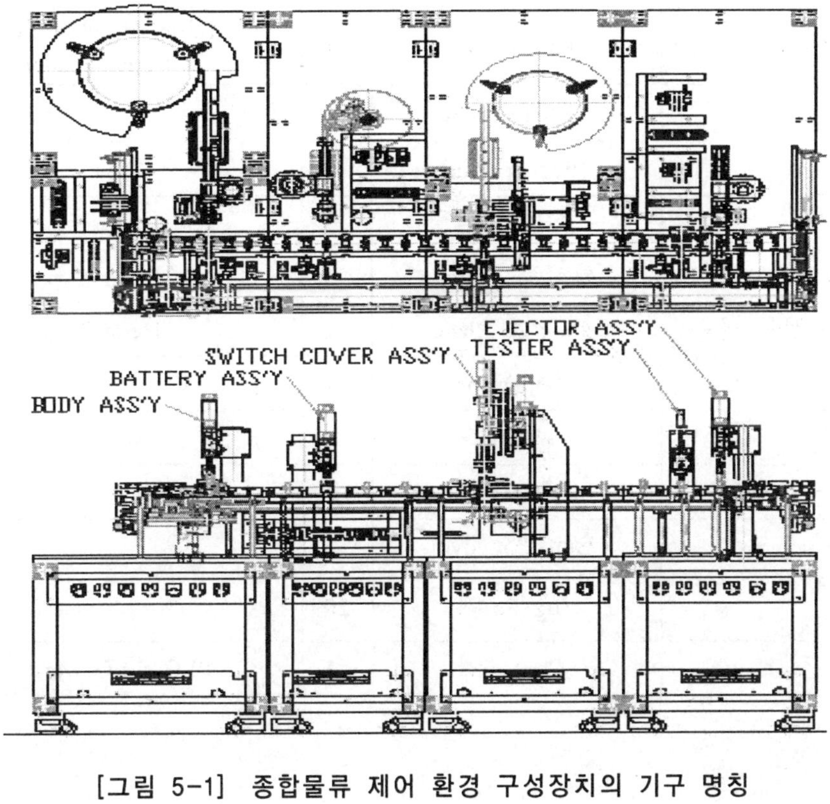

[그림 5-1] 종합물류 제어 환경 구성장치의 기구 명칭

나. 설비의 구성

〈표 5-1〉 종합물류 제어 환경의 구성

순번	공정명	설비명	수량	비 고
1	몸체 조립	Part Feeder	1	Table, Bowl Feeder Inline Feeder
2		Escapement	1	
3		Pick & Place	1	Head Type
4		Table	1	
5	전지 조립	Part Feeder	1	Geared Motor 방식
6		Inline Feeder	1	
7		Escapement	1	
8		Pick & Place	1	
9		Table	1	
10	R-팽이 체결	Part Feeder	1	Table, Bowl Feeder, Inline Feeder
11		Escapement	1	
12		Pick & Place	1	
13		Table	1	
14	완성품 테스트	완성품 Tester	1	Head Type
15	완성품 취출	Pick & Place	1	Head Type
16		Separator	1	
17		Table	1	
18	공 용	Shuttle Conveyor	1	
19		Belt Conveyor	1	
20		Jig Pallet	20	
21		Controller	1	PLC : LG Master K

[그림 5-2] 종합물류 제어 환경 구성장치

2. 주요기구부의 기능

(1) Conveyor System

Conveyor System은 Jig Pallet를 각각의 작업 위치로 이송하는 장치로 Belt Conveyor, Carrier 1, Carrier 2, Shuttle Conveyor, Locator 등으로 이루어져 있다.

① **Belt Conveyor**

Jig Pallet를 Carrier 2 위치에서 Carrier 1위치로 이송한다.

② **Carrier 1**

Jig Pallet를 Belt Conveyor에서 Shuttle Conveyor로 이송한다.

③ **Carrier 2**

Jig Pallet를 Shuttle Conveyor에서 Belt Conveyor로 이송한다.

④ **Shuttle Conveyor**

Jig Pallet를 순차적으로 몸체 조립부에서 완성품 취출측으로 이송한다.

⑤ **Locator**

Shuttle Conveyor상의 작업 위치에 있는 Jig Pallet의 정확한 위치결정을 한다.

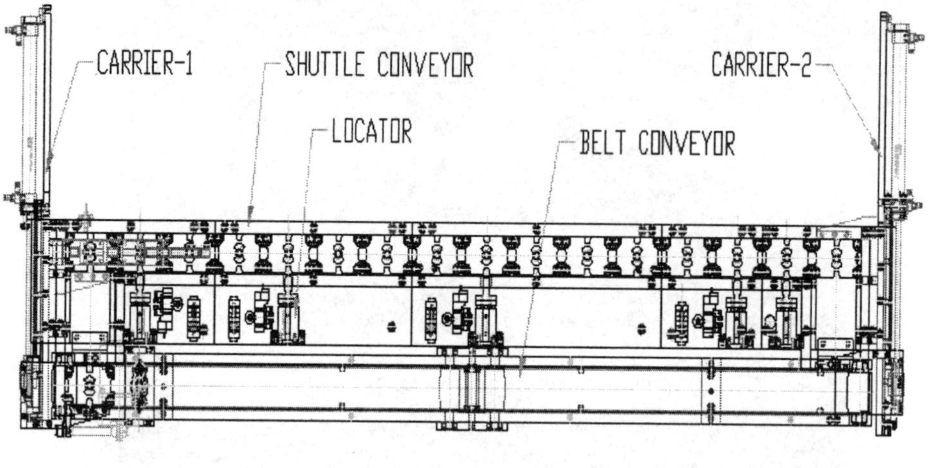

[그림 5-3] 종합물류 제어 환경의 컨베이어 모듈

(2) Body Ass'y

Part Feeder로 공급되는 Body를 Escapement로 분리 이송하여 Pick & Place로 제품을 Jig Pallet에 공급하는 장치이다.

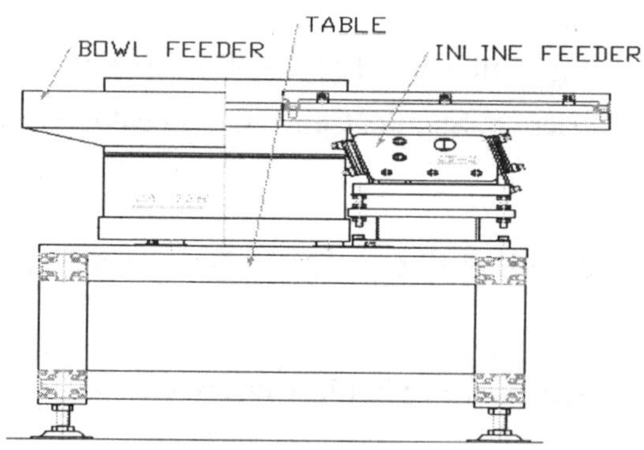

[그림 5-4] Part's Feeder

① Part's Feeder

Bowl, Inline Feeder, Table로 구성되어 있으며, Bowl 및 Inline Feeder로 공급한다.

② Escapement

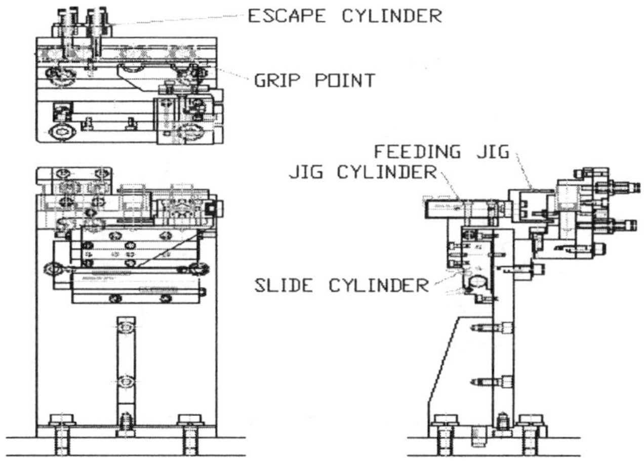

[그림 5-5] 종합물류 제어 환경의 Escapement

[그림 5-6] 종합물류 제어 환경의 Escapement와 Feeder

Inline Feeder로 공급된 Body를 Escape로 1개씩 분리 후 이송 지그를 이용하여 Pick & Place Grip 위치로 이송하는 장치이다.

③ Pick & Place

Escapement로 Grip 위치에 이송된 Body를 Grip Hand로 잡아 Shuttle Conveyor 상의 Jig Pallet에 Loading하는 장치이다.

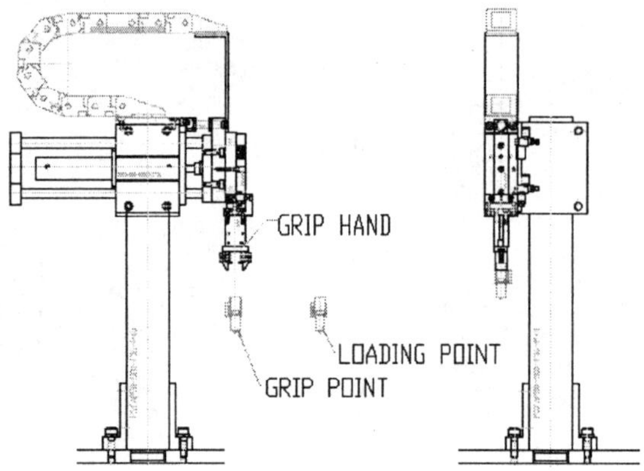

[그림 5-7] Pick And Place Device

(3) Battery Ass'y

Part Feeder로 공급되는 Battery를 Escapement로 분리하여 Pick & Place를 이용하여 Battery를 Jig Pallet에 공급된 Body에 삽입한다.

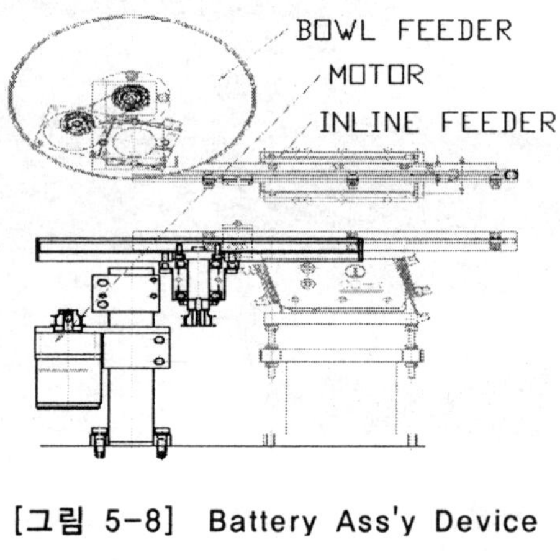

[그림 5-8] Battery Ass'y Device

① Part Feeder

Geared Motor를 이용한 Bowl Feeder와 Inline Feeder로 구성되어 있으며, Battery의 접촉면은 Bakelite 및 테프론 코팅이 되어 있다.

② Escapement

Inline Feeder로 공급된 Battery를 Pick & Place가 1개씩 흡착할 수 있도록 Battery를 분리하여 준다.

③ **Pick & Place**

Escapement에서 분리된 Battery를 1개씩 흡착 지그로 진공 흡착하여 Jig Pallet 상의 몸체에 Battery 3개를 삽입하는 장치이다.

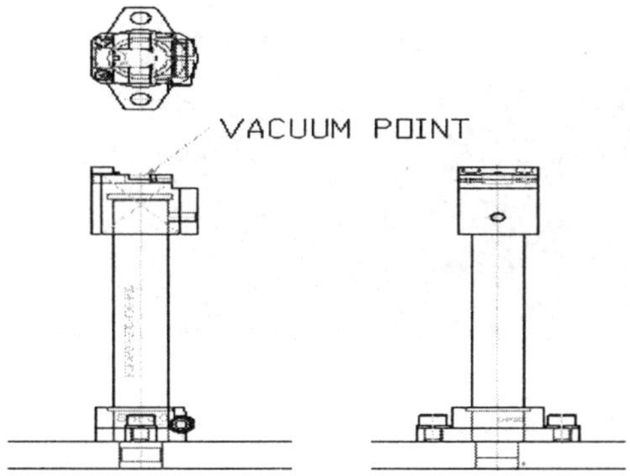

[그림 5-9] Battery Escapement

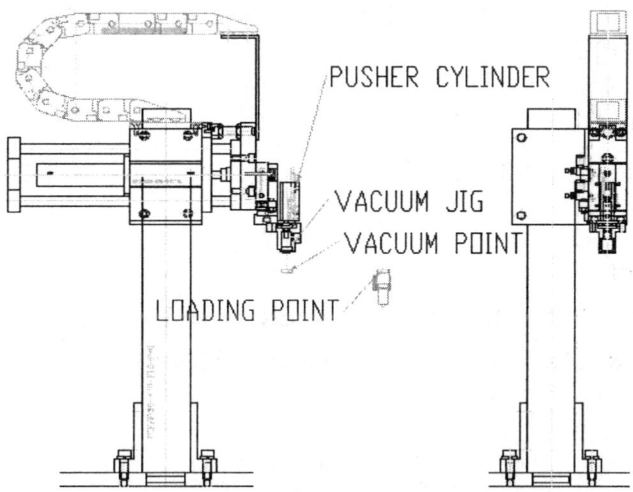

[그림 5-10] Battery Pick & Place Device

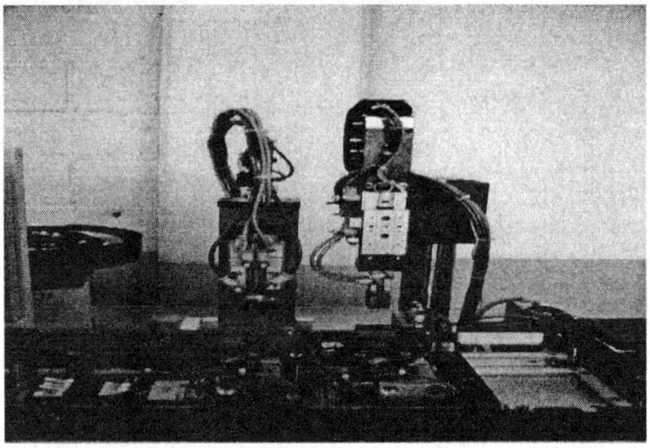

[그림5-11] Battery Pick And Place Device 2

(4) Switch Cover Ass'y

Part Feeder로 공급되는 Switch Cover를 Escapement로 분리하여 Pick & Place를 이용하여 Switch Cover를 Jig Pallet에 공급된 Body에 전동 드라이버로 회전 체결시키는 장치이다.

① Part Feeder

Bowl, Inline Feeder, Table로 구성되어져 있으며, Bowl 및 Inline Feeder로 공급한다.

② Escapement

Inline Feeder로 공급된 Switch Cover를 Escape로 1개씩 분리한 후 이송 지그를 이용하여 Pick & Place Grip 위치로 이송하는 장치이다.

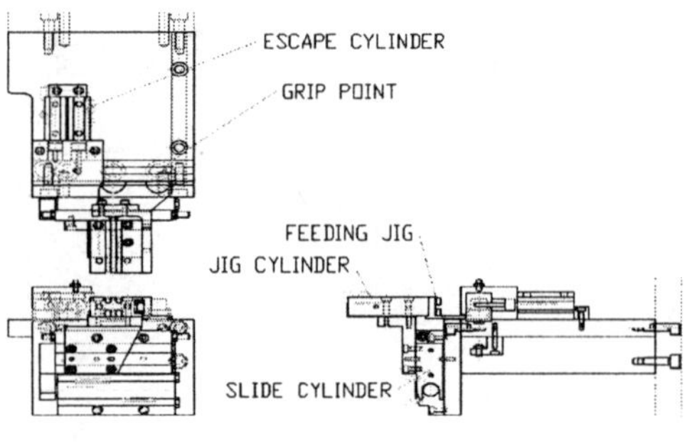

[그림 5-12] Switch Cover Escapement

[그림 5-13] Switch Cover Escapemen 2

③ **Pick & Place**

Escapement에서 분리 이송되어진 Switch Cover를 Grip Hand로 잡아 Jig Pallet에 공급된 Body에 전동 드라이버로 회전 체결시키는 장치이다.

(5) Tester Ass'y

Jig Pallet에 조립되어져 있는 제품을 발광 Test로 양/불을 판정하여 완성품 취출시 양품, 불량품을 분리 배출하게 하는 장치이다.

(6) Ejector Ass'y

Jig Pallet에 조립되어져 있는 제품을 Pick & Place 및 Separator로 양품과 불량품을 분리하여 취출하는 장치이다.

5-2 시스템의 운전 및 스위치 기능

1. 시스템의 운전

(1) 운전 전 준비사항 및 유의사항

① 시스템 주변의 불필요한 물건이나 위험요소를 제거한다.
② 각 모듈별로 이전 작업시에 Escapement의 Grip Point에 남아 있는 재료들을 제거한다.
③ 각 모듈별로 Pick & Place부를 초기위치(Escapement의 Grip Point)에 위치한다.
④ 적정 압력 5~6 bar의 공압을 공급한다.
⑤ 정격 Main전압 AC 220V를 투입한다.
⑥ Main Panel의 CP1, CP2를 ON시킨다.
⑦ Part Feeder와 Inline Feeder 컨트롤러의 전원 스위치를 ON하고 진동을 다이얼 스위치로 조절한다.

(2) 안전 유의사항

① 운전 중에는 시스템의 구동부에 손대지 말 것
② 보수 작업시에는 Main 전원을 차단 후 작업할 것
③ 작업 완료 후에는 정리정돈을 할 것

2. 수동운전 시작

① Emergency를 해제한다.
② 모든 모듈의 O/P Box의 Select S/W를 Manu 위치로 전환한다.
③ 수동운전을 수행하고자 하는 모듈의 스페어 버튼을 3초 이상 누른다(스페어 램프 ON).
④ Reset 버튼을 눌러 Reset한다.

⑤ Start 버튼을 1회 누른다(선택된 모듈의 첫스텝이 진행된다).
⑥ Start 버튼을 다시 1회 누른다(선택된 모듈의 두 번째 스텝이 진행된다).

3. 자동운전 시작

① Emergency를 해제한다.
② 모든 모듈의 O/P Box의 Select S/W를 Manu 위치로 전환한다.
③ 모든 모듈의 O/P Box의 Reset 버튼을 눌러 Reset한다.
④ 모든 모듈의 O/P Box의 Select S/W를 Auto 위치로 전환한다.
⑤ Body Ass'y 모듈의 O/P Box의 Start 버튼을 1회 누른다(자동운전이 진행된다).

4. 모든 운전의 정지

① Stop 버튼을 누른다(자동운전일 경우 현재 진행되는 작업과정을 완료한 후 시스템이 정지한다).
② Emergency 버튼을 누른다(모든 작업이 즉시 정지한다)
③ 서비스유닛에서 공압을 차단한다.
④ Main Panel의 CP1, CP2를 OFF한다.
⑤ Main 전원을 차단한다.

5. 에러 및 위급상황발생시 대처사항

① 위급상황발생시 즉시 가장 가까이 있는 Emergency 버튼을 누른다.
② 재료의 상태가 불량이나 Shuttle Conveyor로의 이송불량으로 인해 시스템이 오작동을 할 경우 Emergency 버튼을 누른 후 공압을 차단하고 원인을 제거한 후 다시 가동한다.
③ 기타 에러 발생시 Emergency 버튼을 눌러 모든 운전을 정지한 후 다시 가동한다.

6. 스위치 및 램프의 기능

① Select S/W : 수동, 자동모드를 선택한다.

② Start : 작업을 시작할 수 있는 준비가 되었을 때 ON되고 누르면 작업이 시작한다.

③ Stop : 운전 중일 때 ON되고 누르면 작업을 완료할 수 있다.

④ Reset : 시스템의 Error 발생시 점멸하며 수동운전 모드 상태에서 누르면 시스템을 Reset할 수 있다.

⑤ Spare : 수동운전 모드일 때 3초 이상 누르면 ON되며 수동운전을 시작할 수 있는 준비가 된다.

⑥ Buzzer : 시스템의 Error 발생시 소리로 이상이 있음을 작업자에게 알린다.

⑦ Emergency S/W : 비상정지 스위치이다.

제 6 장

LED 제조 시스템의 보수유지 기술

6-1 자동화 시스템의 보수유지 기술

1. 보수관리란

자동화 시스템에서 발생되는 대부분의 고장은 보수관리의 미비에서 기인하기 때문에 고장이 발생한 후 당황하여도 전혀 의미가 없다. 그러므로 보수관리란 시스템을 사전에 좋은 상태가 되도록 유지하며 고장 후에도 빠르게 정상상태가 될 수 있도록 하는 것이다.

가. 보수관리의 목적

① 자동화 시스템을 항상 최량의 상태로 유지한다.
② 고장의 배제와 수리를 신속하고, 확실하게 한다.

나. 보수관리의 가치

(1) 경제적이다

보수관리는 복잡하고, 귀찮으며, 예산조치(교환, 수리 등)가 필요하기 때문에 유지비가 약간 높아질 수 있으나, 실질적으로는 경제적이다.

(2) 생산계획의 확실성이 보장된다

① 수리를 위한 공장 휴지의 예고를 경영자, 생산 담당자가 알 수 있다.
② 예기치 않은 기계의 고장, 파손이 생산 도중에서 발생되는 것을 방지한다.
③ 수리기간이 정기적이고, 단축할 수가 있다.
④ 기계의 내용연수가 길어진다. 항상 정도가 유지되며 생산품의 품질이 균일하다.
⑤ 자금계획, 재고계획, 판매계획이 올바르게 입안된다.
⑥ 시간과 노력이 절약되고, 요점을 놓치는 일이 없다.

2. 설비의 신뢰성

신뢰성이란 한 계통의 설비 전부, 한 대의 설비 또는 한 개의 부품 같은 것들의 기능이 얼마 동안이나 안정하게 사용할 수 있느냐 하는 정도나 성질을 말하며 설비 보전이나 비싼 설비장치에서는 매우 중요한 척도가 된다.

신뢰성을 나타내는 척도는 다음과 같다.

① 신뢰도
② 평균 고장 간격 시간(Mean Time Between Failure)
③ 평균 고장 수리 시간(Mean time To Repair)
④ 고장률

신뢰성으로 설비를 설명하면 다음과 같은 편리한 점들이 있기 때문에 거듭 활용한다.

① 사용시간과 고장 발생과의 관계를 알 수 있다.
② 운전 조업 중인 설비의 장래 가동 상황을 예측하고 수정할 수 있다.
③ 설비의 수명이 판명된다.
④ 설비의 운전조업 계획에 참고가 된다.
⑤ 설비의 운전조업을 시간적으로 예측할 수 있으므로 정비수리나 계획 수립에 도움이 크다.

이러한 이유로 설비관리에서는 신뢰성이 거듭 활용되고 있다.

[참조]

A. 신뢰도 $= \dfrac{\text{설비 또는 한 계통설비의 총 수} - \text{운전하고자 하는 시간까지의 고장 수}}{\text{설비 또는 한 계통설비의 총 수}} \times 100(\%)$

B. MTBF(평균 고장 간격 시간)
X_i : 각 고장까지의 시간
r : 고장발생 수

$$\text{MTBF} = \frac{X_1 + X_2 + X_3 + \cdots + \mathcal{E} + \cdots + X_n}{r}$$

C. MTTR(평균 고장 수리 시간)

X_i : 각 고장 수리 시간

r : 고장 발생수

$$MTTR = \frac{X_1 + X_2 + X_3 + \cdots + X_t + \cdots + X_n}{r}$$

D. 고장률은 MTBF의 역비이다.

6-2 자동화 시스템의 보수유지 방법

1. 공압 시스템의 보수유지

공압 시스템에 사용되는 각각의 공압 요소를 살펴보면 높은 내구수명과 동작 횟수를 지니고 있다. 이것이 공압 요소의 큰 장점이다. 공압 요소는 일반적으로 극히 견고하고 지속적으로 사용될 수 있도록 설계되어 있으나 이를 위해서는 올바른 선택과 요소 크기의 적절한 선정 그리고 무엇보다도 깨끗한 압축공기의 준비가 필요하다.

공압 시스템의 고장을 빨리 발견하고 조치를 취하면 회로도가 알기 쉬운 형태로 그려져야 하고 배관 역시 깨끗하고 가지런히 되어서 제어 캐비넷 배치도와 회로도가 잘 일치되어 이해하기 쉽도록 구성되어야 하며, 사용되는 부품들도 쉽게 교체 가능한 범용 제품들이 사용되어야 한다.

가. 오동작 및 고장

(1) 오동작 및 고장은 공압 부품과 배관이 자연마모 및 손상에서 일어날 가능성이 크다.

(2) 자연마모 및 손상은 외부환경의 영향과 압축공기의 상태에 의해 가속화된다.

① 부품의 마모는 기능장애, 공압의 누설, 부품의 파손을 야기시킬 수 있다.

② 오염된 공기는 공압 부품 내부의 마모를 증가시키고, 막힘, 폐색 등에 의한 기능장애를 일으킬 수 있다.

③ 배관은 내・외부 환경요인에 의해 막히거나, 갈라지거나 구부러질 수 있다.
④ 이물질들이 누적되면 배관이나 공압 부품에서 저항을 받아 압력강하와 그로 인한 부정확한 스위칭이 발생될 수 있다.
⑤ 부정확한 스위칭은 누설에 의한 압력강하와 공급압력의 맥동현상으로도 일어날 수 있다.
⑥ 실린더에서도 부정확한 설치나 과부하에 의해서도 초기 마모가 발생될 수 있다.
⑦ 센서의 부착이 정확하지 않거나 신호배관이 너무 긴 경우에도 오동작이 발생할 수 있다.

(3) 처음 제어 시퀀스를 구성할 때 충분한 검토가 있어야 한다. 이러한 오동작을 예방하기 위한 방법은 다음과 같다.
① 주변 환경 조건과 제어 시퀀스에 잘 조화되는 올바른 부품을 사용한다.
② 큰 부하나 횡방향의 부하를 받는 경우 적절한 마운팅 형태를 선택하고 견고한 실린더를 사용한다.
③ 가속력이 큰 경우에는 완충장치를 달아 작동력을 흡수하도록 한다.
④ 먼지와 이물질이 많은 경우에는 자체 정화커버를 사용한다.
⑤ 실린더와 신호입력요소의 마운팅 조절나사는 확실하게 고정한다.
⑥ 신호의 지연을 방지하기 위해 배관을 가능한 한 짧게 한다.
⑦ 제어 및 파워 밸브의 배기는 보장되도록 한다.

나. 공압 시스템에서의 고장

일반적으로 초기 고장이 배제된 경우 공압 시스템은 고장 없이 일정시간은 잘 동작이 된다. 초기에 약간의 마모가 있는 상태라도 마모의 효과나 결함이 그 부품에 직접적으로 영향을 미치지 않는 경우에는 발견하기가 쉽지 않다. 따라서 아주 복잡한 제어 시스템에서도 여러 가지 자료의 도움을 받아 작은 부분으로 잘게 쪼개어 상세히 분석하는 것이 필요하다. 따라서 작업자는 고장을 즉시 제거할 수 있어야 하고 적어도 이러한 원인을 밝혀 두어서 다음에 대비하여야 한다.

(1) 공급유량 부족으로 인한 고장

공급유량이 부족한 상황에서의 공압 시스템의 단면이 갑자기 커지면 오동작이 야기된다. 이러한 오동작은 계속적으로 일어나는 것이 아니고 산발적으로 일어나기 때문에 고장의 원인을 파악하는데 큰 어려움이 있다. 이러한 상황이 발생되면 갑작스런 압력강하로 실린더의 충분한 추력을 발생할 수 없을 뿐만 아니라 밸브의 오동작으로 작동 시퀀스가 틀려질 수도 있다. 이러한 현상은 배관 내의 이물질 축적이나 공기의 누설로도 발생될 수 있다.

(2) 수분으로 인한 고장

수분으로 인한 부식 작용으로 손상을 입는 것은 제외하고도 밸브에 있어서 상당한 악영향을 미친다. 즉 밸브가 임의의 제어 위치에서 상당히 오랜 시간 머물러 있는 경우에는 고착을 일으켜 제대로 동작이 일어나지 못하도록 한다. 특히 윤활유와 섞여서 에멀션(emulsion) 상태가 되거나 수지(resination) 상태가 되어 밸브의 동작을 가로막기 때문에 주의하여야 한다.

(3) 이물질로 인한 고장

배관의 연결 작업이나 용접 작업시 발생되는 이물질들, 즉 밀봉 테이프, 용접 비드, 파이프 녹 등이 공압 시스템으로 유입되면 다음과 같은 고장을 야기시킨다.

① 슬라이드 밸브의 고착
② 포펫 밸브의 시트부에 융착되어 누설 야기
③ 유량제어 밸브에 융착되어 속도 제어를 방해

(4) 공압 기기의 고장

(가) 공압 타이머의 고장

① 제어신호가 존재함에도 불구하고 출력신호가 발생되지 않는다.

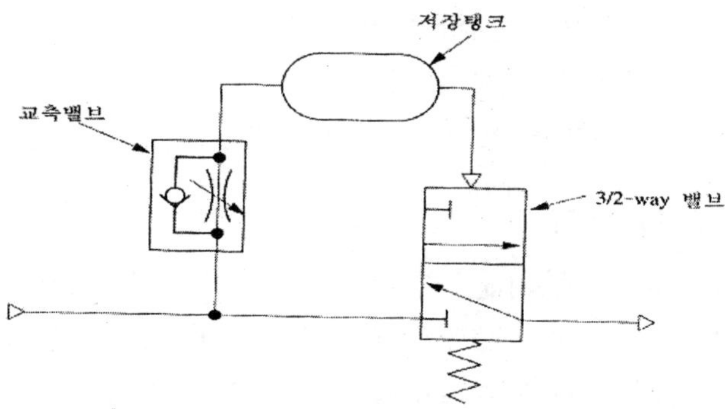

[그림 6-1] 공압 타이머의 구성

원인 : 제어라인에서의 공기의 누설이 있을 가능성이 크다. 유량조절용 밸브의 조절나사를 완전히 열고 공기의 새는 소리를 확인한다. 만약 공기의 새는 소리가 들리지 않으면 밸브가 고착 상태일 가능성이 크다.

(나) 솔레노이드 밸브에서의 고장

① 전압이 걸려 있는 데도 아마추어가 작동하지 않는다.

원인 : 아마추어가 고착된 경우 전압이 높을 때 또는 주변 온도가 너무 높아 솔레노이드 코일이 소손된 경우이다. 또는 전압이 너무 낮은 경우이다.

② 솔레노이드에서 윙윙 소리가 난다.

원인 : AC솔레노이드인 경우에만 일어난다. 솔레노이드 아마추어가 완전히 끌리지 않게 되면 소리가 난다. 이때 솔레노이드에서는 약간씩 열이 발생하게 되는데 적절한 조치를 취해주면 처치할 수 있다. 솔레노이드 액추에이터 주위에 얇은 구리선을 감아주면 일시적인 수습이 될 수 있다.

(다) 공압 밸브에서의 고장

① 밸브의 제어 위치가 전환되지 않는다.

원인 : 포펫 밸브의 경우

㉮ 과도한 마찰이나 스프링의 손상으로 기계적인 스위칭 동작에 이상이 발생

㉯ 실링 시트가 손상을 입은 경우

㉰ 실링 플레이트에 구멍이 발생된 경우 또는 너무 유연하여 충분한 힘을 가해줄 수 없는 경우

(라) 슬라이드 밸브에서의 고장

㉮ 과도한 마찰이나 스프링의 손상으로 기계적인 스위칭 동작에 이상이 발생

㉯ 배기공의 막힘으로 인한 배압 발생

㉰ 실링의 손상으로 인한 누설 발생

㉱ 평판 슬라이드 밸브에서 압력 스프링의 손상으로 누설이 발생되는 경우

(마) 실린더에서의 고장

행정거리가 긴 경우, 무거운 하중을 달고 운동하는 경우 로드실의 마모가 일어나기 쉽고, 피스톤 로드에 윤활유가 고착되어 불안정한 상태의 운동이 야기될 수 있다. 이 경우 피스톤 로드에 검은 윤활유 피막이 덮여 있는지를 확인한다.

실린더에서의 기능 이상을 예방하기 위한 방법은 다음과 같다.

① 보수유지 및 실링 교체시 실린더 내부를 깨끗이 청소하여 기름과 이물질을 제거한 후 새 그리스를 주입한다.
② 반지름 방향의 하중이 작용하지 않도록 사용한다. 만약 이러한 하중이 작용되면 피스톤 로드 베어링이 빨리 마모되어 내구 수명을 보장할 수 없다.
③ 윤활된 공기를 사용하고 윤활량은 적절히 조정함으로써 과도한 윤활을 가급적 피해야 한다.

2. 유압 시스템의 보수유지

가. 유압 시스템의 구성

유압 시스템은 [그림 6-2]와 같이 액추에이터 유닛, 컨트롤 유닛, 파워 유닛으로 크게 나눈다.

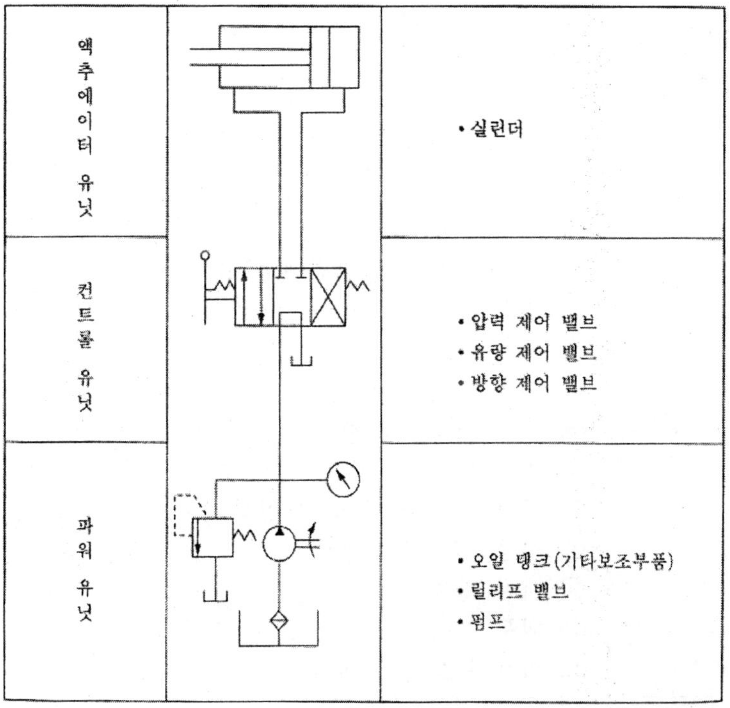

[그림 6-2] 유압 시스템의 구성

나. 유압 시스템의 고장

〈표 6-1〉 유압 시스템의 결함 및 원인

결 함	원 인
(1) 토출 유량의 감소	① 탱크 내의 유면이 낮다. ② 펌프의 흡입 불량 ③ 펌프의 회전수가 너무 낮다. 또는 공운전을 한다. ④ 펌프의 회전 방향이 잘못되어 있다. ⑤ 작동유의 점성이 너무 높다(흡입이 곤란하다). ⑥ 작동유의 점성이 너무 낮다(내부 누설이 증대된다). ⑦ 펌프의 파손 또는 고장, 성능 저하 ⑧ 공기의 침입 ⑨ 릴리프 밸브의 조정 불량 ⑩ 실린더, 밸브의 가공정도 불량, 시일의 파손으로 인한 내부 누설의 증대
(2) 압력의 저하 (실린더의 추력감소)	① 릴리프 밸브의 작동 불량 또는 조정 불량 ② 각종 밸브의 작동, 조정 불량 ③ 내부 누설의 증가 ④ 외부 누설의 증가 ⑤ 펌프의 흡입 불량 ⑥ 펌프의 고장 또는 성능 저하 ⑦ 구동 동력의 부족
(3) 실린더의 불규칙적인 작동	① 공기의 함입 ② 밸브의 누설량 변화에 의한 압력 변화 ③ 펌프의 성능 불량 ④ 밸브의 작동 불량 ⑤ 배관 내의 공기 굄 ⑥ 마찰 저항의 증대 ⑦ 과부하 작동 ⑧ 어큐물레이터의 압력 변화 ⑨ 작동유의 점성 증대 ⑩ 파손 변형 ⑪ 내부 누설의 증대 ⑫ 외부 누설의 증대

결 함	원 인
(4) 펌프에서의 소음	① 펌프의 흡입 불량 ② 공기의 침입 ③ 에어필터의 막힘 ④ 펌프 부품의 손상, 마모 ⑤ 이물질의 침입 ⑥ 구동 방식의 불량 ⑦ 펌프 회전이 너무 빠른 경우 ⑧ 외부 진동의 대책 ⑨ 작동유의 점성이 높음
(5) 펌프의 마모 및 파손	① 이종유의 사용 ② 저급 작동유의 사용 ③ 작동유의 오염 ④ 작동유의 낮은 점성 ⑤ 공기의 침입 ⑥ 구동 방식의 불량 ⑦ 펌프의 능력이상의 고압 사용 ⑧ 작동유 부족에 의한 공 운전 ⑨ 이물질의 침입 ⑩ 펌프 케이싱의 지나친 조임 ⑪ 이상 고압의 발생 ⑫ 펌프의 흡입 불량
(6) 전동기의 과열 및 소음, 파손	① 구동 방식의 불량 ② 전동기의 동력이 작은 경우 ③ 전동기의 고장 ④ 전동기와 펌프와의 중심이 어긋남 ⑤ 장치 볼트의 이완, 커플링의 진동
(7) 작동유의 과열	① 작동 압력이 높음 ② 작동유의 점성이 높음 ③ 작동유의 점성이 낮음 ④ 펌프 내의 마찰 증대 ⑤ 오일 쿨러의 고장 ⑥ 유량이 적음 ⑦ 장시간 고압에서의 운전 ⑧ 회로가 국부적으로 교축

결 함	원 인
(8) 밸브의 작동 불량	① 밸브의 습동 불량 ② 밸브 스프링의 작동 불량 ③ 파일럿의 작동이 너무 늦거나 빠름 ④ 내부 누설이 큼 ⑤ 솔레노이드의 과열, 소손 ⑥ 장치 자세의 불량 ⑦ 작동유의 온도가 높음
(9) 비금속 시일의 파손	① 삐어져 나옴 · 압력이 높음 · 틈새가 너무 큼 · 삽입구의 불량 · 삽입 자세의 불량 ② 시일의 노화 · 유온이 높음 · 저온도 경화 · 자연 노화 ③ 회전, 비틀림(휨 하중의 발생에 따라 생김) ④ 시일 표면의 손상, 마모 · 연삭 마모 · 윤활 분량 ⑥ 시일의 파손, 접착, 변형 · 압력이 너무 높음 · 작동 조건의 불량 · 윤활 분량 · 삽입 작업의 불량 ⑦ 시일의 선정 불량(재질, 치수가 적합하지 않음)
(10) 금속 시일의 결함	① 실린더의 내면 불량 · 진원도 불량 · 진각도 불량 · 치수가 너무 큼

결 함	원 인
	② 마모가 큼 · 재질의 불량 · 이물질에 의한 연삭 마모 · 표면 다듬질의 불량 ③ 삽입 자세의 불량 · 부착 자세의 불량 · 엔드클리어런스 불량 · 파목의 위치 불량 · 홈의 가공치수 불량 ④ 내부 누설이 큼 · 실린더의 내면 불량 · 마모가 큼 · 삽입 자세의 불량
(11) 배관 불량	① 기름 누설 · 배관 접속법의 불량 · 배관 재질의 불량 · 시일 불량 · 기계적 파손 ② 공기의 침입 · 배관 접속법의 불량 · 시일 불량 ③ 배관의 진동 · 펌프, 밸브의 진동이 전달되어 발생된 공진 · 이상 고압의 의한 충격 ④ 배관의 파손 · 배관 접속법의 불량 · 강도 부족, 재질의 불량
(12) 작동유의 불량	① 작동 온도의 불량 ② 작동유의 품질 불량 ③ 이물질, 물, 공기의 침입 ④ 제어 회로 설계의 불량 ⑤ 재질과의 적합성 불량 ⑥ 물리적, 화학적 성질의 변화

3. 전기 시스템의 보수유지

가. 2상·3상 전동기의 고장

〈표 6-2〉 2상·3상 전동기의 고장

결 함	원 인
(1) 기능 불능일 때의 고장	① 퓨즈의 단락 ② 축받이의 불량 ③ 과부하 ④ 상 결선의 단선 ⑤ 코일 또는 군의 단락 ⑥ 회전자 동봉의 움직임 ⑦ 내부 결선의 오류 ⑧ 축받이의 고착 ⑨ 컨트롤러의 불량 ⑩ 권선의 접지
(2) 회전이 원활하지 못할 때의 고장	① 퓨즈의 단락 ② 코일의 단락 ③ 축받이의 불량 ④ 상 결선의 단선 및 오류 ⑤ 병렬 결선에서의 단선 ⑥ 권선의 접지 ⑦ 회전자 동봉의 움직임 ⑧ 전압 또는 주파수의 부적당
(3) 전동기가 저속으로 회전시	① 코일의 단락 또는 군의 단락 ② 코일 또는 군 결선의 반대 ③ 축받이의 불량 ④ 과부하 ⑤ 결선의 착오 ⑥ 회전자 동봉의 움직임
(4) 전동기의 과열	① 과부하 ② 축받이의 불량 또는 축조임 과다 ③ 코일의 단락 또는 군의 단락 ④ 단상 운전 ⑤ 회전자 동봉의 움직임

나. 2상 · 3상 전동기 제어 시스템의 고장

〈표 6-3〉 2상 · 3상 전동기의 제어 시스템의 고장

결 함	원 인
(1) 주 접촉자를 페로 했을 때 전동기가 기동하지 못하는 고장	① 과부하 히터 코일의 단선 또는 결선 착오 ② 주 접촉자가 완전히 페로되지 못한 경우 ③ 단자에서 결선의 부분 단선 또는 접속 불량, 단자 파손 ④ 피그테일(pigtail) 결선의 불량 또는 단선 ⑤ 저항 요소 또는 단권변압기의 단선 ⑥ 접촉자의 접촉 불량 ⑦ 기계적인 고장, 연동장치의 동작 불량
(2) 기동 버튼을 누를 때 접촉자가 페로 하지 못하는 고장	① 지지 코일의 단선 ② 기동 버튼 접촉자의 파손 또는 접촉 불량 ③ 단자 결선의 불량 또는 단선 ④ 과부하 계전기 접촉자의 개로 ⑤ 저전압 ⑥ 코일의 단락 ⑦ 기계적인 고장
(3) 기동 버튼을 개방했을 때 주 접촉자가 개로하는 고장	① 접촉자 접촉면의 오손, 접촉 불량 ② 푸시 버튼 장치와 제어기기의 결선 착오
(4) 기동 버튼을 누를 때 전원 퓨즈가 용단하는 고장	① 접촉자의 정지 ② 코일의 단락 ③ 접촉자의 단락
(5) 전자 개폐기가 동작 중 소음을 발생	① 세이딩 코일의 단선으로 인하여 붙었다 떨어졌다 한다. ② 철심면의 오손
(6) 전자석 코일의 소손 또는 단락	① 과전압 ② 오손, 잡물 혼입, 기계적 고장으로 공극거리가 커져 과전류가 흐름 ③ 사용 빈도의 과다

다. 직류전동기의 고장

〈표 6-4〉 직류전동기의 고장

결 함	원 인
(1) 스위치 ON시 전동기가 기동하지 않는 고장	① 퓨즈의 용단 ② 브러시의 오손 또는 브러시 고착 ③ 전기자 회로의 단선 ④ 계자권선의 단선, 단락 또는 접지 ⑤ 전기자 권선 또는 정류자편의 단락 ⑥ 축받이의 불량 ⑦ 브러시 지지기에서의 접지 ⑧ 과부하 ⑨ 제어기의 불량
(2) 전동기가 속으로 회전	① 전기자 또는 정류자에서의 단락 ② 축받이의 불량 ③ 전기자 코일의 단선 ④ 중성 축으로부터 벗어난 위치에 브러시 고정 ⑤ 과부하 ⑥ 전압 부적당
(3) 전동기가 속도 이상으로 회전	① 분권계자 회로의 단선 ② 직권전동기를 무부하로 운전 ③ 계자권선의 단락 또는 접지 ④ 차동 복권전동기로 결선
(4) 운전시 브러시로부터 스파크가 일어나는 경우	① 정류자와 브러시 접촉 불량 ② 정류자면의 오손 ③ 전기자 회로의 단선 ④ 보극의 극성 불량 ⑤ 계자권선의 단락 또는 접지 ⑥ 전기자 리드선에 대한 결선 착오 ⑦ 브러시를 중심점 이외의 곳에 고정 ⑧ 계자 회로의 단선 ⑨ 운모편의 돌출

결 함	원 인
(5) 회전시 소음이 발생	① 축받이의 불량 ② 정류자면의 높이 불균일 ③ 정류자면의 거칠음
(6) 전동기의 과열	① 과부하 ② 스파크 ③ 축받이의 조임 과다 ④ 코일의 단락 ⑤ 브러시 압력의 과다

라. 직류전동기 제어 시스템의 고장

〈표 6-5〉 직류전동기 제어 시스템의 고장

결 함	원 인
(1) 핸들을 이동하여도 전동기가 기동하지 않는 고장	① 퓨즈의 용단 ② 저항 요소의 단선 ③ 암과 접촉점 사이의 접촉 불량 ④ 전동기 결선 착오 ⑤ 전기자회로 또는 계자회로상의 단선 ⑥ 저전압 ⑦ 과부하 ⑧ 단자에 대한 결선의 풀림 또는 파손 ⑨ 지지코일의 단선
(2) 핸들을 최종 위치로 가져왔을 때 핸들이 고정되지 않음	① 소손, 리드선의 단선, 접촉 불량 등으로 인한 지지코일의 단선 ② 저전압 ③ 코일의 단락 ④ 결선의 착오 ⑤ 과부하 접촉자의 개로
(3) 핸들을 돌릴 때 퓨즈가 용단	① 저항요소, 접촉자 또는 결선에서의 접지 ② 핸들 이동 속도의 과다 ③ 저항 단락
(4) 전동기가 과열하는 현상	① 전동기의 과부하 ② 핸들 이동 속도가 느림 ③ 저항 요소 또는 접촉자의 단락

4. 수치제어 시스템의 보수유지

가. 윤 활

기계부의 윤활은 윤활 지침서에 따라 바르게 윤활함으로써 유압 시스템의 높은 성능을 보장한다.

(1) 기어박스 윤활 시스템

① 설치 3개월 후 교체
② 매 6개월 주기로 교체

(2) 메일 스핀들 베어링

① 고정도 그리스로 도포
② 서비스 주기 중 보충이 필요 없음

(3) 가이드 윤활 시스템

① 매 60시간 주기로 보충

(4) 파워 척의 윤활

① 매일 윤활 점검

나. 냉각수

(1) 냉각 펌프

① 실드볼 베어링은 그리스로 도포

(2) 냉 매

① 필요에 따라 보충
② 냉매의 종류는 함수계 냉매와 비함수계 냉매가 사용

다. 백래시의 보정

일반적으로 CNC 머신의 백래시 보정은 다음의 3단계로 진행한다.

① 백래시 정도를 측정
② 백래시에 영향을 미치는 요인을 검출
③ 백래시 보정을 위한 데이터의 재입력

라. 터릿 클램핑 스피드 조정

일반적으로 터릿(Turret) 헤드를 클램핑시 커플링 부근에서 덜컹거리는 소음이 발생하면 클램핑 스피드를 다음과 같은 순서로 조정한다.

① 로크너트를 제거 후 세트 나사를 조정하여 스피드를 조정한다.
② 조정 작업이 완료되면 로크너트를 재장치한다.

마. 터릿 인덱싱 스피드 조정

터릿 인덱싱 스피드가 너무 빠르거나 너무 느리면 인덱싱 에러가 발생된다.

(1) 스위벨 스피드 조정

① 터릿 클램핑 스피드 조정시와 같은 방법으로 조정한다.
② 스위벨 스피드는 기본적으로 1회전당 3초 정도이다.

(2) 감속 조정

① 터릿 클램핑 스피드 조정시와 같은 방법으로 조정한다.
② 감속 정도는 인덱싱이 부드러운 동작을 할 수 있도록 조정한다.

바. 테이퍼 지브 스트립의 조정

(1) 캐리지 지브 조정

지브의 조정이 적당하지 않으면 운동방향, 펄스응답, 위치정도뿐만 아니라 기계적인 절단 표면에 악영향을 일으키므로 베드면에 10㎛ 이내의 캐리지 유격을 유지하도록 조정한다.

(2) 크로스 슬라이드 지브 조정

크로스 슬라이드에 장착되는 테이퍼 지브는 생산, 출고시 조정되어 있으며 오랜 시간 사용 경과 후 마모에 의한 영향으로 재조정되어야 한다.

조정 작업이 끝난 후 볼트를 너무 세게 체결하면 DC서보 모터의 과부하에 영향을 준다.

사. 벨트의 장력 조정

벨트가 너무 낡거나 장력이 느슨해지면 장력을 재조정하든지 또는 새로운 벨트로 교환해야 한다. 벨트의 장력 조정은 설치후 3개월 이내에 실시하고 이후 매 6개월에 1회 정도 실시한다.

(1) 메인 모터와 기어박스 사이의 V벨트 장력 조정

① 모터 베이스 고정 볼트를 풀고 베이스와 모터는 조정나사를 이용해 앞으로 당긴다.
② V벨트의 장력 상태를 확인한다.

(2) 기어박스와 헤드스톡의 V벨트 장력 조정

① 고정 볼트와 너트를 풀고 조종나사를 이용해 아래 방향으로 트랜스미션 베이스를 당긴다.
② V벨트의 장력 상태를 확인한다.
③ 고정 볼트와 너트를 재체결한다.

용 어 해 설

◐ **광도(Luminous Intensity)** : 모든 방향으로 광속이 발산되고 있는 점광원에서 어떤 방향의 광도라 함은 그 방향의 단위입체각에 포함되는 광속 수, 즉 발산 광속의 입체각 밀도를 말하며, 단위로는 칸델라(Candela[cd])를 사용한다.

◐ **광속(Luminous Flux)** : 복사속 중에서 사람의 눈에 빛의 느낌을 주는 것은 일정한 범위의 파장이다. 가시범위의 복사속을 시각에 의해서 측정한 양을 광속이라 한다. 광속은 광원으로부터 나오는 복사속을 눈으로 보아 빛으로 느끼는 크기를 나타낸 것으로 단위는 루멘(1 lumen[1m])을 사용한다.

◐ **광원** : 태양이나 전등과 같이 빛을 발산하는 물체로서 1점으로 된 광원을 점광원이라 한다.

◐ **리드 프레임** : 칩과 외부 회로와의 접속을 위한 지지대

◐ **식각재료(Etchants) 및 세정재료(Cleaning Chemicals)**

식각재료는 반도체 제조공정 및 웨이퍼 제조공정은 물론 평판 디스플레이 제조 공정에서도 광범위하게 사용되는 재료이다.

우선 웨이퍼 표면이나 평판 디스플레이 기판에 반도체 집적회로를 형성시키기거나 필요한 부위를 얻기 위하여 화학약품 및 특수가스의 화학반응을 이용하여 얻고자 하는 패턴을 만드는 작업을 식각이라 하며 이러한 공정에 사용되는 약품이나 특수 가스 및 기타 재료를 식각재료라고 한다.

세정이란 웨이퍼나 평판 디스플레이 표면에 반도체 패턴이나 도선 패턴 등을 형성시킬 때 금속오염물이나 입자들을 각각의 제조공정을 수행하기 전·후에 고순도의 약품을 사용하여 제거시켜주는 작업을 말하며, 반도체공정에서 30~40% 정도가 세정공정이 차지하므로 세정재료의 중요성은 지대하다 할 수 있다.

◐ **조도(조명도 : Intensity of Illumination)** : 어떤 물체에 광속이 입사되면 그 변은 밝게 빛나게 되고, 그 밝은 정도를 조도라 한다. 피조면의 미소면적 dA [㎡]에 투사되는 광속이 dF[1m], 그 미소면의 조도 E는 E=dF/dA[1x] 조도의 단위는 럭스 lux[1x]로서 이것은 1[㎡]에 1[1m]의 광속이 투사되고 있는 때의

조도이다.

◐ **포토레지스트(P/R)** : 회로를 사진 현상하기 위한 감광액

◐ **포토마스크** : 석영유리판에 회로를 묘화한 회로도의 원판

◐ **화학기상증착(CVD : Chemical Vapor Deposition)**

화학기상증착이란 반도체 제조공정 중 반응기 안에 화학기체들을 주입하여 화학반응에 의해 생성된 화합물을 웨이퍼에 증기 착상시키는 것을 말하며, 이 과정에 사용되는 고순도 약액 또는 특수가스를 화학기상증착재료라 한다.

증착법은 크게 4가지로 분류되는데 ①상압 화학기상증착(AP CVD : Atmospheric Pressure CVD), ②저압 화학기상증착(LP CVD : Low Pressure CVD), ③열화학증착, ④플라즈마 화학기상증착(PE-CVD)으로 나눌 수 있다.

◐ **휘도** : 광원을 보면 그 면이 빛나 보이며 비춰져 있는 면을 보거나 반투명의 것을 반대측에서 보아도 밝게 보인다. 이러한 광원의 빛나는 정도를 휘도라 하며 광원의 투영 면적에 따라 달라진다. 어떤 광원에 대한 일정 방향의 휘도는 광원을 그 방향에서 바라본 투영 면적당의 광도라 나타내고, 단위는 [cd/m²]와 [cd/㎠]를 사용한다. 휘도의 단위는 스틸브(stilb, [sb]) 및 니트(nit, [nt])가 사용된다.

1[sb]=1[cd/㎠]　　1[nit]=1[cd/]m²

◐ **1cd(칸델라)** : 백금이 녹는 점에서 1㎠당 흑체가 내는 광도의 1/60이며 1.018cd가 1촉에 해당한다.

◐ **Asher(에셔)** : 건식 식각이나 이온 주입 등에 의해 굳어진 감광액의 건식 제거(Dry Strip)용 반도체 전 공정 장비

◐ **Bonding** : 주로 Wire Bonding이라고 일컬어지며 반도체 제품의 조립시 Chip의 PAD와 외부 단자를 도선으로 연결하는 작업

◐ **Burn in System** : 높은 온도(83℃~125℃)로 Device에 열적 Stress를 가하여 테스트하는 장치

◐ **Cascade System** : 3단으로 되어 있는 작은 폭포로서 순수한 물(DI Water)이 흐르면서 바닥으로부터 질소가 분출되도록 하여 Wafer를 헹구는 장치

◐ **Capillary** : Wire Bonding 공정에서 금선을 연결하는데 사용하는 도구(Ball 모양을 형성해주고, Wire를 끊어주는데 사용), Gold Wire로 접합하는 Bonding 작업시 Gold Wire를 Bonding 위치에 정확히 안내하고, 또한 Gold Wire가 Chip에 단단하게 연결될 수 있도록 초음파를 Bonding 부위에 전달시키는 기능을 수행하는 초정밀 가공제품

◐ **C.C.S.S** : 반도체와 LCD 전공정에 필요한 Chemical을 배관을 통해 생산 장

비로 원격 공급하는 자동화 시스템이며, 다양한 형태의 제품으로 응용이 가능

◐ **Chiller(칠러)** : 반도체공정 중 주로 Etching(식각) 공정에서 Process Chamber 내의 온도조건을 안정적으로 제어하는 온도조절 장비

◐ **DI(DI Water)** : 이온이 함유되지 않은 물이란 뜻으로 불순물을 제거시킨 순수 물로써 Wafer의 세정 및 절단시 용수로 사용됨.

◐ **Dicing** : 편도 절단이라고도 하며 Wafer 절단 방식의 하나로 단일 방향으로 절단하는 방식(왼쪽에서 오른쪽으로만 절단)

◐ **Etching(식각)** : Silicon Wafer에 필요한 부분만을 남겨놓고 불필요한 부분을 화학 또는 가스로 녹여내는 제작과정

◐ **Flash Memory** : 일반메모리 반도체와 달리 전원이 꺼져도 저장된 데이터가 그대로 보존되는 반도체

◐ **Foundry** : 생산 공장을 의미하는 Fabrication Plant와 동의어로 쓰이며 마이크로프로세서를 실제로 생산하는 장소, 반도체 수탁생산업체

◐ **Gas Scrubber** : 반도체 및 LCD 생산설비의 독성 가스 농도를 분해하여 배출하는 장비로 Air+Heating Condition에 반응, 고온에서 분해, 2차 분해 후 Powder Collector를 통해 분진을 모집

◐ **Gold Wire** : 반도체 소자인 Die와 Package 단자 간을 연결하는 금속 세선

◐ **NF3** : 반도체 및 LCD 세정용 특수가스

◐ **Operating Temperature(Topr)** : LED를 동작시킬 수 있는 주위온도 범위

◐ **Peak Forward Current(IFP)** : 펄스 모드로 LED를 구동할 때 인가할 수 있는 순방향 최대 전류 펄스폭, Duty 주기를 나타냄.

◐ **Pellicle(소형 펠리클)** : 반도체 Device 제조시 Photolithography(노광식각) 공정에서 Photomask(반도체설계 회로도)를 이물질로부터 보호하기 위해 사용되는 부품

◐ **Power Dissipation(PD)** : LED가 소비할 수 있는 최대 전력(최대 허용손실)

PD = IF × VF

IF(LED에 흘리는 전류, 일반적으로 20mA가 가장 흔함)

VF(LED에 동작을 위해 걸어 주는 전압 일반적으로 1.8~2V)

◐ **Reverse Voltage(VR)** : LED에 인가할 수 있는 역방향 최대 전압

◐ **RF-Genertor** : 반도체 전 공정 장비(Etch, CVD 등)의 플라즈마 발생 전원장치로 사용

◐ **Si, Al203, Quartz(구체적인 설명은 나도애널리스트 란의 '에스엔티' 참조)** 반도체 제조장비 부분품

◐ Slurry Supply System : 반도체 제조공정 중 하나인 CMP 공정에 슬러리를 공급하여 웨이퍼 표면을 초미세 평탄화하는 장치

◐ Soldering Temperature(Tsol) : LED를 실장할 때 soldering 온도 및 시간으로 생산시 납땜을 할 때 기준으로 이용됨.

◐ Storage Temperature(Tstg) : LED를 특성변화 없이 보관 가능한 보관온도 범위

◐ TRAY : 반도체 소자, 반도체 및 LCD 모듈 제품(정밀전자 부품)을 외부의 충격이나 정전기, 전자파 등으로부터 안전하게 보호할 수 있도록 제작된 제품

◐ Utility : 공기, 질소, 진공, 순수, 전원 등 제반 공정에 필요한 요소들을 통틀어 일컫는 말

◐ Wafer : 규소박판으로 규소(Si)를 고순도로 정제하여 결정시킨 후 얇게 잘라낸 것으로 반도체 소자를 만드는데 사용함.

◐ WET System : 도체용 각종 Cleaner 및 LCD용 세정 시스템, Glass Etching 시스템 등으로 Fab 공정 중 Etching 및 세정시에 사용되는 전 공정 장비로서 기존에는 주로 일본에서 수입하였으나, 최근 국산화 개발로 수입 대체 중인 제품

참 고 문 헌

[1] 김평길. 자동화기구 활용기술

[2] 최부희 외. 산업기계정비, 한국산업인력공단

[3] 권정희. 자동기설계, 일진사

[4] 이증순. 자동화 개론, 북스힐

[5] 김영주. 자동화시스템제어, 한국산업인력공단

[6] 자동화기구연구회. 핸들링의 자동화도집

[7] 이석희 외. 생산자동화, 북스힐

찾아보기

LED 제조설비 제어기술

2010년 6월 30일 1판 3쇄 발행

저 자 박갑종 · 강신조 · 정선오
발행인 남 승 우

발행처 도서출판 상尙 학學 당堂

서울시 동작구 조홍1길 4 (사당3동 220-43)
TEL : 02) 595-1692 ~ 4
FAX : 02) 595-1394
E-mail : namdoo6@unitel.co.kr
신고 : 2-155호 (1968. 11. 29)

정가 14,000원

ISBN 978-89-85437-51-6 93560